工业和信息化
人才培养规划教材
Industry And Information
Technology Training
Planning Materials

高职高专计算机系列

办公软件项目式教程（Office 2010版）

Office Software Project Tutorial

翟乃强 王世辉 ◎ 主编
王欣 于爱卿 王亮 ◎ 副主编

人民邮电出版社
北京

图书在版编目（CIP）数据

办公软件项目式教程 : Office 2010版 / 翟乃强，王世辉主编. -- 北京 : 人民邮电出版社，2015.9
工业和信息化人才培养规划教材. 高职高专计算机系列
ISBN 978-7-115-39453-8

Ⅰ. ①办… Ⅱ. ①翟… ②王… Ⅲ. ①办公自动化－应用软件－高等职业教育－教材 Ⅳ. ①TP317.1

中国版本图书馆CIP数据核字(2015)第176270号

内容提要

本书基于微软公司的Office 2010办公软件，以项目驱动的方式进行编写。书中所选项目都是来自于实际工作中常见的工作事务，并以软件划分模块，按照Word 2010、Excel 2010、PowerPoint 2010以及综合应用分篇，共15个项目，系统地介绍Office 2010办公软件的应用，将实际操作案例引入教学，每个案例都采用【项目背景】→【项目分析】→【解决方案】→【项目升级】→【项目小结】的结构进行讲解。全书思路清晰、应用性强。

本书将理论知识与实践操作紧密结合，重点突出上机操作环节。全书以Office 2010办公软件的主要功能为主线，结合实例介绍Office 2010办公软件的使用技巧；在内容选择、结构安排上更加符合读者的认知习惯。通过本书的学习，读者可以迅速、轻松地掌握Office 2010办公软件的使用方法与技巧。

本书可作为高职高专院校的办公自动化教材，也可以作为有一定Office基本操作能力的人员的自学用书或参考资料，还可以作为企事业单位办公人员计算机应用的培训教材。

◆ 主　　编　翟乃强　王世辉
副 主 编　王　欣　于爱卿　王　亮
责任编辑　王　平
责任印制　杨林杰

◆ 人民邮电出版社出版发行　　北京市丰台区成寿寺路 11 号
邮编　100164　　电子邮件　315@ptpress.com.cn
网址　http://www.ptpress.com.cn
三河市中晟雅豪印务有限公司印刷

◆ 开本：787×1092　1/16
印张：15　　　　2015 年 9 月第 1 版
字数：382 千字　　　　2015 年 9 月河北第 1 次印刷

定价：36.00 元

读者服务热线：(010) 81055256　印装质量热线：(010) 81055316
反盗版热线：(010) 81055315

前 言 PREFACE

随着计算机的普及，熟练掌握办公软件的使用已经成为人们必备的技能之一，因此如何快速掌握办公软件的使用技术，并将其应用到现实生活和实际工作中，提高学生办公软件的操作技能，已经成为各类院校迫切需要解决的问题。

本书在编写过程中，广泛征求了高职院校老师和学生的意见，参照教育部提供的相关文件，进行了精心的组织和编写，以满足高职高专学生对办公自动化软件学习的需要。

教学方法

本书精选日常生活中使用频率较高的案例作为讲解对象，详细地介绍了软件的使用方法，突出实用性，注重培养学生的实践能力。本书具有以下特色。

- 采用“项目驱动、案例教学”的编写方式，以软件划分模块，通过精心编排的项目内容介绍 Office 2010 办公软件三大组件的日常应用，使学生在积极主动地解决问题的过程中掌握就业岗位所需技能。
- 每个项目都是一个综合案例，每个案例都将通过清晰的步骤和丰富的插图来进行展示，既便于学生自学，又便于教师授课。最后精心安排了课后练习，以帮助学生及时巩固所学内容。

教学内容

本课程的建议教学时数为 72 学时，各项目的教学课时可参考下面的课时分配表。

章 节	课 程 内 容	课 时 分 配	
		讲授	实践训练
项目一	制作会议纪要——文档的创建与设计	2	2
项目二	制作报销单——表格的设计与应用	2	2
项目三	制作新年贺卡——图片与艺术字的应用	2	2
项目四	制作设备使用说明书——长文档的处理	2	4
项目五	制作客户邀请函——合并邮件	2	2
项目六	制作课程表——表格的创建与设计	2	2
项目七	制作学生成绩单——公式与函数的应用	2	4
项目八	制作运动会管理表——数据处理操作	2	2
项目九	制作生产成本统计表——图表的制作与格式设置	2	2
项目十	制作原材料采购管理——打印与安全管理	2	2
项目十一	制作旅游宣传报告书——演示文稿的制作	2	2
项目十二	制作工资分析报告——数据图表的制作	2	2
项目十三	制作学校动感相册——多媒体与动画的应用	2	4
项目十四	制作美食主页——Web 演示文稿的制作	2	4
项目十五	制作个人年度工作总结——Office 2010 综合应用	4	4
课 时 总 计		32	40

教学资源

为方便教师教学，本书配备了内容丰富的教学资源包，包括案例用到的素材文件、案例制作结果文件、PPT 电子教案、习题答案、教学大纲和 2 套模拟试题及答案。任课老师可登录人民邮电出版社教学服务与资源网（www.ptpedu.com.cn）免费下载使用。

本书由翟乃强、王世辉任主编，王欣、于爱卿、王亮任副主编。参加编写工作的还有沈精虎、王志善、陈宏、李靖宁、姚军光、赵峙韬、王挺、张超、李建国、邓居英、周利江、王晓、庄群、吴振涛等。由于编者水平有限，书中难免存在疏漏之处，敬请读者指正。

编者

2015 年 3 月

目 录 CONTENTS

第一篇 Word 2010应用集合

第二篇　Excel 2010应用集合

第三篇　PowerPoint 2010应用集合

综合篇　综合训练

第一篇

Word 2010 应 用 集 合

本篇主要介绍 Office 2010 的组件之一 —— Word 2010 的应用案例，主要介绍 Word 2010 中文档创建、表格处理、图表应用、长文档的编辑以及邮件合并的方法等。本篇包括以下几个项目。

项目一　制作会议纪要——文档的创建与设计
项目二　制作报销单——表格的设计与应用
项目三　制作新年贺卡——图片与艺术字的应用
项目四　制作设备使用说明书——长文档的处理
项目五　制作客户邀请函——合并邮件

项目一 制作会议纪要——文档的创建与设计

PART 1

项目背景

Word 的排版功能在工作中是最常用到的，这里介绍最基本的 Word 的排版功能，并运用这些功能制作会议纪要。

项目分析

Word 的文字处理功能是其最基本的功能，包括文字的录入与编辑、文字的格式化、段落的设置及格式化。Word 丰富的功能是由其大量的工具栏命令来完成的。用户根据其处理文档的类型和使用习惯，对于工具栏的要求往往是不一样的，可以按照自己的喜好进行工具栏的定制。

解决方案

本项目可以通过以下几个任务来完成。

- 任务一　新建文档。
- 任务二　设置工具栏。
- 任务三　录入与编辑文本。
- 任务四　格式化文字与段落。
- 任务五　保存并退出。

任务一　新建文档

【操作步骤】

STEP 1　启动 Word 2010，自动建立一个空文档，单击左上角的按钮，在弹出的【另存为】对话框中，设置文件名为“1-1(会议纪要).docx”，设置保存类型为“Word 文档（*.docx）”，单击 保存(S) 按钮完成文件的创建和保存，如图 1-1 所示。

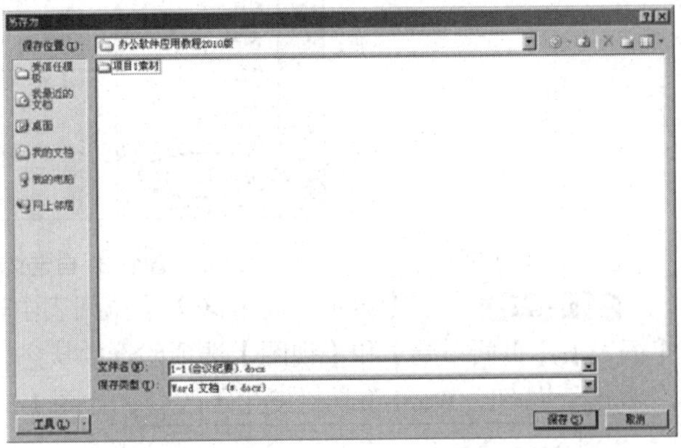

图1-1　【另存为】对话框

STEP 2　在【页面布局】选项卡的【页面设置】选项组中单击【页边距】按钮，在弹出的菜单中选择【自定义边距】选项，在弹出的【页面设置】对话框中，设置【上】、【下】页边距为“2.2 厘米”，【左】、【右】页边距为“2 厘米”，【装订线】为“1 厘米”，如图 1-2 所示。

知识提示　为简化命令的写法，在后续书稿中，“【×××】选项卡的【***】选项组”将简写为“【×××】/【***】选项组”，如“【页面布局】选项卡的【页面设置】选项组”简写为“【页面布局】/【页面设置】选项组”。

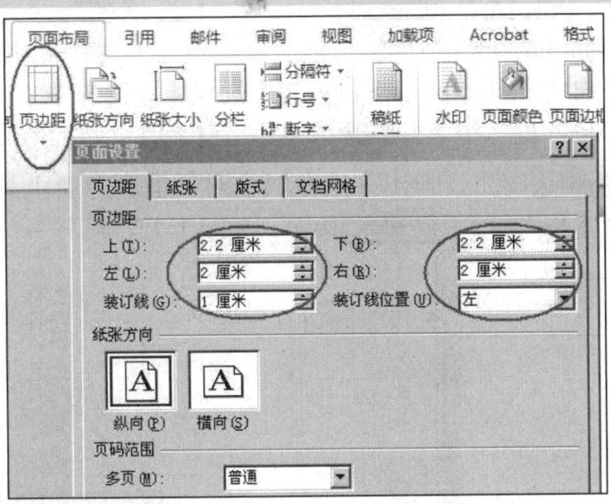

图1-2　【页面设置】对话框

任务二　设置工具栏

工具栏是设置各种格式的主要工具，根据个人使用习惯的不同可以进行个性化定制。

【操作步骤】

STEP 1　单击【文件】选项卡，在弹出的菜单中选择【选项】选项，在弹出的【Word 选项】对话框中选择【自定义功能区】选项，如图 1–3 所示，在此部分可以完成工具栏以及命令的调整。

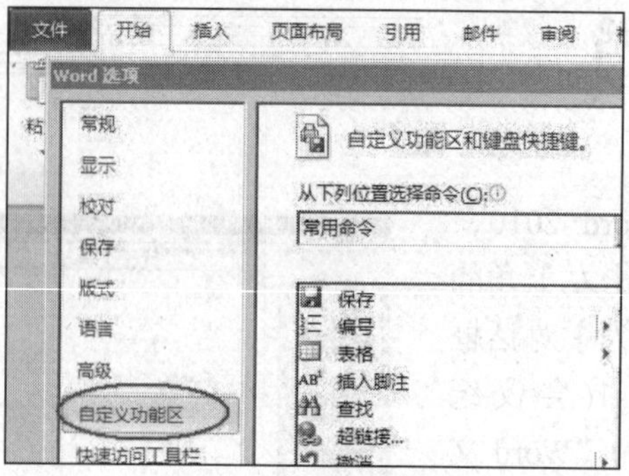

图1-3 自定义功能区

STEP 2 在【自定义功能区】下拉列表中选择【主选项卡】选项，只保留【开始】、【插入】、【页面布局】和【视图】选项的选中状态，其他选项不予选中，如图 1-4 所示，单击 确定 按钮，Word 工具栏发生了改变，如图 1-5 所示。

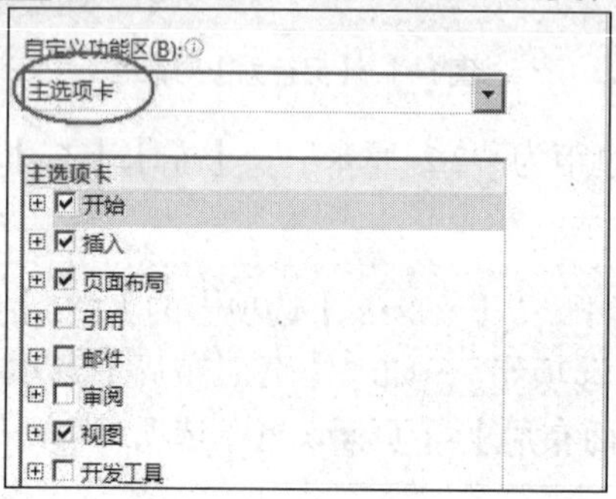

图1-4 调整主选项卡

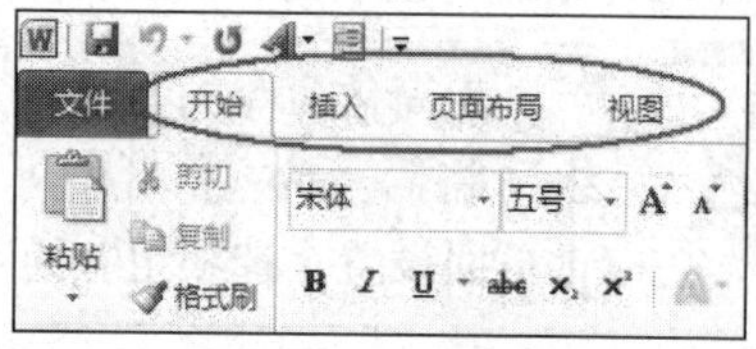

图1-5 工具栏调整情况

STEP 3 在【自定义功能区】下拉列表中选择【主选项卡】选项，在【主选项卡】选项组中选中【插入】复选框，单击 新建组(N) 按钮，在【插入】选项组中添加新的工具组，如图 1-6 所示。单击 重命名(M)... 按钮，弹出【重命名】对话框，为新工具组选择一个合适的图标，并修改其名称为“常用”，单击 确定 按钮，如图 1-7 所示。

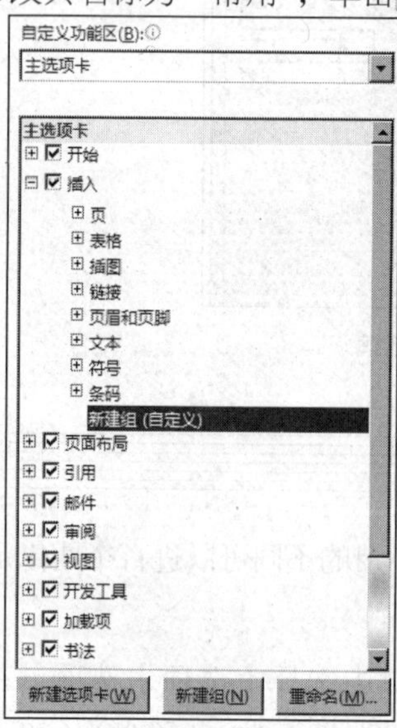

图1-6 新建工具组

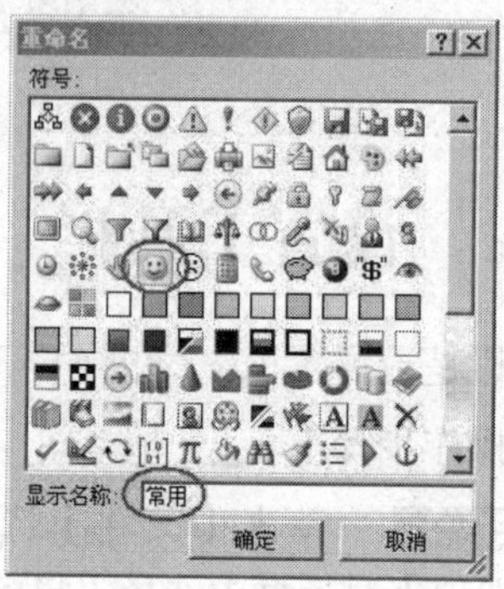

图1-7 重命名工具组

STEP 4 在【从下列位置选择命令】下拉列表中选择【常用命令】选项，找到【新建批注】选项，单击 添加(A) >> 按钮，将命令添加到新建的工具组中，如图 1-8 所示。

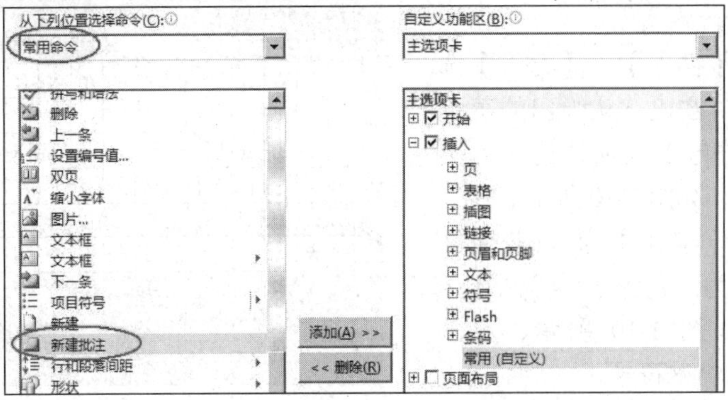

图1-8 添加命令

参照这种方式，可以按照使用习惯将常用命令组合到工具组中，方便对文档进行编辑。

任务三 录入与编辑文本

录入与编辑文本是 Word 的基本功能，也是进行段落格式等操作的前提。

【操作步骤】

STEP 1 打开文件“1-1(会议纪要).docx”，如图 1-9 所示。

会议类型：临时会议

时间：2013-05-14 15:00-17:00

地点：公司会议室

主持人：李建

参会人员：李建、唐明俊、高翔、刘飞鸿、张琳、周俊伟

记录人员：周俊伟

会议研究决定事项如下：

唐明俊同志传达了总公司要求加快信息化应用、提升数字化办公水平的会议精神。会议同意 2013 年 6 月份开始启动 OA 系统的研发项目，由研发部门提交研发计划并实施，各有关部门要积极支持，提供方便。财务部门做好研发经费的落实工作。

高翔同志汇报了我公司目前四个在建项目的实施进度。会议同意由项目管理部将项目的实施进度情况报总公司。

刘飞鸿同志传达了总公司财务工作会议精神，汇报了我公司财务工作的情况和 2014 年的工作安排。会议同意财务部的工作安排，决定召开财务工作专项会议进行部署。会议强调，2014 年我公司的财务工作要规范财务基础工作，全面推进财务管理五大体系建设；完善内控机制，建立健全全面风险管理体系；做好各项财务预算，全年预算偏差保持在___以内。

图1-9 文字样文

STEP 2 输入标题文字。

将鼠标指针移动到文档开头，按 Enter 键，插入一行空行。在第 1 个空行，输入标题“蓝海公司关于推进信息化应用会议纪要”。

STEP 3 插入特殊符号。

（1） 在会议纪要最后一行的下画线上输入“5”。

（2） 单击【插入】/【符号】选项组中的 Ω符号 按钮，从弹出的菜单中选择【其他符号】选项，这时弹出【符号】对话框，如图 1-10 所示。

（3） 设置【字体】为“(普通文本)”，【子集】为“广义标点”，选择“‰”符号，如图 1-10 所示，单击 确定 按钮插入特殊符号。

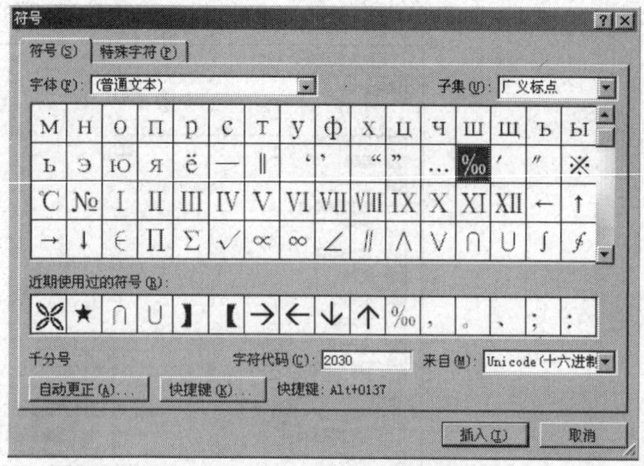

图1-10 插入特殊符号

STEP 4 单击左上角的（保存）按钮，将文件保存。

任务四 格式化文字与段落

文字录入完成后，为了美化文档，一般都要对文字和段落进行格式设置。

1. **格式化文字。**

STEP 1 格式化标题文字。

（1） 选中标题文字，在【开始】/【字体】选项组中，设置其字体为“黑体”，加粗，字号为“三号”，如图 1-11 所示。

（2） 选中标题文字，单击【开始】/【字体】选项组中右下方的扩展箭头，在弹出的【字体】对话框中，切换到【高级】选项卡，设置【间距】为“加宽”，【磅值】为“2 磅”，如图 1-12 所示。

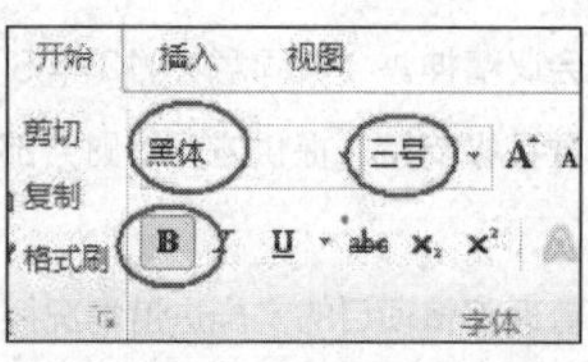

图1-11 设置标题字体

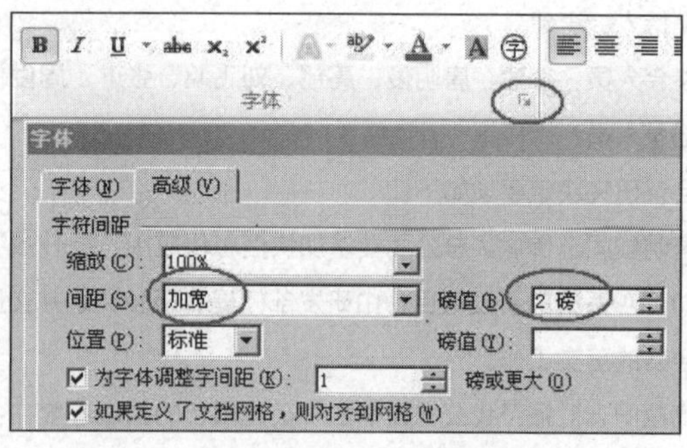

图1-12 设置标题文字间距

（3） 单击 确定 按钮，完成对纪要标题文字的格式设置。

STEP 2 格式化正文文字。

选中正文文字，在【开始】/【字体】选项组中，设置其字体为“仿宋_GB2312”，加粗，字号为“小三”，如图 1-13 所示。

2. **格式化段落。**

STEP 1 选中标题文字，单击【开始】/【段落】选项组右下方的扩展箭头，在弹出的【段落】对话框中，切换到【缩进和间距】选项卡，设置【对齐方式】为“居中”，设置【段前】间距为“12 磅”,【段后】间距为“6 磅”,【行距】为“多倍行距”,【设置值】为“2.5”倍，单击 确定 按钮完成设置，如图 1-14 所示。

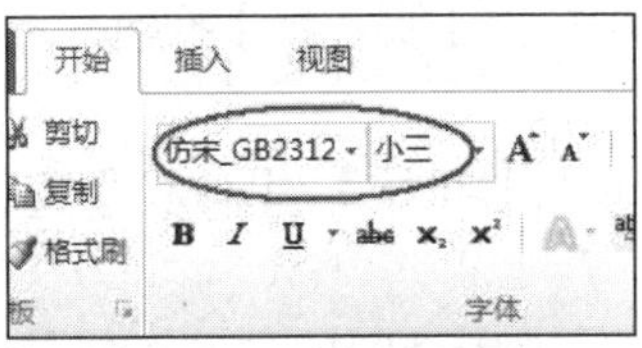

图1-13 设置正文字体

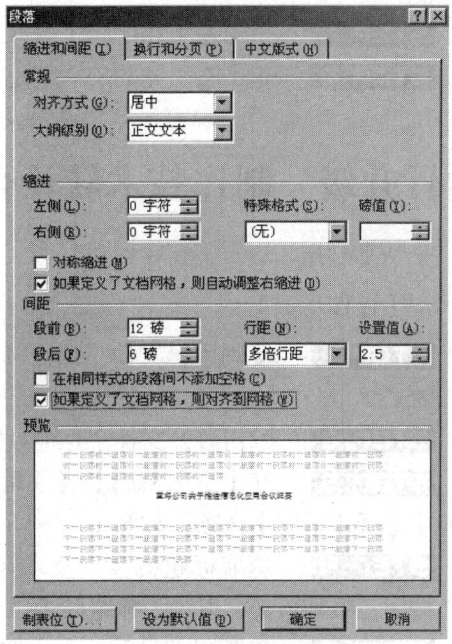

图1-14 设置标题段落格式

STEP 2 选中最后三段文字，单击【开始】/【段落】选项组中 右方的下拉箭头，在弹出的工具栏中，选择大写数字形式的编号，如图 1-15 所示。

STEP 3 选中最后三段文字，单击【开始】/【段落】选项组右下方的 扩展箭头，在弹出的【段落】对话框中，切换到【缩进和间距】选项卡，设置缩进的【特殊格式】为“首行缩进”,【磅值】为“2 字符”，如图 1-16 所示。单击 确定 按钮完成设置。

图1-15 设置正文项目编号

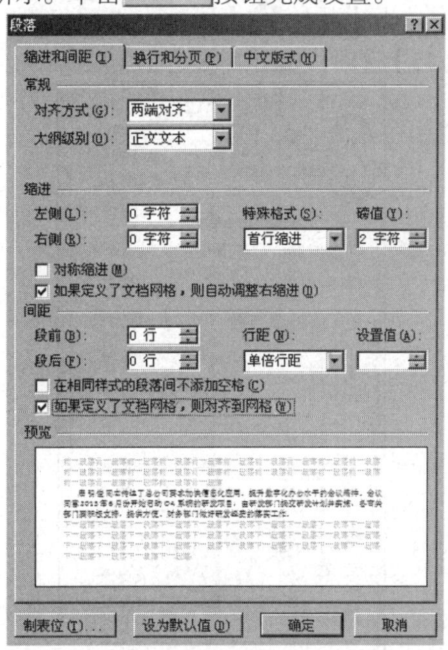

图1-16 设置正文缩进格式

任务五　保存并退出

STEP 1　单击左上角的（保存）按钮，将文件保存。

STEP 2　单击右上角的（关闭）按钮，将文件关闭。

项目升级　制作技术转让合同

本节来制作一个技术转让合同。

【操作步骤】

STEP 1　复制素材文件“项目 1 素材\技术转让合同书.docx”为“1-3(技术转让合同).docx”。

STEP 2　双击打开文件“1-3(技术转让合同).docx”。

STEP 3　在【页面布局】/【页面设置】选项组中单击【页边距】按钮，在弹出的菜单中选择【适中】选项，如图 1-17 所示。

STEP 4　选取标题文字“技术转让合同书”，单击【开始】/【样式】选项组中的 AaBb(标题 按钮，将标题文字设置为标题样式。

STEP 5　在合同编号后输入文字“gz20130001”，选中合同编号所在行，单击【开始】/【段落】选项组中的按钮，将本行文字设置为右对齐。

STEP 6　选中“一氧化碳发生装置”，按 Ctrl 键，再选择“新地科技有限公司”，继续按住 Ctrl 键，继续选择“严建飞”，单击【开始】/【字体】选项组中 U 按钮，为选中的文字添加下画线。

STEP 7　选择“依据《中华人民共和国合同法》的规定……”至文档最后的所有文本，单击【开始】/【段落】选项组中的（行和段落间距）按钮，在下拉列表中选择【1.15】选项，如图 1-18 所示。

图1-17　设置页边距

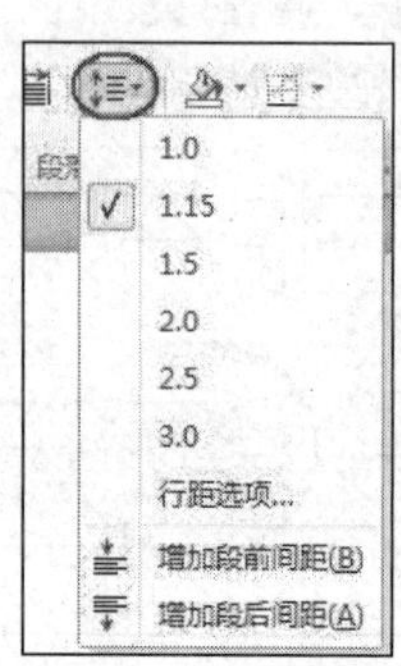

图1-18　设置行距

STEP 8 选择“根据《中华人民共和国合同法》的规定……”至文档最后的所有文本，单击【开始】/【编辑】选项组中的 替换 按钮，弹出【查找和替换】对话框，在【查找内容】文本框中输入“甲方”，【替换为】文本框中输入“受让方”，如图 1-19 所示。

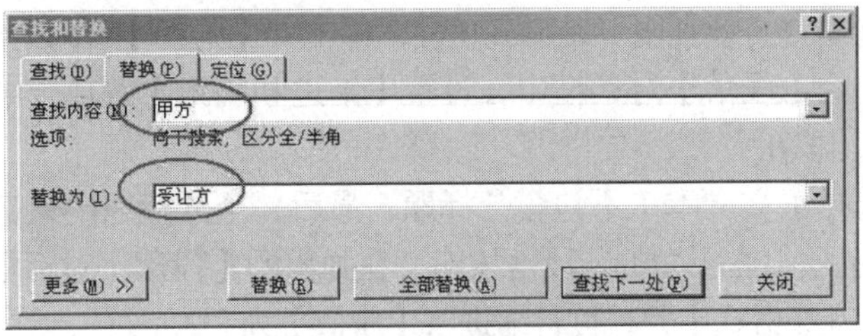

图1-19 查找和替换

STEP 9 单击 全部替换(A) 按钮，弹出已完成替换的提示对话框，如图 1-20 所示。

图1-20 完成替换

> **知识提示**
>
> 对话框的提示信息表明，在所选的文字范围内，已经替换了 10 处，如果单击 是(Y) 按钮，将对文章中的未选择部分进行替换，这里单击 否(N) 按钮，完成替换操作。同样的步骤，可将所选文字的“乙方”替换为“转让方”。

STEP 10 按住 Ctrl 键的同时，使用鼠标选择分标题，单击【开始】/【字体】选项组中的 **B** 按钮，将每一条的题目设置为粗体，如图 1-21 所示。

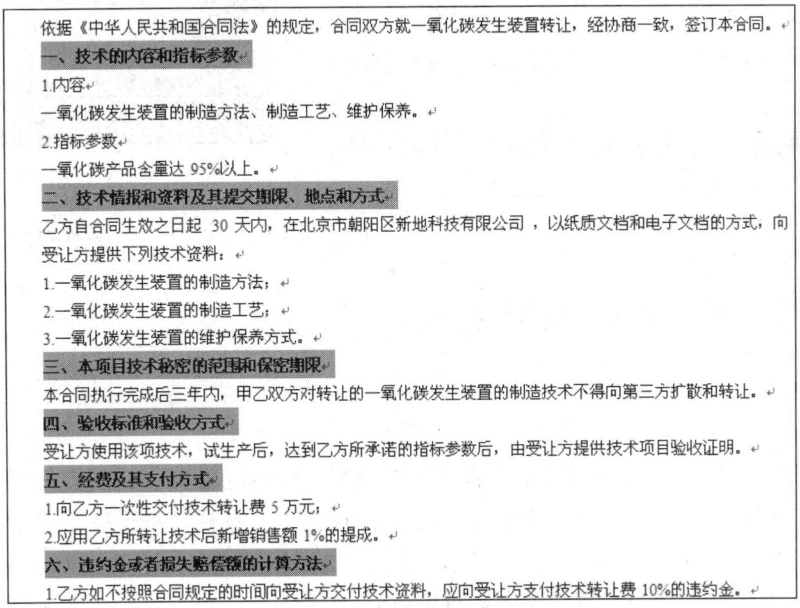
依据《中华人民共和国合同法》的规定，合同双方就一氧化碳发生装置转让，经协商一致，签订本合同。

一、技术的内容和指标参数

1.内容

一氧化碳发生装置的制造方法、制造工艺、维护保养。

2.指标参数

一氧化碳产品含量达 95%以上。

二、技术情报和资料及其提交期限、地点和方式

乙方自合同生效之日起 30 天内，在北京市朝阳区新地科技有限公司，以纸质文档和电子文档的方式，向受让方提供下列技术资料：

1.一氧化碳发生装置的制造方法；

2.一氧化碳发生装置的制造工艺；

3.一氧化碳发生装置的维护保养方式。

三、本项目技术秘密的范围和保密期限

本合同执行完成后三年内，甲乙双方对转让的一氧化碳发生装置的制造技术不得向第三方扩散和转让。

四、验收标准和验收方式

受让方使用该项技术，试生产后，达到乙方所承诺的指标参数后，由受让方提供技术项目验收证明。

五、经费及其支付方式

1.向乙方一次性交付技术转让费 5 万元；

2.应用乙方所转让技术后新增销售额 1%的提成。

六、违约金或者损失赔偿额的计算方法

1.乙方如不按照合同规定的时间向受让方交付技术资料，应向受让方支付技术转让费 10%的违约金。

图1-21 设置粗体

STEP 11 选择“合同编号：gz20130001”一行，单击【开始】/【段落】选项组右下角的段落按钮，在弹出的【段落】对话框中，设置【缩进和间距】选项卡中的【段前】间距为“2 行”，【段后】间距为“1 行”，单击 确定 按钮。

STEP 12 选择“签订日期：2013 年 2 月 11 日”一行，单击【开始】/【段落】选项组右下角的段落按钮，在弹出的【段落】对话框中，设置【缩进和间距】选项卡中的【段前】间距为“1 行”，单击 确定 按钮。

STEP 13 选择“有效期限：1 年”一行，单击“【开始】/【段落】选项组右下角的段落按钮，在弹出的【段落】对话框中，设置【缩进和间距】选项卡中的【段后】间距为“2 行”，单击 确定 按钮。

STEP 14 选择正文文本（不包含分标题，最后一个分标题中只选择第一段），单击【开始】/【段落】选项组右下角的段落按钮，在弹出的【段落】对话框中，设置【缩进和间距】选项卡中的【特殊格式】为“首行缩进”，【磅值】为“2 字符”，单击 确定 按钮。

STEP 15 选择“一、技术的内容和指标参数”段落中“内容”一行，单击【开始】/【段落】选项组中的编号按钮，从弹出的列表中选择“1. 2. 3.”。

STEP 16 选择“指标参数”一行，重复上一步操作，给“指标参数”一行设置项目编号。

STEP 17 重复上一步的操作，将“指标参数”一行后面的数字“1.”“2.”“3.”都更改为项目符号。

STEP 18 选择“八、其他约定事项”一段中“受让方：”至文件最后的所有段落，单击【开始】/【段落】选项组右下角的段落按钮，在弹出的【段落】对话框中，单击 制表位(T)... 按钮，在【制表位位置】中输入“2 字符”，设置【对齐方式】为“左对齐”，单击 设置(S) 按钮，再在【制表位位置】中输入“22 字符”，选择【对齐方式】为“左对齐”，单击 设置(S) 按钮，如图 1-22 所示，单击 确定 按钮。

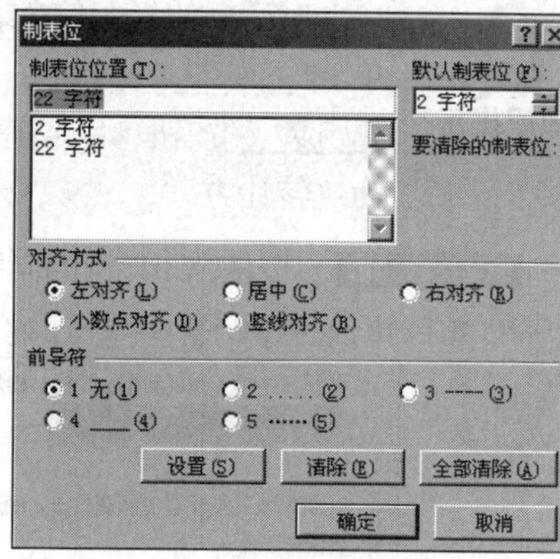

图1-22 设置制表位

STEP 19 将鼠标指针移动到“转让方：”的前面单击，将插入点移动到“转让方：”的前面，按 Tab 键；同样的方法，分别将插入点移动到第 2 个“（盖章）”的前面，按 Tab 键；其余行的操作同上，这里不再赘述。

STEP 20 单击按钮，将文件保存。

项目小结

一般情况下，格式及段落设置主要有字体的设置、段落的设置、样式的设置、页面的设置等方面，这些功能主要集中在【开始】和【页面布局】工具栏。在这些工具栏中，最常用的功能都作为图标显示在工具栏上，为方便使用，对于不常用的功能，可以通过单击其右下角的图标，弹出其详细的设置对话框进行设置。

课后练习 制作实训室管理规范

本练习制作计算机实训室管理规范。

【步骤提示】

STEP 1 复制“项目 1 素材\实训室管理规定.docx”为“1-4(计算机实训室管理规定).docx”。

STEP 2 双击“1-4(计算机实训室管理规定).docx”，打开文件。

STEP 3 单击【开始】/【页面布局】选项组中的【页边距】按钮，在下拉列表中选择【自定义边距】选项，弹出【页面设置】对话框，设置【上】、【下】页边距为“2.8 厘米”，【左】、【右】页边距为“3.6 厘米”，并单击 确定 按钮完成设置，如图 1-23 所示。

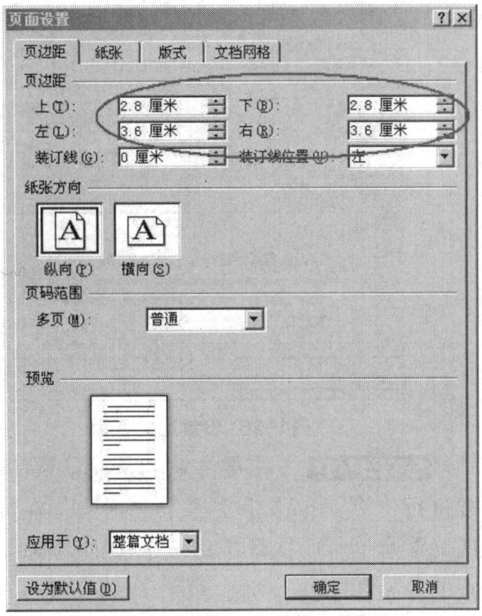

图1-23 页面设置

STEP 4 选择标题“计算机实训室管理条例”，单击【开始】/【字体】选项组中字体框右侧的下拉箭头，选择“楷体_GB2312”，字号选择“小一”，并单击 **B** 按钮，将标题设置为粗体，如图 1-24 所示。

STEP 5 选择标题“计算机实训室管理条例”，单击【开始】/【段落】选项组中的按钮，将标题设置为居中。

STEP 6 选中除标题外所有段落，单击【开始】/【字体】选项组中字体框的下拉箭头，选择“仿宋_GB2312”，字号选择“四号”，如图 1-25 所示。

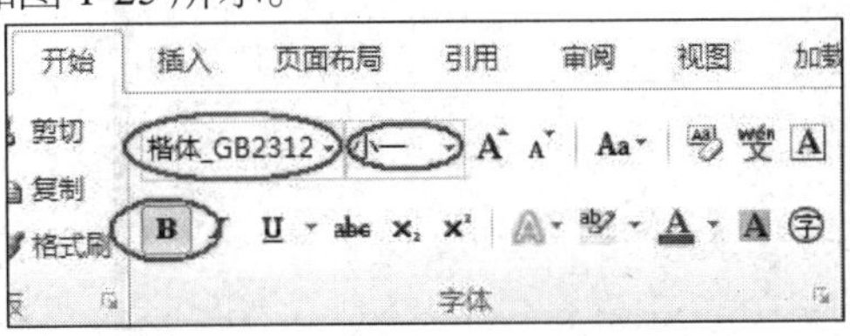

图1-24 设置标题

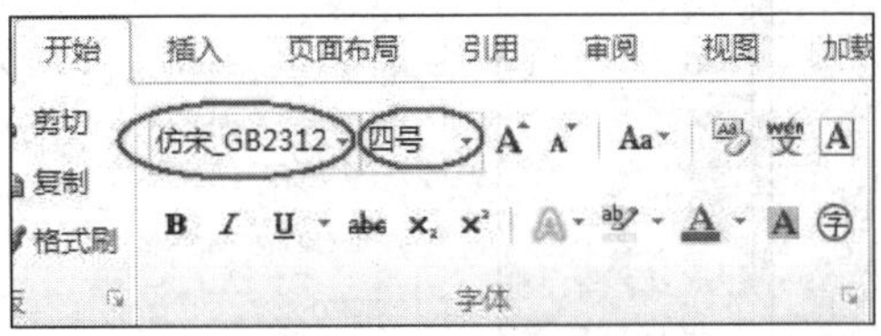

图1-25 设置正文字体

STEP 7 选中除标题外所有段落，单击【开始】/【段落】选项组中的按钮，在下拉列表中选择【行距选项】选项，在弹出的【段落】对话框中，设置【特殊格式】为“首行缩进”，【磅值】为“2 字符”，【行距】为“固定值”，【设置值】为“26 磅”，如图 1-26 所示。

STEP 8 选中最后两行，单击【开始】/【段落】选项组中的按钮，设置为右对齐。

STEP 9 选中第 1 行“计算机实训室管理条例”，单击【开始】/【段落】选项组中的行和段落间距按钮，从弹出的菜单中选择【增加段后间距】选项。

STEP 10 单击【页面布局】/【页面背景】选项组中【页面颜色】按钮，在下拉列表中选择【填充效果】选项，在弹出的【填充效果】对话框中，切换到【图片】选项卡，单击 选择图片(L)... 按钮，选择“项目 1 素材\bg.jpg”文件，并单击 确定 按钮完成设置，如图 1-27 所示。

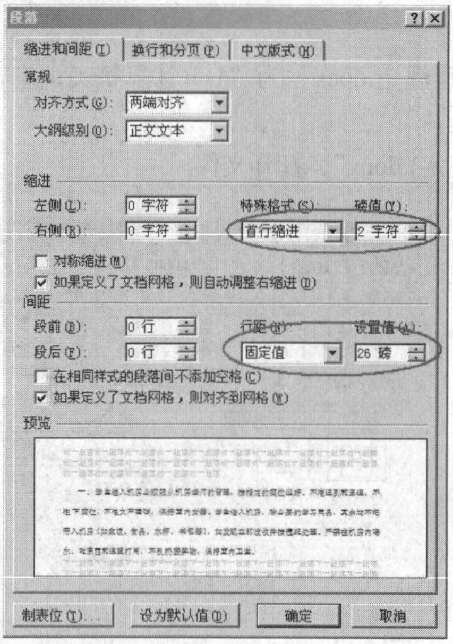

图1-26 设置正文段落

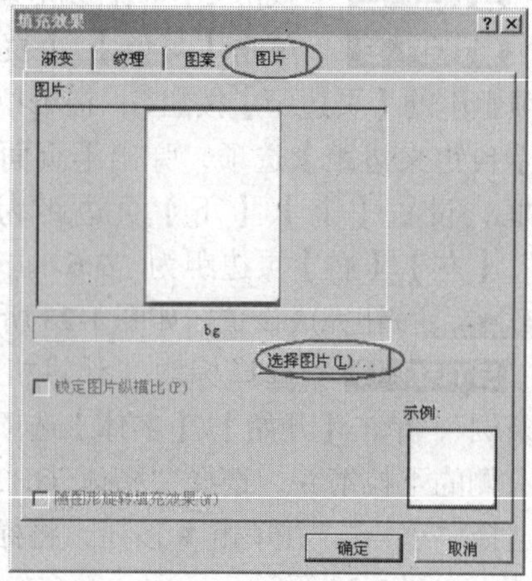

图1-27 设置页面背景

STEP 11 需要注意的是，默认情况下 Word 2010 在打印时并不会打印背景图片，需要进行设置。单击【文件】选项卡，在弹出的菜单中选择【选项】命令，在弹出的【Word 选项】对话框中选择【显示】类别，在其【打印选项】部分，选中【打印背景色和图像】复选框，如图 1-28 所示，单击 确定 按钮完成设置。

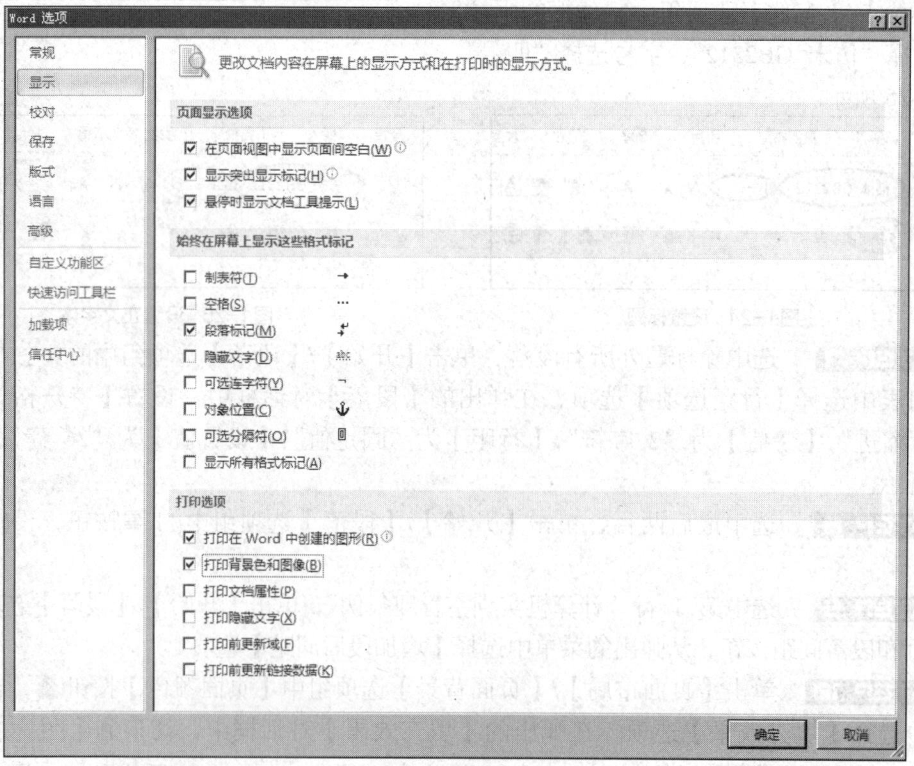

图1-28 设置打印选项

PART 2

项目二
制作报销单
——表格的设计与应用

项目背景

表格是 Word 的主要应用之一，使用 Word 表格可以使数据显示更清晰，在 Word 中可以创建和美化表格，在表格中可以完成对数据的排序，在表格中还可以使用函数等公式对数据进行运算等。熟练使用 Word 的表格是文档处理必须的技能。

项 目 分 析

报销单作为一种常用的单据，其基本制作方法包括创建表格，调整表格的行高、列宽，对单元格进行合并和拆分，设置边框线等功能。

解 决 方 案

本项目可以通过以下几个任务来完成。

- 任务一　创建表格。
- 任务二　合并单元格。
- 任务三　排序和计算。

任务一　创建表格

【操作步骤】

STEP 1　启动 Word 2010，自动建立一个空文档，将其保存为“2-1(报销单).docx”。

STEP 2　单击【页面布局】/【页面设置】选项组中的【纸张方向】按钮，从弹出的菜单中选择【横向】选项。

STEP 3　单击【插入】/【表格】选项组中的【表格】按钮，在下拉列表中选择【插入表格】选项，在弹出的【插入表格】对话框中设置表格为 20 列、10 行，单击 确定 按钮确认，如图 2-1 所示。

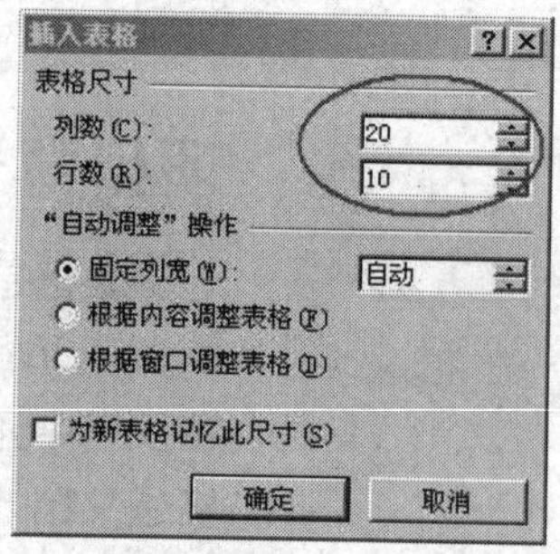

图2-1　设置表格行列

STEP 4　单击第 1 列中的任意单元格，在【表格工具】选项卡的【布局】/【单元格大小】选项组中设置表格第 1 列列宽为“0.6 厘米”，如图 2-2 所示。

STEP 5　按照如上方式，分别设置第 2、5、6、9、12 列宽度为 0.6 厘米，第 3、7、10、13 列宽度为 1.2 厘米，第 4、8、11、14～19 列宽度为 1.6 厘米，第 20 列宽度为 2.4 厘米。

STEP 6　单击第 1 行中的任意单元格，在【表格工具】选项卡的【布局】/【单元格大小】选项组中设置【高度】为“0.8 厘米”，如图 2-3 所示。

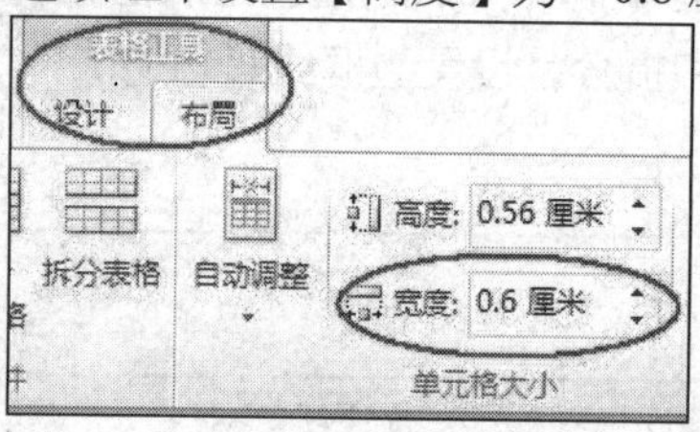

图2-2　设置列宽度

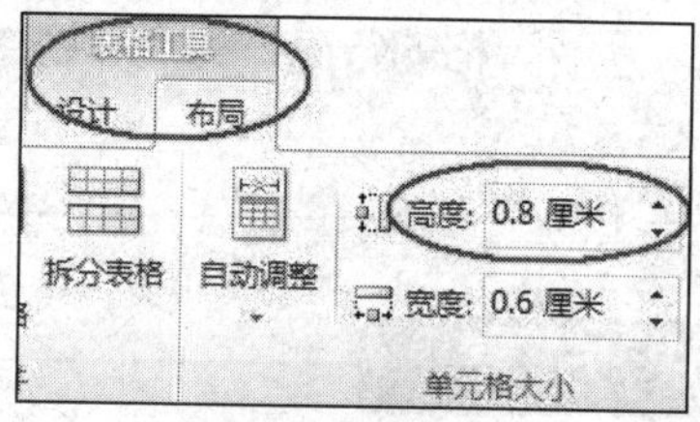

图2-3　设置行高度

STEP 7　按照如上方式，设置第 3 行高度为 1.2 厘米，第 10 行高度为 1.4 厘米，其他各行高度为 0.8 厘米。

任务二　合并单元格

【操作步骤】

STEP 1　选择第 1 行的 1～3 个单元格，在【表格工具】选项卡的【布局】/【合并】选项组中单击【合并单元格】按钮，将 3 个单元格合并为一个，如图 2-4 所示。

按照如上方式将第 1 行的 4～9 个单元格，10～12 个单元格，13～15 个单元格，16～17 个单元格，18～20 个单元格分别合并。

STEP 2　将鼠标指针移动到第 1 行合并后的第 1 个单元格左内侧，鼠标形状变化为➚，单击鼠标左键选中第 1 个单元格，按住鼠标左键并拖动单元格的右边线，至第 3 列的中间位置。如图 2-5 所示。

按照如上方式，第 2 行需要进行合并的单元格分别为 1～4，5～8，10～11，13～14，

15～19。第 9 行需要进行合并的单元格为 1～10，第 10 行需要进行合并的单元格分别为 1～2，3～16，17～20。

STEP 3 选中第 10 行最后一个单元格，在【表格工具】选项卡的【布局】/【合并】选项组中单击【拆分单元格】按钮，在弹出的【拆分单元格】对话框中，设置为 1 列 2 行，如图 2-6 所示，并单击 确定 按钮确认。

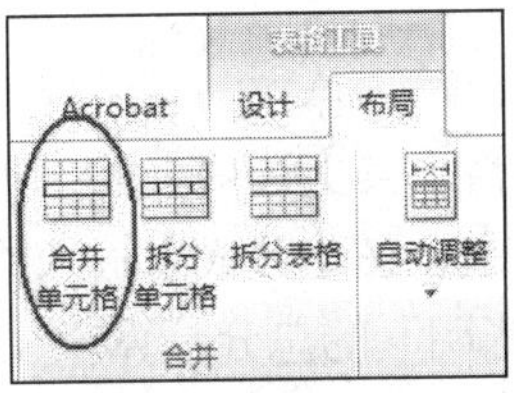

图2-4 合并单元格

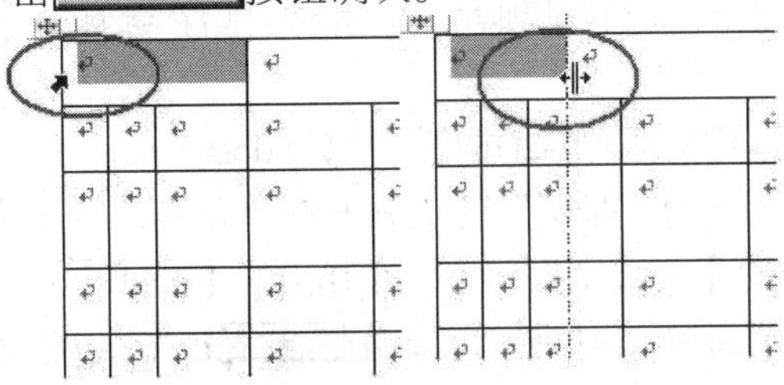
图2-5 选择并设置单元格

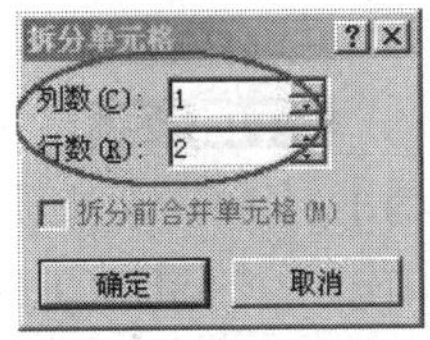

图2-6 拆分单元格

STEP 4 单击表格左上角的图标，选择整个表格，在【表格工具】选项卡的【设计】/【绘图边框】选项组中的笔样式中选择单线，在笔画粗细下拉列表中选择“1.5 磅”，如图 2-7 所示，然后单击【表格工具】选项卡的【设计】/【表格样式】选项组中 边框 按钮的右侧箭头，在弹出的下拉列表中选择【外侧框线】选项，如图 2-8 所示。

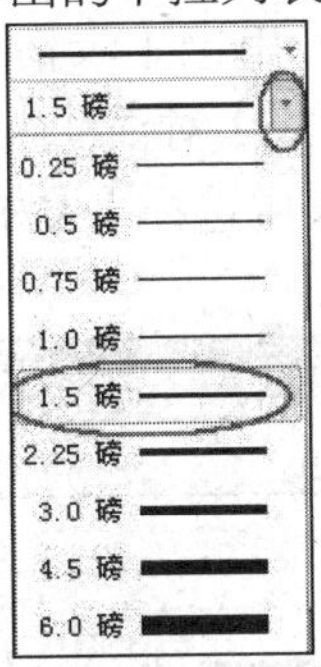

图2-7 选择线宽

图2-8 选择框线

按照如上方式将第 1 行和第 9 行的下框线设置为双线，第 2 行的下框线设置为 1.5 磅单线，将第 9 列和第 12 列的右框线设置为双线。

STEP 5 按照图 2-9 所示，添加文字内容，完善报销单。

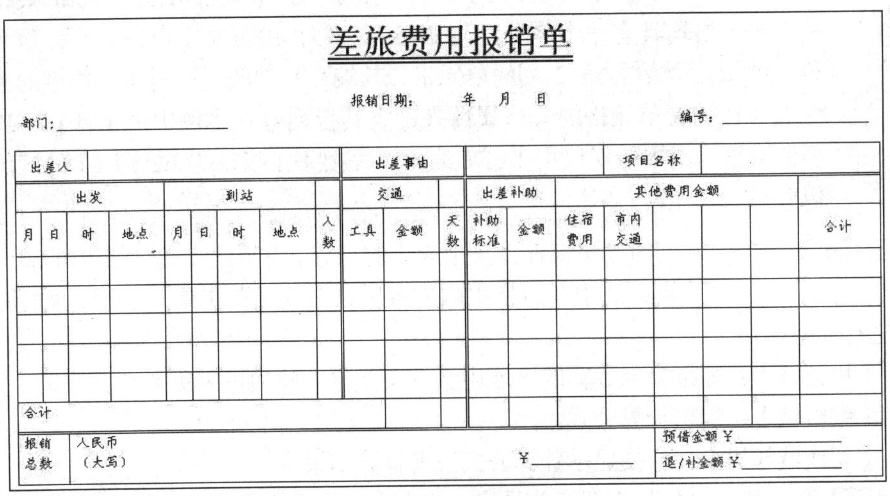
差旅费用报销单

报销日期： 年 月 日

部门：______ 编号：______

出差人		出差事由		项目名称	

出发				到站				人数	交通		天数	出差补助		其他费用金额					合计
月	日	时	地点	月	日	时	地点		工具	金额		补助标准	金额	住宿费用	市内交通				
合计																			

报销总数	人民币（大写） ￥______	预借金额 ￥______ 退/补金额 ￥______

图2-9 选择框线

任务三　排序和计算

本任务根据学生的单科成绩来计算其总分和平均分，并按照总分进行升序排列。

【操作步骤】

STEP 1　复制素材文件“项目 2 素材\排序与计算.docx”为“2-2(排序与计算).docx”。

STEP 2　双击打开文件“2-2(排序与计算).docx”。

STEP 3　单击姓名为“张明”的总分所在单元格，单击【表格工具】选项卡的【布局】/【数据】选项组中的【公式】按钮 f_x，在弹出的【公式】对话框中，在【公式】输入框中输入“=SUM(LEFT)”，如图 2-10 所示，单击 确定 按钮，完成“张明”的总分计算。

> **知识提示**　在上面的公式中，“=”代表要进行一个计算，“SUM”代表计算的类型为求和，括号中的“LEFT”，代表了要计算的数据范围，与之类似的还有 RIGHT，ABOVE，BELOW，分别代表的计算范围是当前单元格的左侧、右侧、上面、下面的所有数据单元格。

STEP 4　单击姓名为“张明”的平均分所在单元格，单击【表格工具】选项卡的【布局】/【数据】选项组中的【公式】按钮 f_x，在弹出的【公式】对话框中，在【公式】输入框中输入“=AVERAGE(b2:g2)”，或者从粘贴函数的下拉列表中选择【AVERAGE】选项，并修改为其参数为“b2:g2”，如图 2-11 所示。

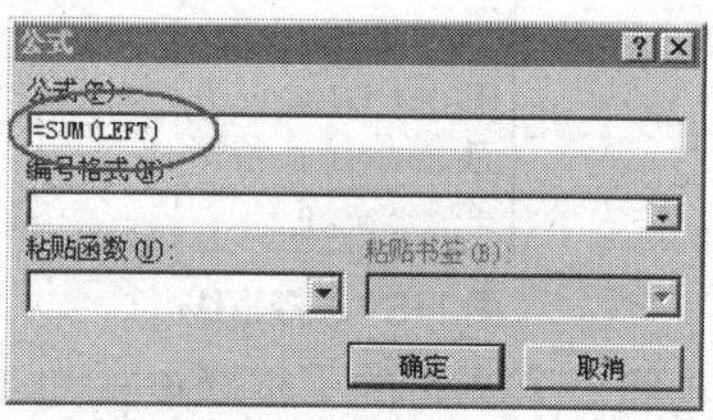

图2-10　计算总分

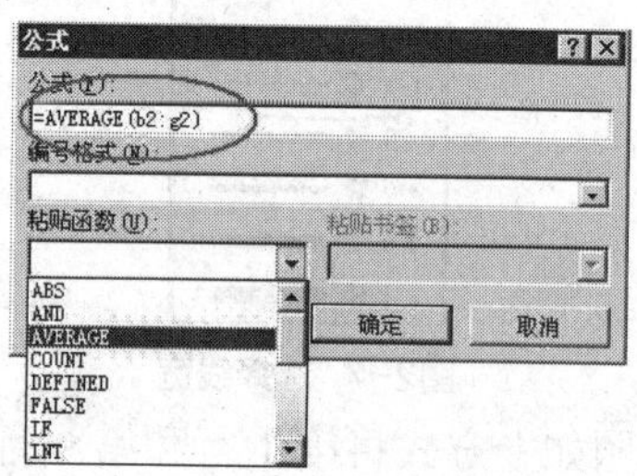

图2-11　计算平均分

> **知识提示**　Word 计算公式不区分大小写，采用哪一种形式都可以。Word 表格的每一个单元格均具有一个编号，与 Excel 类似，由英文字母代表列，数字代表行。例如，第 2 行第 2 列的单元格，其编号为“b2”。对于不规则的表格，可以通过查看单元格的表格属性来确定其行列号；本例中由于计算平均分需要的数据区域不能仅仅用 LEFT 表示，需要手工指定为 b2 到 g2 的区域，可以表示为 b2:g2。

STEP 5　按照如上的方法，计算其余学生的总分和平均分，放在相应的单元格。每一个具有计算公式的单元格，选中单元格中的内容后，在其上单击鼠标右键，如图 2-12 所示，可进行如下操作。

- 【更新域】：如果参与计算的区域中数据有变化，此项可以更新计算结果。
- 【编辑域】：编辑计算公式。
- 【切换域代码】：切换显示计算公式或者计算结果。

STEP 6　单击总分列中任意单元格，单击【表格工具】选项卡的【布局】/【数据】

选项组中的【排序】按钮，在弹出的【排序】对话框中，设置主要关键字为“总分”，排序方式为“升序”，【列表】选项组中选择【有标题行】，单击 确定 按钮完成排序，如图 2-13 所示。

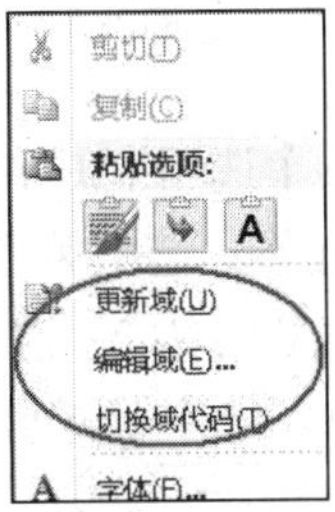

图2-12　公式单元格快捷菜单选项

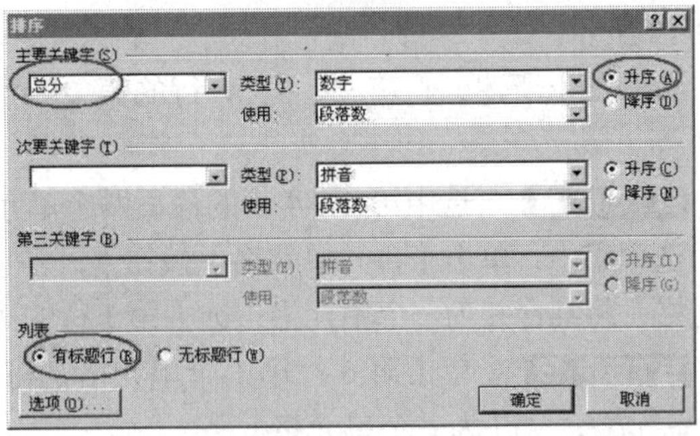

图2-13　排序

项目升级　制作个人简历

本节综合运用前面所学内容来制作一个个人简历。

【操作步骤】

STEP 1　启动 Word 2010，自动建立一个空文档，将其保存为“2-3(简历).docx”。

STEP 2　在【页面布局】/【页面设置】选项组中单击【纸张大小】按钮，在弹出的列表中选择【B5(JIS)】选项，如图 2-14 所示。

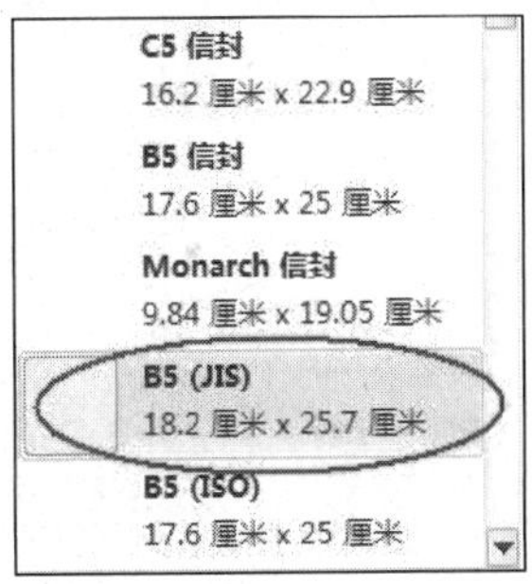

图2-14　设置页面大小

STEP 3　单击【页面布局】/【页面设置】选项组中的【页边距】按钮，在弹出的列表中选择【适中】选项。

STEP 4　单击【插入】/【表格】选项组中的【表格】按钮，在下拉列表中选择【插入表格】选项，在弹出的【插入表格】对话框中设置表格为 2 列、11 行，单击 确定 按钮。

STEP 5　单击表格左上角的图标，选中整个表格，在【表格工具】选项卡的【布局】/【单元格大小】选项组中设置【高度】为“1.1 厘米”，如图 2-15 所示，在【开始】/【段落】选项组中单击按钮，使表格居中。

如上所述，单击第 6 行任意单元格，设置其【高度】为“8.2 厘米”。

STEP 6　单击第 1 列中的任意单元格，在【表格工具】选项卡的【布局】/【单元格大小】选项组中设置【宽度】为“2.22 厘米”，如图 2-16 所示。

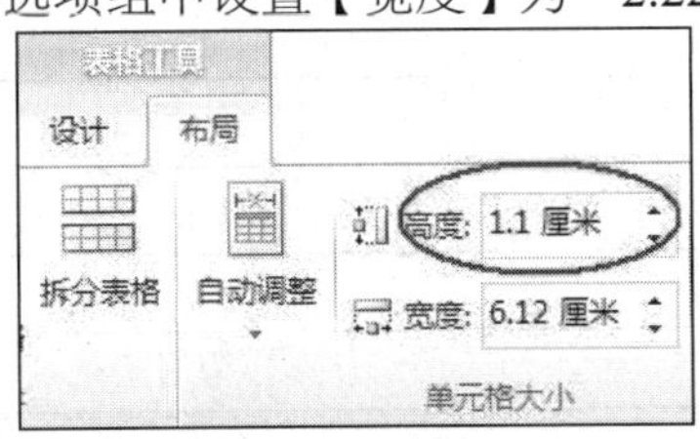

图2-15　设置行高

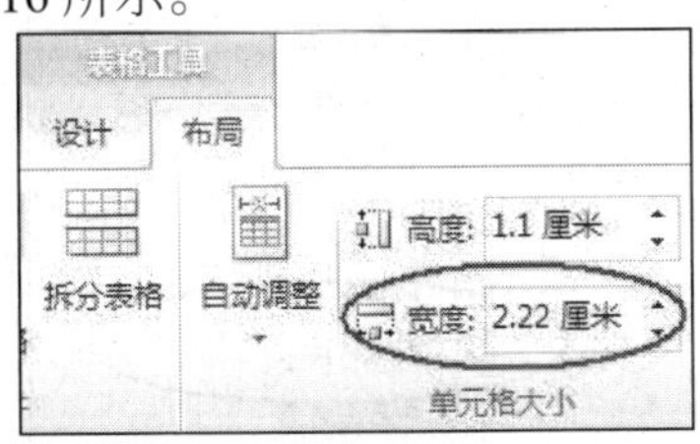

图2-16　设置列宽

如上所述，单击第 2 列的任意单元格，设置其【宽度】为“11.1 厘米”。

STEP 7 单击第 1 行第 2 列单元格，在【表格工具】选项卡的【布局】/【合并】选项组中，单击【拆分单元格】按钮，在弹出的【拆分单元格】对话框中，设置拆分为 5 列 1 行，如图 2-17 所示。

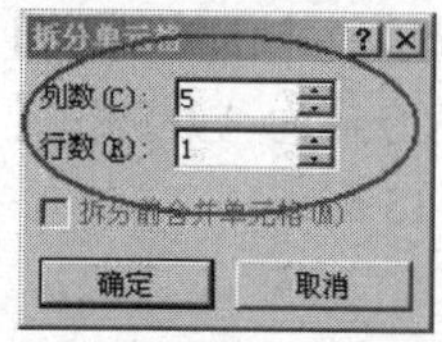

图2-17 拆分单元格

按照如上所述，将第 2、3、4 行的第 2 个单元格均拆分为 5 列 1 行。

STEP 8 选中第 1～4 行的最后两个单元格，在【表格工具】选项卡的【布局】/【合并】选项组中，单击【合并单元格】按钮，将它们合并为一个单元格；选中第 3 行的 2～4 单元格，将其合并为一个单元格；选中第 1 行的第 4 个单元格，将其拆分为 2 列 1 行。

STEP 9 单击第 6 行第 1 个单元格，将其拆分为 2 列 1 行，选中第 6 行的第 2 和第 3 个单元格，合并为一个单元格。

STEP 10 单击表格左上角的图标，选中整个表格，在【表格工具】选项卡的【设计】/【绘图边框】选项组中选择边框线形为双线，在【表格工具】选项卡的【设计】/【绘图边框】选项中选择外侧框线，如图 2-18 所示。

STEP 11 按照图 2-19 所示，添加文字内容，完成简历的设计。

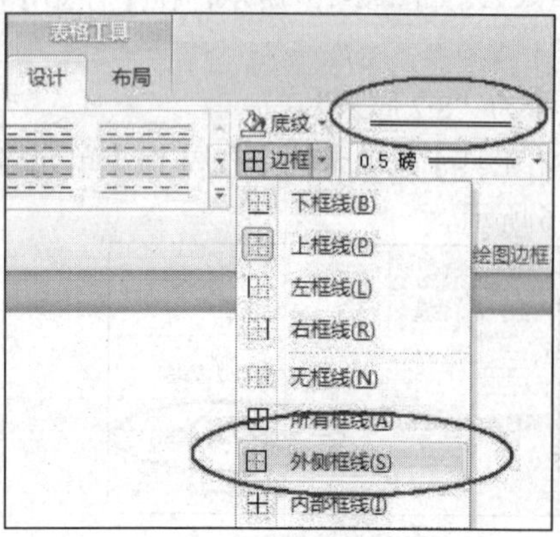

图2-18 设置框线

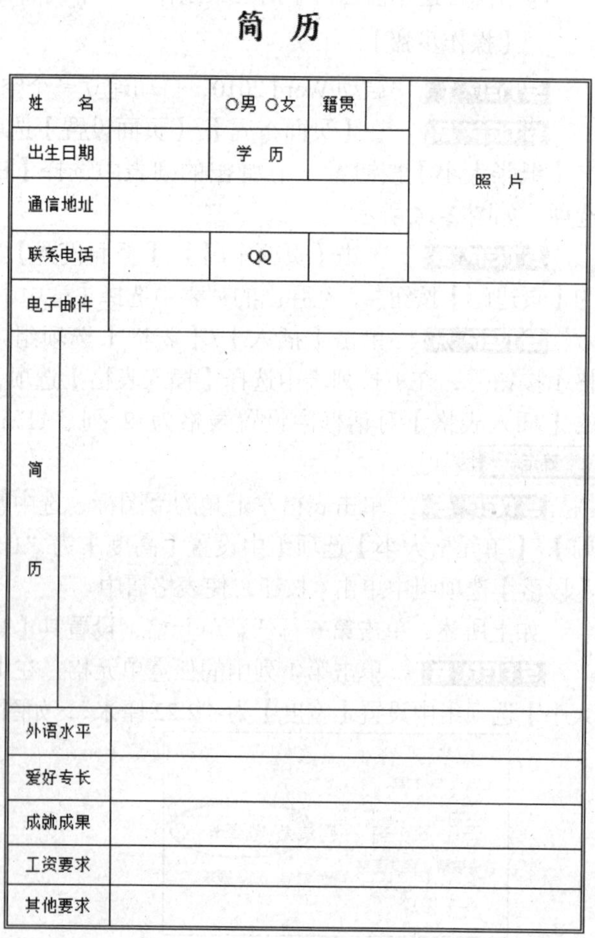

图2-19 简历设计

项目小结

在 Word 中，表格的设计主要包含表格宽度和高度的设置、表格的拆分和合并、表格边框线的设置及排序和计算功能。这些功能基本上都被集中在【表格工具】工具栏，此工具栏默认是不显示的，只有当选择了表格或表格中的单元格时才会显示出来。表格的选择需要注意的是：把鼠标指针移动到列的上方单击鼠标左键，可以选择列，把鼠标指针移动到行的左方单击鼠标左键，可以选择行；把鼠标指针移动到单元格里面的左侧单击鼠标左键，可以选择单元格；单击表格左上角的图标可以选择整个表格。一般情况下表格中的排序功能不能针对合并的单元格，需要排序的表格必须是规则的数据表格；表格的计算需要用到各个单元格的编号，其编号表示方法与 Excel 是相同的，即列使用字母而行使用数字的形式。

课后练习　制作教学计划

本练习通过制作教学计划来巩固本项目所学的内容。

【步骤提示】

STEP 1 启动 Word 2010，自动建立一个空文档，将其保存为“2-4(教学计划).docx”。

STEP 2 在【页面布局】/【页面设置】选项组中单击【页边距】按钮，在弹出的列表中选择【适中】选项。

STEP 3 单击【插入】/【表格】选项组中的【表格】按钮，在下拉列表中选择【插入表格】选项，在弹出的【插入表格】对话框中设置表格为 13 列、26 行，如图 2-20 所示，单击确定按钮。

STEP 4 单击第 1 行中的任意单元格，在【表格工具】选项卡的【布局】/【表】选项组中，单击【属性】按钮，在弹出的【表格属性】对话框中，设置行的高度为“固定值”“1.9 厘米”，如图 2-21 所示，设置其他行的高度为“固定值”“0.65 厘米”。

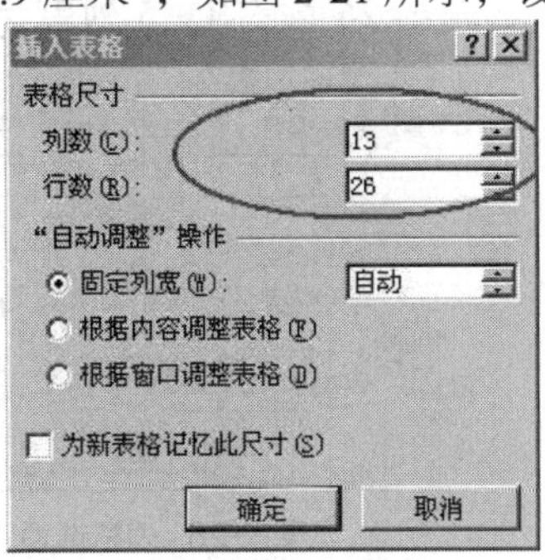

图2-20　插入表格

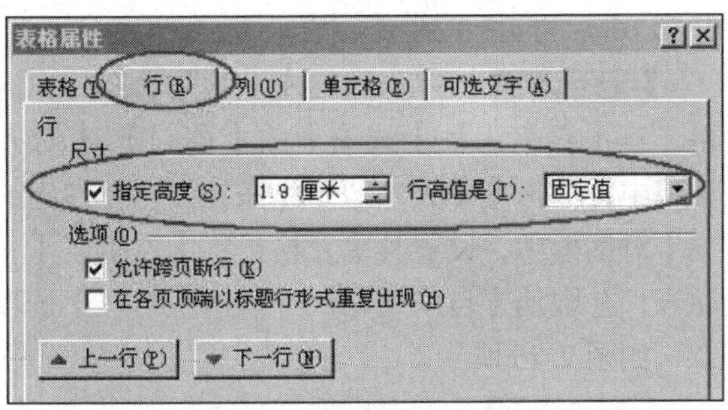

图2-21　设置行高为固定值

STEP 5 将鼠标指针移动到第 1 列上方，直到鼠标形状变为⬇，按下鼠标左键，同时选中第 1 列和第 2 列，在【表格工具】选项卡的【布局】/【单元格大小】选项组中，设置其【宽度】为“0.75 厘米”，如图 2-22 和图 2-23 所示。

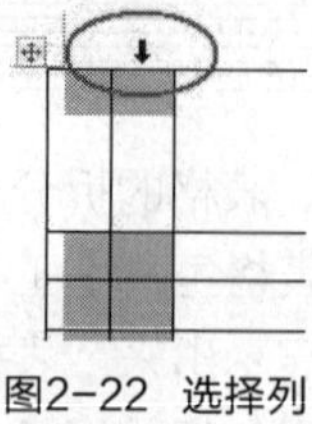

图2-22 选择列

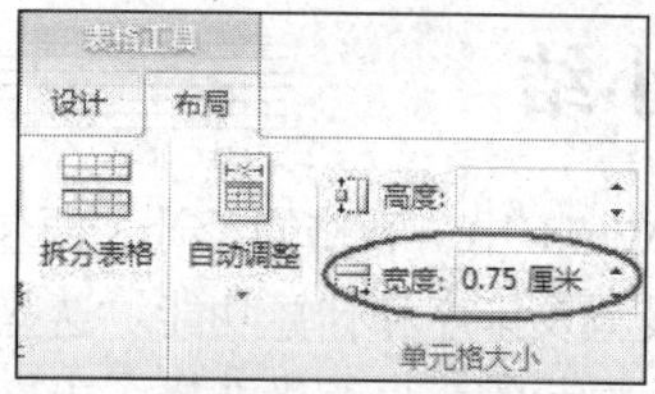

图2-23 设置列宽

如上所示，设置第 3 列列宽为“5 厘米”，第 4～13 列列宽为“1 厘米”。

STEP 6 单击【表格工具】选项卡的【设计】/【绘图边框】选项组中的【绘制表格】按钮，启用手动表格的绘制，在第 1 行的第 5～13 列中添加 2 条表格线，将每一个单元格分成 3 部分，如图 2-24 所示，并将刚分出来的 3 行分别设置高度为“0.5 厘米”“0.5 厘米”和“0.9 厘米”。

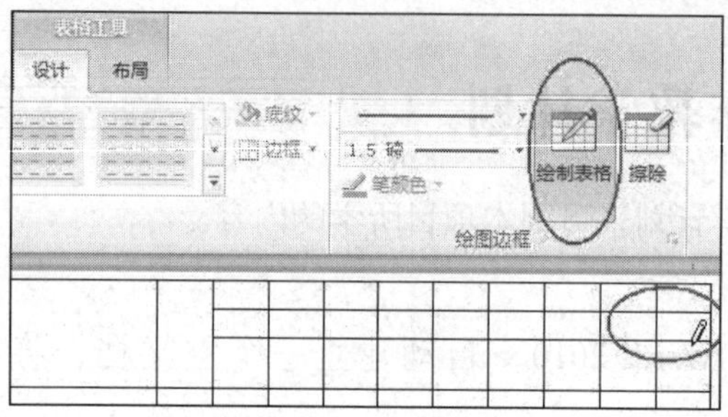

图2-24 绘制表格

STEP 7 分别合并第 5～7 列的第 2、3 行的单元格；选择第 1 行第 5～7 列的单元格进行合并；选择第 1 行第 8～13 列的单元格进行合并，合并后的效果如图 2-25 所示。

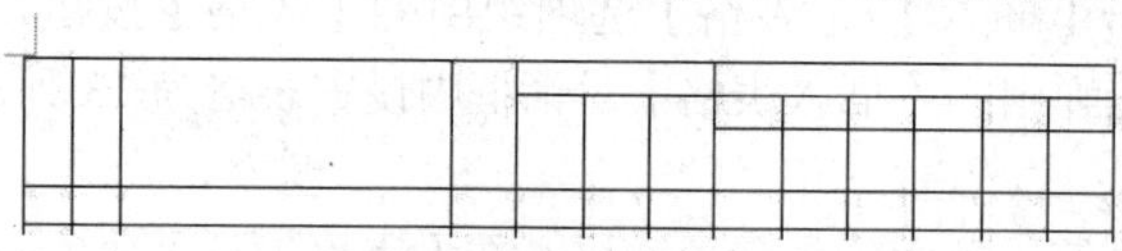

图2-25 合并单元格

STEP 8 合并第 1 列的 2～7 行单元格；合并第 1 列的 8～23 行的单元格；合并第 24 行的 1～3 列单元格；合并第 25 行的 1～3 列单元格；合并第 26 行的 1～5 列单元格；合并第 16 行的 2～3 列单元格。

STEP 9 单击表格左上角的图标，选中整个表格，在【表格工具】选项卡的【布局】/【对齐方式】选项组中，单击【单元格边距】按钮，在弹出的【表格选项】对话框中，设置其单元格边距【左】、【右】均为 0 厘米，并取消【自动重调尺寸以适应内容】选项的选中状态，如图 2-26 所示。

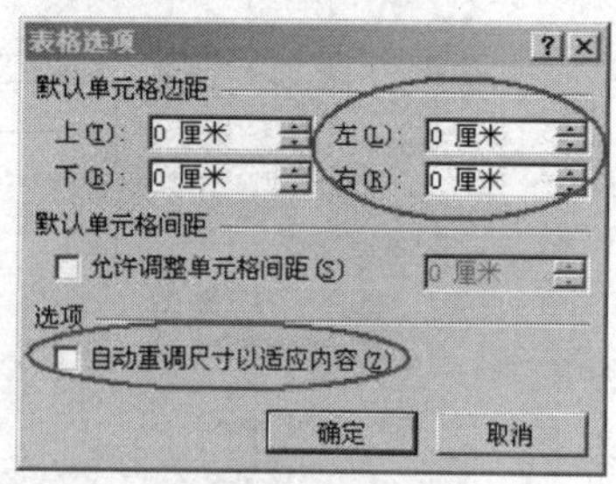

图2-26 表格选项

STEP 10 为表格添加文字与数据。

（1） 在教学计划表中需要进行数据的计算，这里用例子进行说明。如图 2-27 所示，表格倒数第 3 行的学分小计，其要计算的数据不能使用 ABOVE 关键字进行计算，只能通过指定数据区域的方式，其计算公式可以写为“=SUM(d19:d25)”。而学分总计需要计算两个小计数量的和，这里首先需要确定两个小计值所在单元格的位置，如第 1 个小计值其位置为第 3 列第 18 行，第 2 个小计值的位置为第 2 列第 26 行，因此学分的总计公式可以写为“=c18+b26”。

（2） 理论与实践课学时比例需要将计算数据转换为百分比的形式，在计算公式的编辑时可以设定数据格式，但是这个数据格式仅仅是添加一个百分比号，如图 2-28 所示，如果计算出的结果为 0.46，则添加百分比号后为 46%，所以在计算公式中需要进行乘 100 的操作。

专业必修课	13	软件工程概论	3	56	56	0
	14	操作系统原理	3	56	50	6
	小 计（含周学时）		56	1023	776	247
	1	入学教育和军训	3	90		90
	2	微机原理与组装	2	60	30	30
	3	计算机网络技术	2	60	30	30
	4	编程实训	2	60	12	48
	5	毕业设计	12	360	60	300
	6	岗前实习	6	180		180
	7	就业指导	1	20		20
小计			28	830	132	830
必修课总学时与学分总计			84	1853	908	1077
理论与实践课学时比例					46%	54%

图2-27 数据计算

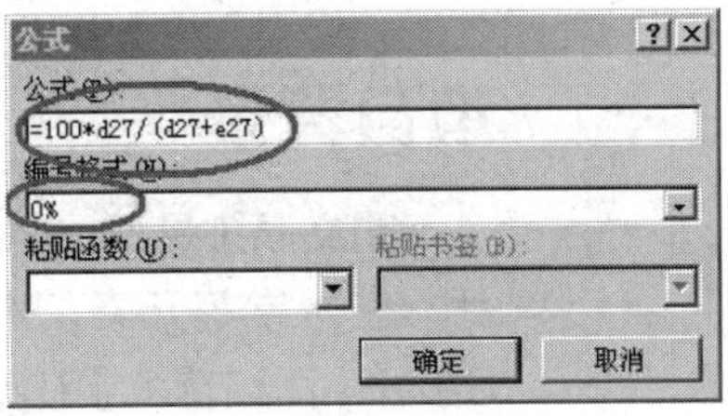

图2-28 计算百分比

完成后的表格如图 2-29 所示。

计算机专业必修课教学计划

类别	序号	课程名称	学分	教学时数			各学期周学时分配					
				总数	讲课	实践	一	二	三	四	五	六
							17	18	18	18	15	6
公共必修课	1	毛泽东思想概论	2	32	32			2				
	2	邓小平理论与三个代表	2	32	32				2			
	3	体育	3	94	6	88	2	2	2			
	4	大学英语精读	10	190	190	0	4	4	4			
	5	大学英语听说	5	94	60	34	2	2	2			
	6	高等数学	5	90	90	0	6					
	7	电路基础与数字电路	4	75	50	25	5					
专业必修课	8	C 语言程序设计	5	96	60	36		6				
	9	数据结构	4	64	54	10			4			
	10	面向对象程序设计	4	48	24	24			3			
	11	专业英语	2	32	32	0				2		
	12	数据库原理	4	64	40	24				4		
	13	软件工程概论	3	56	56	0					4	
	14	操作系统原理	3	56	50	6					4	
	小 计（含周学时）		56	1023	776	247	19	16	17	6	8	0
	1	入学教育和军训	3	90		90	3 周					
	2	微机原理与组装	2	60	30	30		2 周				
	3	计算机网络技术	2	60	30	30			2 周			
	4	编程实训	2	60	12	48				2 周		
	5	毕业设计	12	360	60	300					4 周	8 周
	6	岗前实习	6	180		180						6 周
	7	就业指导	1	20		20					1 周	
小计			28	830	132	830						
必修课总学时与学分总计			84	1853	908	1077						
理论与实践课学时比例					46%	54%						

图2-29 完成后的表格

项目三 制作新年贺卡——图片与艺术字的应用

PART 3

项目背景

图文混排是 Word 的重要功能之一，在很多题材的文档中会应用到图片、艺术字等元素。本项目以制作贺年卡为例，着重说明图片、图形、SmartArt 和艺术字在 Word 中的应用方式。

项目分析

利用图片、图形、SmartArt 和艺术字可以美化文档，经过合理的编排，可以做出精美的版面。

解决方案

本项目可以通过以下几个任务来完成。

- 任务一　插入与设置图片。
- 任务二　插入与设置图形。
- 任务三　插入与设置 SmartArt。
- 任务四　插入与设置艺术字。

任务一 插入与设置图片

【操作步骤】

STEP 1 启动 Word 2010，自动建立一个空文档，将其保存为“3-1(贺年卡).docx”。

STEP 2 单击【页面布局】/【页面设置】选项组中的【纸张大小】按钮，在下拉列表中选择【大 32 开(14 厘米×20.3 厘米)】选项，如图 3-1 所示。

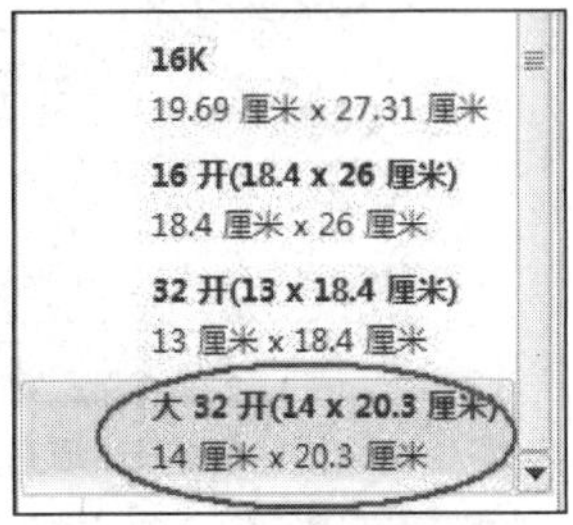

图3-1 设置纸张大小

STEP 3 单击【页面布局】/【页面设置】选项组中的【纸张方向】按钮，在下拉列表中选择【横向】选项，如图 3-2 所示。

STEP 4 单击【页面布局】/【页面设置】选项组中的【页边距】按钮，在下拉列表中选择【窄】选项，如图 3-3 所示。

STEP 5 单击【页面布局】/【页面背景】选项组中的【页面颜色】按钮，在下拉列表中选择【填充效果】选项，如图 3-4 所示。

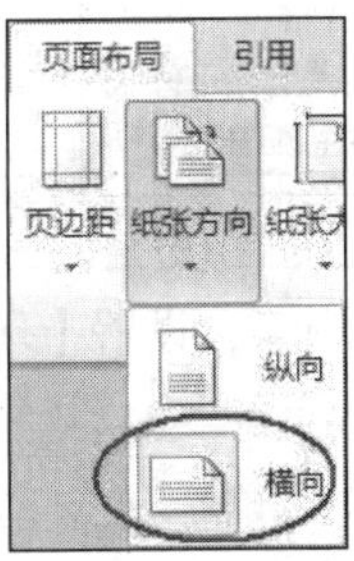

图3-2 设置纸张方向

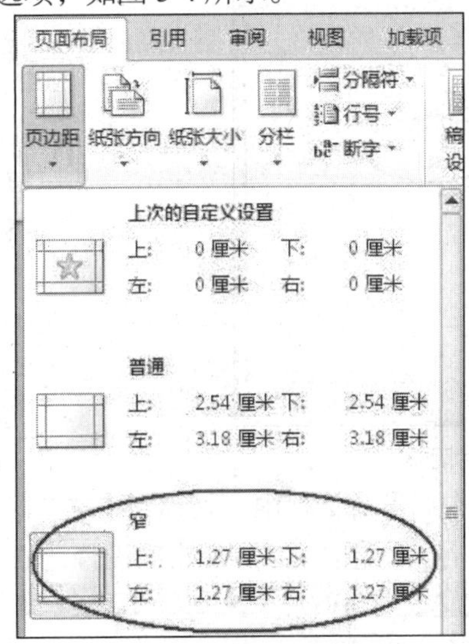

图3-3 设置页边距

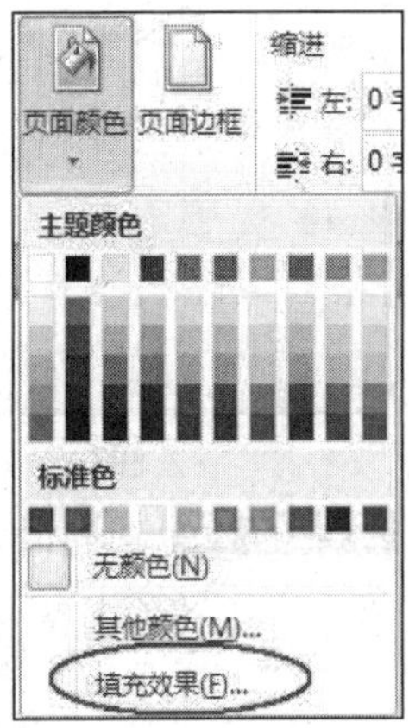

图3-4 填充效果

STEP 6 在弹出的【填充效果】对话框中，切换到【图片】选项卡，单击 选择图片(L)... 按钮，选择素材文件“项目 3 素材\背景.jpg”，单击 确定 按钮，完成页面背景设置，如图 3-5 所示。

STEP 7 单击【插入】/【插图】选项组中的【图片】按钮，在弹出的【插入图片】对话框中选择素材文件“项目 3 素材\窗花.png”，在【图片工具】选项卡的【格式】/【大小】选项组中，设置【高度】和【宽度】值均为“4.47 厘米”，如图 3-6 所示。

STEP 8 单击插入的窗花图片，在【图片工具】选项卡的【格式】/【图片样式】选项组中，单击右下角的按钮，在弹出的【设置图片格式】对话框中，切换到【阴影】选项卡，设置【颜色】为黄色，【角度】为“60°”，【距离】为“2.2 磅”，其他为默认，单击 关闭 按钮完成阴影设置，如图 3-7 所示。

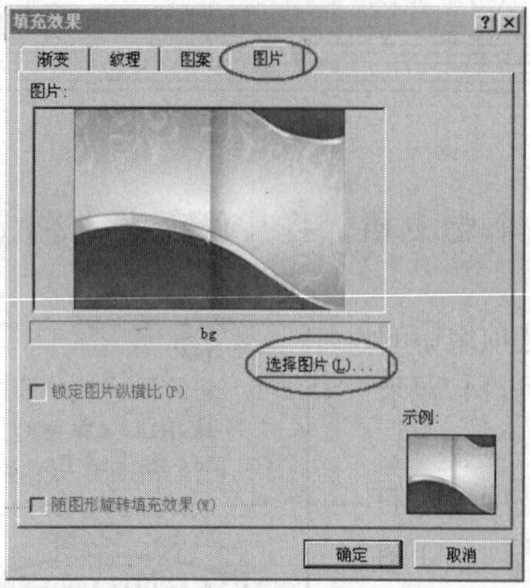

图3-5 填充图片

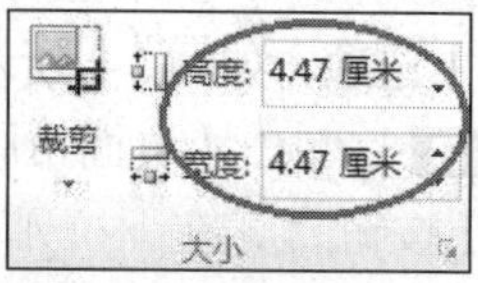

图3-6 设置图片大小

STEP 9 单击插入的窗花图片，在【图片工具】选项卡的【格式】/【排列】选项组中，单击【位置】按钮，在弹出的列表中，选择【其他布局选项】选项，如图 3-8 所示。

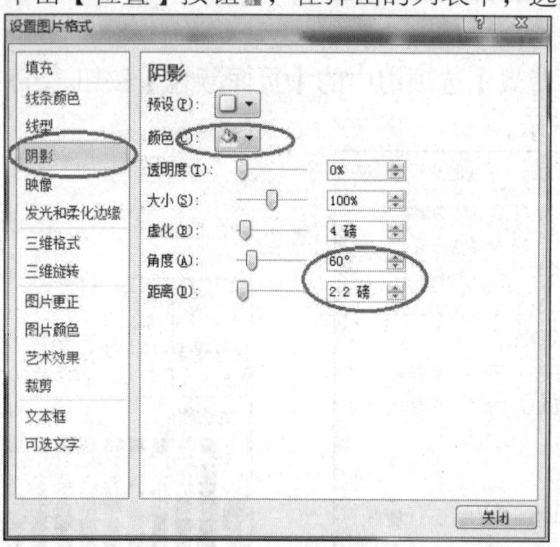

图3-7 设置图片阴影

图3-8 设置图片位置

STEP 10 在弹出的【布局】对话框中，切换到【文字环绕】选项卡，设置【环绕方式】为“浮于文字上方”，单击 确定 按钮，完成布局设置，如图 3-9 所示。

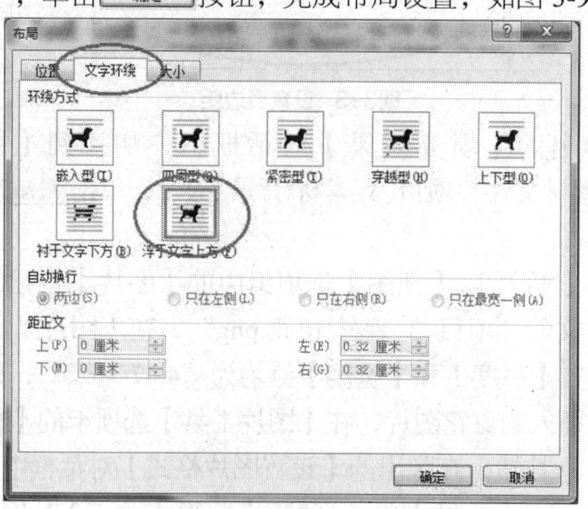

图3-9 设置图片文字环绕

任务二　插入与设置图形

本节来插入并设置图形。

【操作步骤】

STEP 1　单击【插入】/【插图】选项组中的【形状】按钮，在下拉列表中选择【星与旗帜】选项组中的☆选项，使用鼠标在文档的合适位置画出一个五角星的形状。

STEP 2　单击绘制的五角星，在【绘图工具】选项卡的【格式】/【形状样式】选项组中单击 形状填充 按钮，在弹出的列表中，选择标准色的“黄色”，如图3-10所示。

STEP 3　单击绘制的五角星，在【绘图工具】选项卡的【格式】/【形状样式】选项组中单击 形状轮廓 按钮，在弹出的列表中选择【无轮廓】选项，如图3-11所示。

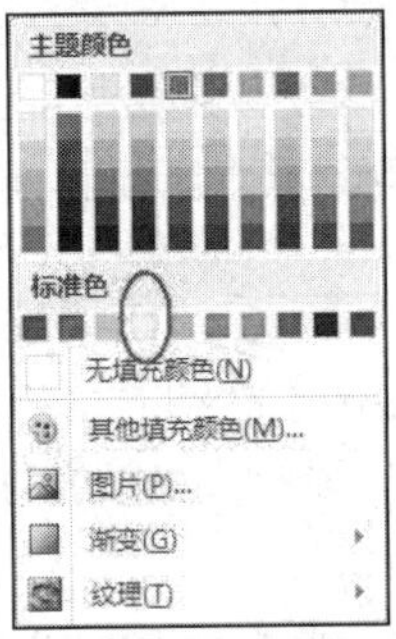

图3-10　填充颜色

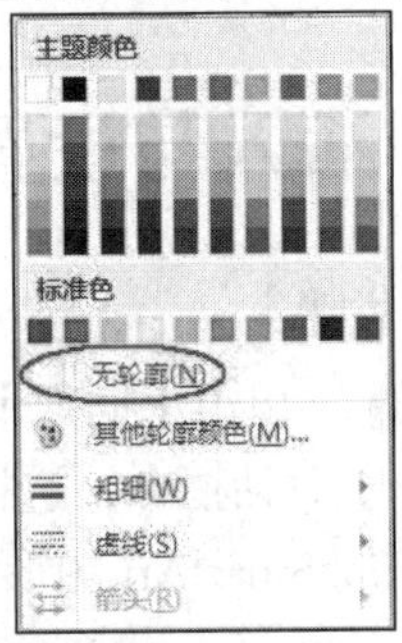

图3-11　设置轮廓

STEP 4　单击绘制的五角星，在【绘图工具】选项卡的【格式】/【形状样式】选项组中单击 形状效果 按钮，在弹出的列表中选择【发光】选项卡中的【发光选项】选项，如图3-12所示。

STEP 5　在弹出的【设置形状格式】对话框中，切换到【发光和柔化边缘】选项卡，设置【颜色】为“黄色”，【大小】为“10 磅”，【透明度】为“50%”，【柔化边缘】/【大小】为“1 磅”，如图3-13所示。

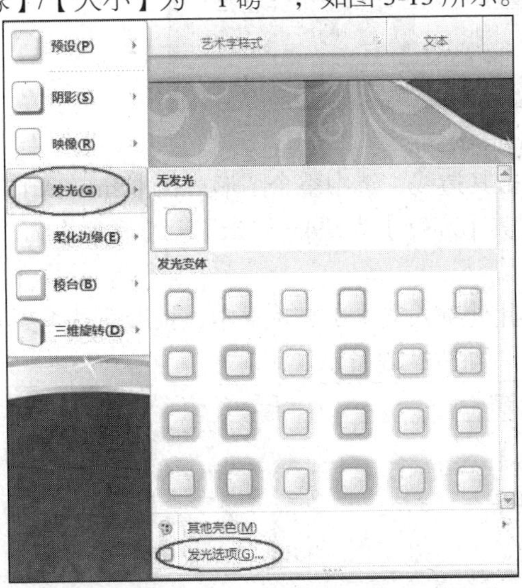

图3-12　设置形状效果

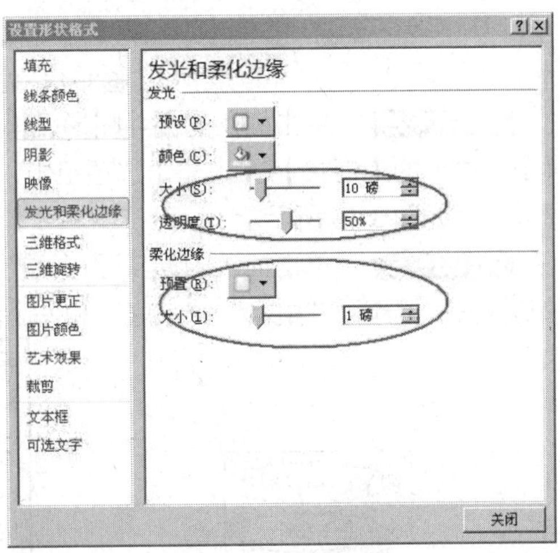

图3-13　设置发光效果

STEP 6　单击 关闭 按钮完成形状效果设置。

STEP 7 单击绘制的五角星，在【开始】/【剪贴板】选项组中，单击复制按钮，复制已经设置好的五角星图形，然后单击【粘贴】按钮4 次，在文档中复制出 4 个五角星图形。

知识提示 单击任意的五角星图形，在五角星周围出现 8 个方形或者圆形的白色控制点，在上方出现一个圆形的绿色控制点，在图形内部出现一个黄色菱形控制点。通过调节黄色控制点可以改变五角星的形状，而通过调节绿色控制点可以对五角星进行旋转，通过调节白色控制点可以更改五角星的宽度或者高度。需要注意的是，若要使对象的中心保持在相同位置，在拖动鼠标时需按住Ctrl键，若要按比例进行图片的大小调整，在拖动鼠标时需按住Shift键。

STEP 8 适当调整五角星的形状和大小，并移动到文档的右上角。

任务三 插入与设置 SmartArt

【操作步骤】

STEP 1 单击【插入】/【插图】选项组中的【SmartArt】按钮，在弹出的【选择 SmartArt 图形】对话框中，选择【关系】选项卡中的“漏斗”图形，如图 3-14 所示，单击确定按钮完成 SmartArt 图形的插入。

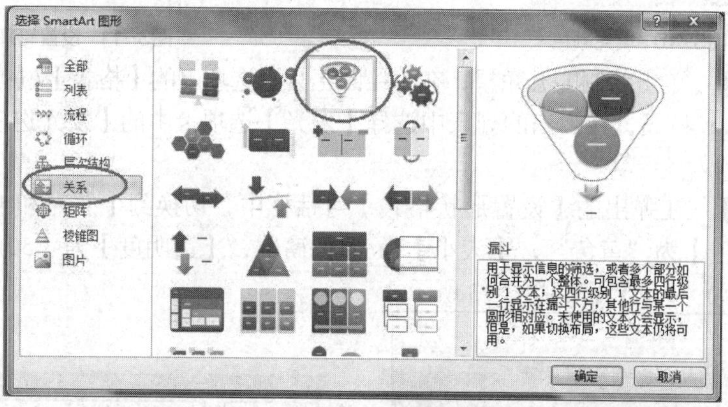

图3-14 插入 SmartArt 图形

STEP 2 单击插入的漏斗图形，再次单击其边线，选中整个图形，在【SmartArt 工具】选项卡的【格式】/【大小】选项组中，设置其【高度】为“4.6 厘米”，【宽度】为“6 厘米”，如图 3-15 所示。

STEP 3 单击插入的漏斗图形，在【在此处键入文字】文本框中，按顺序从上到下分别输入“健康”“财富”“家庭”和一个空格，如图 3-16 所示。

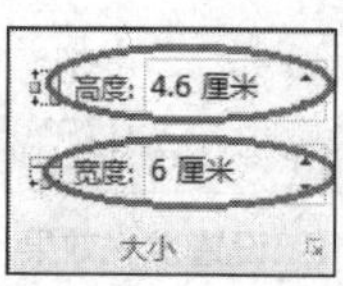

图3-15 设置 SmartArt 图形大小

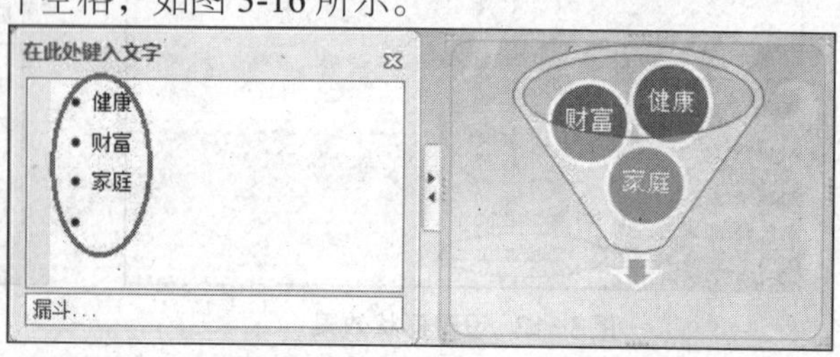

图3-16 键入 SmartArt 图形文字

STEP 4　单击插入的漏斗图形，在【SmartArt 工具】选项卡的【设计】/【SmartArt 样式】选项组中，单击【更改颜色】按钮，在弹出的列表中选择【强调文字颜色 6】选项组中的第 2 个选项“彩色填充”，在样式中选择“优雅”，如图 3-17 所示。

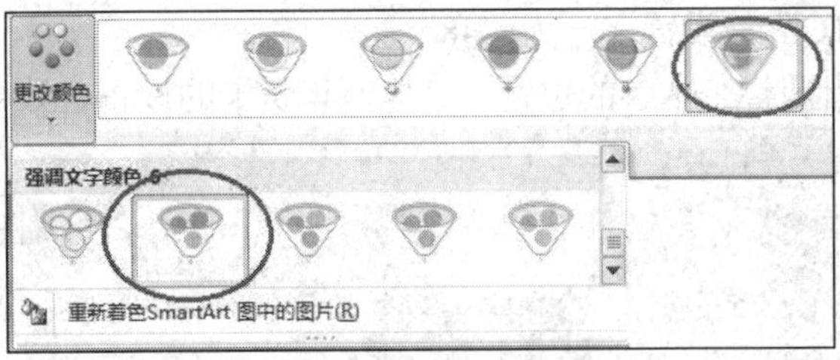

图3-17　键入 SmartArt 图形文字

STEP 5　单击插入的漏斗图形下方的箭头，在出现的【SmartArt 工具】选项卡的【格式】/【形状样式】选项组中，设置其形状填充为“无填充颜色”，形状轮廓为“无轮廓”。

STEP 6　使用【插入】/【插图】选项组中的矩形和椭圆形，将漏斗形状做成一个完整的杯子。

（1）　选择矩形工具画出一个高 3.4 厘米、宽 0.13 厘米的矩形，设置其形状轮廓为“无轮廓”，设置其形状填充为“渐变”，渐变方向为“从左下角”。

（2）　使用椭圆工具画出一个高 0.3 厘米、宽 0.4 厘米的椭圆，设置其形状轮廓为“无轮廓”，设置其形状填充为“渐变”，渐变方向为“线性向上”。

（3）　在画好的椭圆上单击鼠标右键，从弹出的快捷菜单中选择【置于顶层】命令，最终做出的杯子效果如图 3-18 所示。

图3-18　制作杯子

知识提示　可以选择矩形和椭圆，在【绘图工具】选项卡的【格式】/【形状样式】选项组中，单击按钮，在弹出的【设置形状格式】对话框中，选择合适的渐变颜色、渐变方向及渐变光圈来设置更加完美的形状。

任务四　插入与设置艺术字

【操作步骤】

STEP 1　单击【插入】/【文本】选项组中的【艺术字】按钮，在弹出的列表中选择第 5 行第 3 列的“填充-红色，强调文字颜色 2，暖色粗糙棱台”样式，如图 3-19 所示。

STEP 2　输入文字“新年”，选中插入的艺术字“新年”，在【开始】/【字体】选项组中，设置字体为“华文隶书”，设置字号为“60”；在【绘图工具】选项卡的【格式】/【艺术字样式】选项组中，设置文本填充颜色为红色。

STEP 3　参照以上的步骤，再次添加艺术字，文字为“快乐”，其他设置同上。本步骤也可采取复制粘贴并修改文字的方式完成。

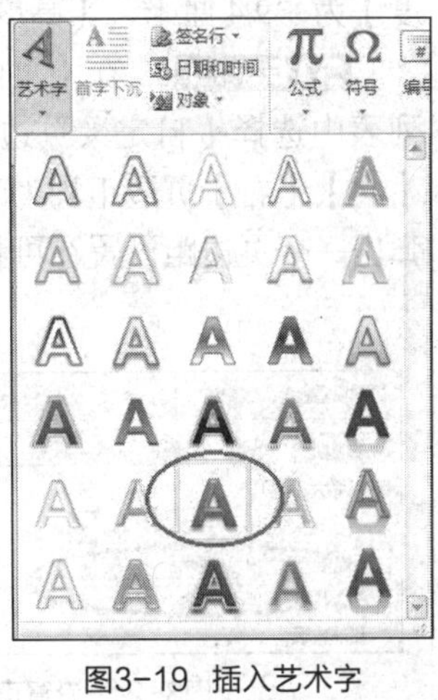

图3-19　插入艺术字

STEP 4 单击【插入】/【文本】选项组中的【艺术字】按钮，在弹出的列表中选择第 6 行第 2 列的“填充-橙色，强调文字颜色 6，暖色粗糙棱台”样式；输入文本“Happy new year”，选中插入的艺术字“Happy new year”，在【开始】/【字体】选项组中，设置字体为“Blackadder ITC”，设置字号为“48”。

STEP 5 适当调整艺术字的位置，完成新年贺卡的设置，效果如图 3-20 所示。

图3-20 新年贺卡

项目升级 制作个人名片

下面综合运用前面所学知识来制作个人名片。

【操作步骤】

STEP 1 启动 Word 2010，自动建立一个空文档，将其保存为“3-2(个人名片).docx”。

STEP 2 单击【页面布局】/【页面设置】选项组中的【纸张大小】按钮，在弹出的列表中选择【其他页面大小】选项，在弹出的【页面设置】对话框中，设置纸张的【宽度】为“9.4 厘米”,【高度】为“5.8 厘米”，如图 3-21 所示。

STEP 3 在【页面布局】/【页面设置】选项组中单击【页边距】按钮，在弹出的列表中选择【自定义页边距】选项，在弹出的【页面设置】对话框中，设置【上】、【下】、【左】、【右】页边距均为“0 厘米”，如图 3-22 所示，单击 确定 按钮，完成设置。此时，弹出一个页边距设置在可打印区域之外的警告对话框，只需忽略即可。

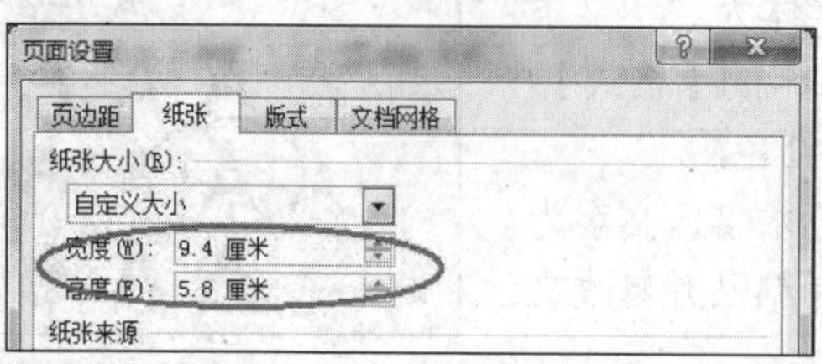

图3-21 设置页面大小

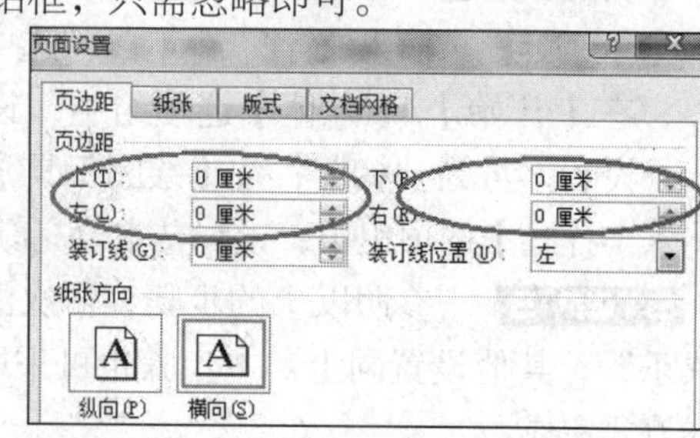

图3-22 设置页边距

STEP 4 单击【页面布局】/【页面背景】选项组中的【页面颜色】按钮，在下拉列表中选择【填充效果】选项，在弹出的【填充效果】对话框中，切换到【图案】选项卡，在【图案】列表中选择第 2 行第 6 列的"波浪线"样式，【前景】色选择第 2 行第 1 列的"白色，背景 1 ，深色 15%"，如图 3-23 所示，单击确定按钮确认。

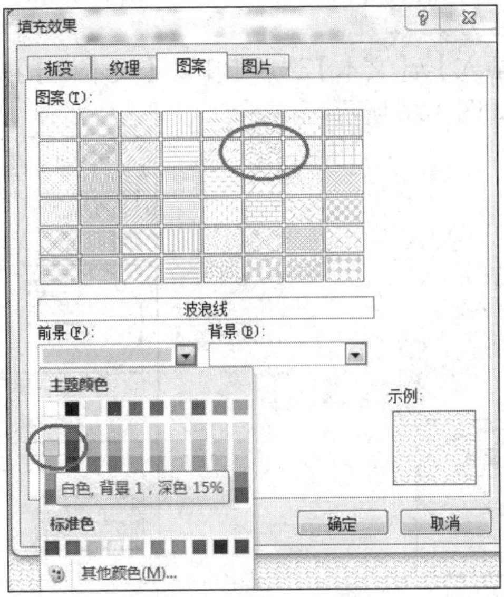

图3-23 设置页面背景

STEP 5 单击【插入】/【插图】选项组中的【图片】按钮，在弹出的【插入图片】对话框中选择素材文件"项目 3 素材\左下角.png"。

STEP 6 单击插入的左下角图片，在【图片工具】选项卡的【格式】/【排列】选项组中，单击【位置】按钮，在弹出的列表中，选择【其他布局选项】选项，在出现的【布局】对话框中，切换到【文字环绕】选项卡，设置【环绕方式】为"衬于文字下方"，并单击确定按钮，完成布局设置，如图 3-24 所示。

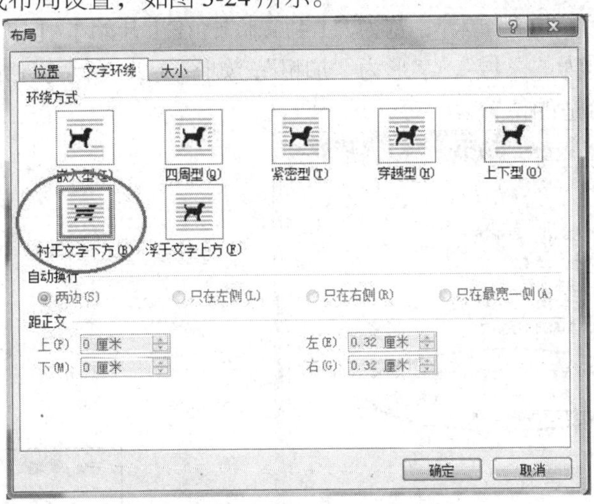

图3-24 设置图片文字环绕

STEP 7 单击插入的左下角图片，用鼠标调整其位置，使其位于页面的左下角。

STEP 8 按照如上的步骤，插入素材文件"项目 3 素材\右上角.png"，并调整其文字环绕方式为"衬于文字下方"，调整位置，使其位于页面的右上角。

STEP 9 单击【插入】/【插图】选项组中的【图片】按钮，在弹出的【插入图片】对话框中选择素材文件“项目 3 素材\Logo.png”，在【图片工具】选项卡的【格式】/【大小】选项组中，设置【高度】为“1.8 厘米”，【宽度】为“3 厘米”，如图 3-25 所示。

STEP 10 单击插入的 Logo 图片，调整其文字环绕方式为“衬于文字下方”，使用鼠标调整其到左上角图片的上方。

STEP 11 单击【插入】/【文本】选项组中的【文本框】按钮，在弹出的列表中选择【简单文本框】选项，如图 3-26 所示。

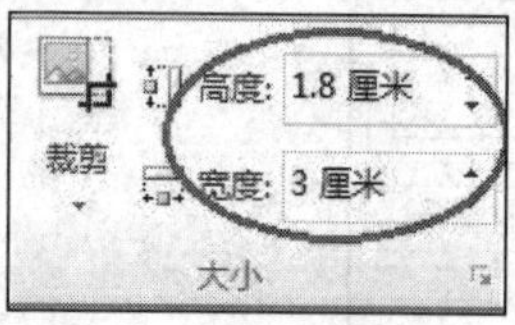

图3-25 设置图片大小

图3-26 插入简单文本框

STEP 12 单击插入的简单文本框，在【绘图工具】选项卡的【格式】/【形状样式】选项组中，设置形状填充为“无填充颜色”，设置形状轮廓为“无轮廓”。

STEP 13 单击插入的文本框，在出现的【绘图工具】选项卡的【格式】/【形状样式】选项组中，单击右下角的按钮，在弹出的【设置形状格式】对话框中，设置文本框的【内部边距】均为“0 厘米”，单击 关闭 按钮，如图 3-27 所示。

STEP 14 单击插入的文本框，在【绘图工具】选项卡的【格式】/【大小】选项组中，设置文本框的高为“0.8 厘米”、宽为“1.4 厘米”；在【开始】/【字体】选项组中，设置字体为“宋体”，字号为“三号”，字形为“加粗”，如图 3-28 所示。修改文本框中的文字为“雷军”，并调整到合适的位置。

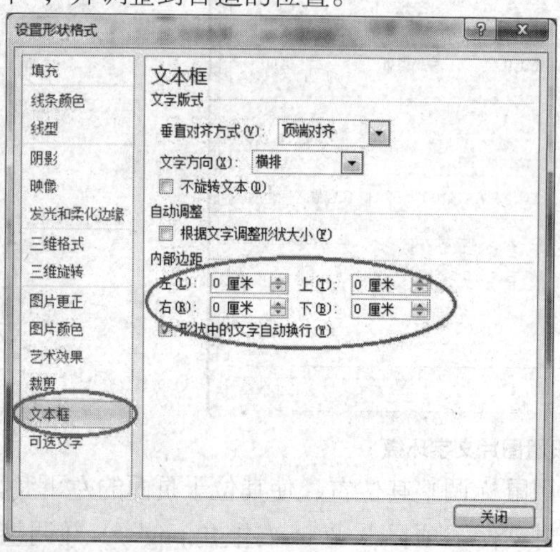

图3-27 设置文本框内部边距

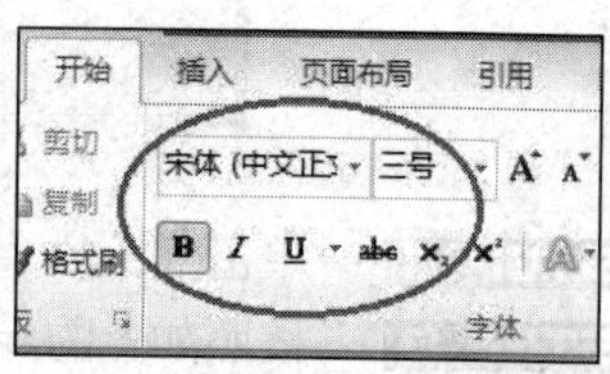

图3-28 设置文本框字体

STEP 15 按照如上方式，添加多个文本框，分别设置其他的信息，最终效果如图 3-29 所示。

图3-29 名片设计

项目小结

在 Word 中，图文混排的主要内容涉及图片、图形、SmartArt 和艺术字。它们的常用设置主要集中在【绘图工具】选项卡的【格式】选项组中，在这里可以设置对象的大小、排列方式、形状样式及艺术字样式或者图片的样式。对于 SmartArt 来说，它具有单独的【SmartArt 工具】选项卡，包括了【设计】和【格式】选项组，其中【格式】选项组与艺术字或图片等是一样的，【设计】选项组可以完成 SmartArt 图形创建、颜色设置、布局设置等功能。

课后练习　制作台历封面

【步骤提示】

STEP 1 启动 Word 2010，自动建立一个空文档，将其保存为“3-3(台历封面).docx”。

STEP 2 单击【页面布局】/【页面设置】选项组中的【纸张大小】按钮，在弹出的列表中选择【其他页面大小】选项，在弹出的【页面设置】对话框中，设置纸张的【宽度】为“36 厘米”、【高度】为“20 厘米”。

STEP 3 单击【页面布局】/【页面设置】选项组中的【页边距】按钮，在弹出的列表中选择【自定义页边距】选项，在弹出的【页面设置】对话框中，设置【上】、【下】、【左】、【右】页边距均为 0 厘米，单击 确定 按钮，完成设置。此时，弹出一个页边距设置在可打印区域之外的警告对话框，只需忽略即可。

STEP 4 单击【页面布局】/【页面背景】选项组中的【页面颜色】按钮，在下拉列表中选择【填充效果】选项，在弹出的【填充效果】对话框中，切换到【纹理】选项卡，选择第 4 行第 1 列的“新闻纸”纹理，单击 确定 按钮。

STEP 5 单击【页面布局】/【页面背景】选项组中的【页面边框】按钮，在弹出的【边框和底纹】对话框中，切换到【页面边框】选项卡，【颜色】选择第 5 行第 1 列的“白色，背景 1，深色 50%”，【艺术型】选择第 46 个，单击确定按钮完成设置，如图 3-30 所示。

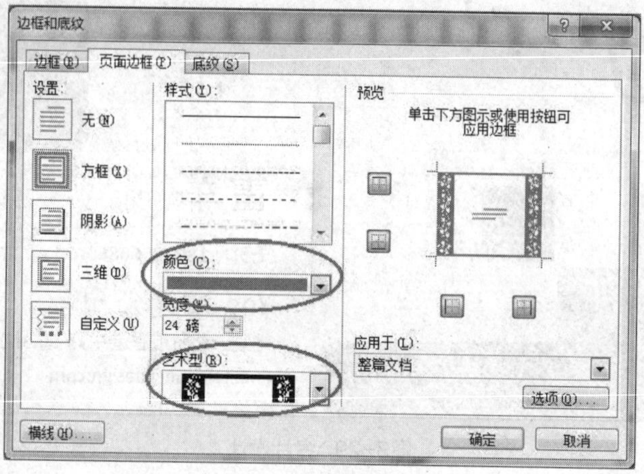

图3-30 设置页面边框

STEP 6 单击【插入】/【插图】选项组中的【图片】按钮，在弹出的【插入图片】对话框中选择素材文件“项目 3 素材\装订.png”。

STEP 7 单击插入的装订图片，在【图片工具】选项卡的【格式】/【排列】选项组中，单击【位置】按钮，在弹出的列表中，单击【其他布局选项】选项，在出现的【布局】对话框中，设置其文字环绕方式为“衬于文字下方”，并单击确定按钮，完成布局设置。

STEP 8 按照如上方式，分别插入素材文件“项目 3 素材\梅花.png”，“项目 3 素材\蛇年大吉.png”和“项目 3 素材\2013.png”，并设置其文字环绕方式为“衬于文字下方”，使用鼠标移动它们至合适的位置，最终效果如图 3-31 所示。

图3-31 台历封面

PART 4

项目四 制作设备使用说明书——长文档的处理

项目背景

长文档的处理涉及 Word 文档处理的多个方面，本项目以制作设备使用说明书为例，从整个文档的编排、样式和格式的设置、页眉和页脚的设置、生成目录等方面进行说明。

项目分析

设备使用说明书包括了封面、摘要、页眉页脚的设置、样式格式的应用和目录生成等部分，经过这些步骤的设置，基本可以完成一个长文档的处理。

解决方案

本项目可以通过以下几个任务来完成。

- 任务一　设置封面。
- 任务二　设置摘要。
- 任务三　设置页眉和页脚。
- 任务四　新建、修改和应用样式。
- 任务五　生成目录。

任务一　设置封面

【操作步骤】

STEP 1　复制文件“项目 4 素材\魔镜手机使用说明书.docx”为“4-1(魔镜手机使用说明书).docx”。

STEP 2　双击打开文件“4-1(魔镜手机使用说明书).docx”。

STEP 3　单击【插入】/【页】选项组中的【封面】按钮，在下拉列表中选择【条纹型】选项，如图 4-1 所示，在文档的第 1 页将插入一个封面模板。

图4-1　插入封面类型

STEP 4　单击标题部分的文本框，将文字“您好：”修改为“魔镜手机使用说明书”；单击副标题的文本框，输入文字“适用于 8086 型”；单击公司文本框，将文字修改为“魔镜信息科技有限公司”。

STEP 5　单击“选取日期”文本框，在其上方出现“日期”标签，单击此标签，选中日期条目，如图 4-2 所示，按 Delete 键删除此条目；同上，再次删除不用的作者条目。

图4-2　删除不用的条目

STEP 6　单击【插入】/【文本】选项组中的【文本框】按钮，在出现的菜单中选择简单文本框，插入简单文本框。

STEP 7　单击插入的简单文本框，在出现的【绘图工具】选项卡的【格式】/【形状样式】选项组中，设置形状填充为“无填充颜色”，设置形状轮廓为“无轮廓”。

STEP 8　单击插入的简单文本框，修改其文字如图 4-3 所示，并设置文字字体为“黑体”，字号为“小四号”，移动插入的简单文本框至封面页的右下角位置。

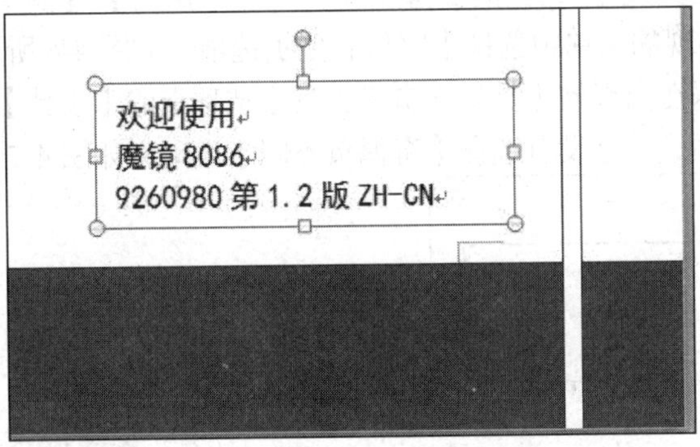

图4-3　设置文本框文字及位置

任务二　设置摘要

【操作步骤】

STEP 1　选中第 2 页的第一行文字“魔镜手机使用说明书”，按 Delete 键将其删除。

STEP 2　将鼠标光标置于“1. 首次使用”前的位置，单击【页面布局】/【页面设置】选项组中的 分隔符 按钮，在下拉列表中选择【分节符】/【下一页】选项，如图 4-4 所示。

STEP 3　选中第 2 页中除第一行以外的所有文字，单击【开始】/【段落】选项组中 按钮右侧的 ，在出现的菜单中选择➤符号，如图 4-5 所示，完成段落项目符号的设置。

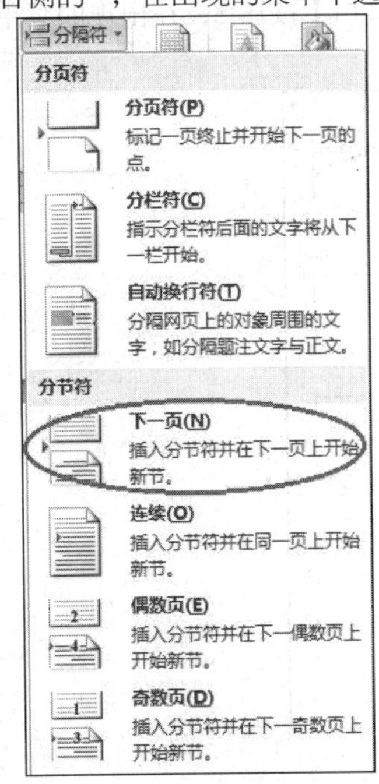

图4-4　插入分节符

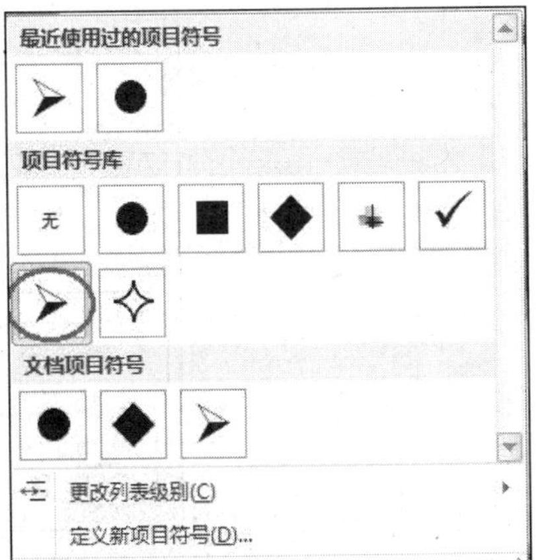

图4-5　选择项目符号

任务三　设置页眉和页脚

【操作步骤】

STEP 1　单击文档第 2 页的任意位置，单击【插入】/【页眉和页脚】选项组中的【页眉】按钮，在出现的菜单中选择【字母表型】选项，如图 4-6 所示。

STEP 2　确保在出现的【页眉和页脚工具】选项卡的【设计】/【选项】选项组中选中了【首页不同】选项，并且没有选择【奇偶页不同】选项，如图 4-7 所示。

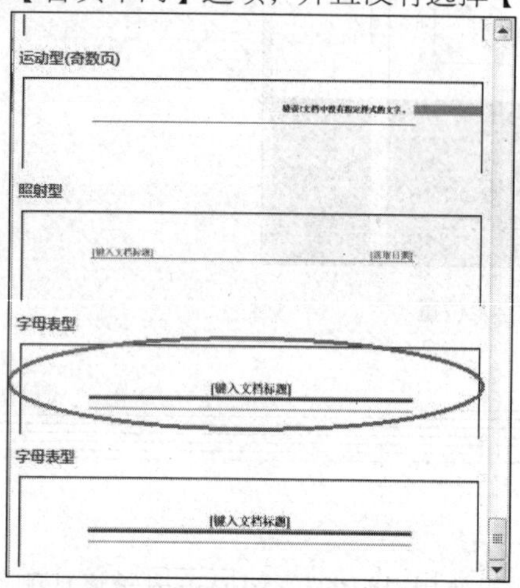

图4-6　插入页眉

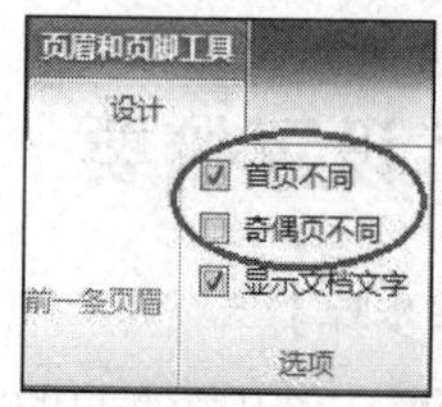

图4-7　设置第一节页眉选项

STEP 3　单击【页眉和页脚工具】选项卡的【设计】/【导航】选项组中的下一节按钮，在显示的第 2 节页眉中，首先单击【页眉和页脚工具】选项卡的【设计】/【导航】选项组中的链接到前一条页眉按钮，使得第 2 节页眉不与第一节相同，然后单击【页眉和页脚工具】选项卡的【设计】/【页眉和页脚】选项组中的【页眉】按钮，在出现的菜单中选择【删除页眉】选项并插入一个空白页眉，如图 4-8 所示。

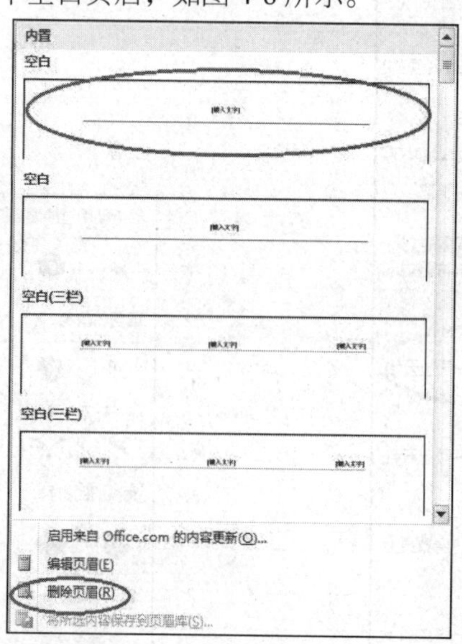

图4-8　修改第 2 节页眉

STEP 4　修改第 2 节页眉文字为“详细说明”，并确保在出现的【页眉和页脚工具】选项卡的【设计】/【选项】选项组中没有选择【首页不同】选项，也没有选择【奇偶页不同】选项，如图 4-9 所示。

STEP 5 确认在第 2 页，单击【页眉和页脚工具】选项卡的【设计】/【导航】选项组中的【转至页脚】按钮，然后单击【页眉和页脚工具】选项卡的【设计】/【页眉和页脚】选项组中的【页码】按钮，在出现的菜单中选择【当前位置】选项，在出现的下一级菜单中选择【双线条】选项，如图 4-10 所示。

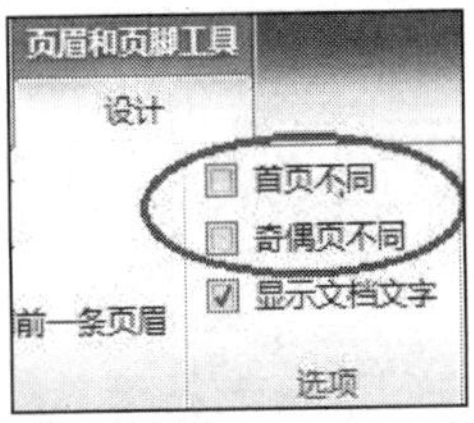

图4-9 设置第 2 节页眉选项

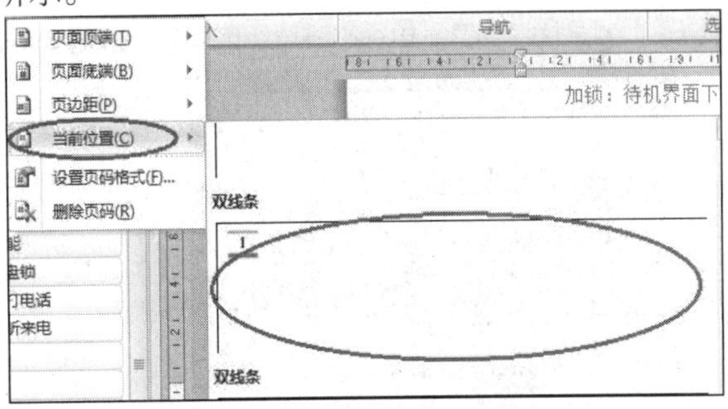

图4-10 设置第 2 节页脚格式

STEP 6 单击【页眉和页脚工具】选项卡的【设计】/【页眉和页脚】选项组中的【页码】按钮，在出现的菜单中选择【设置页码格式】选项，在弹出的【页码格式】对话框中，设置页码编号的起始页码为“1”，如图 4-11 所示。

STEP 7 确认在第 3 页，单击【页眉和页脚工具】选项卡的【设计】/【页眉和页脚】选项组中的【页码】按钮，在出现的菜单中选择【设置页码格式】选项，在弹出的【页码格式】对话框中，设置页码编号为“续前节”，如图 4-12 所示。

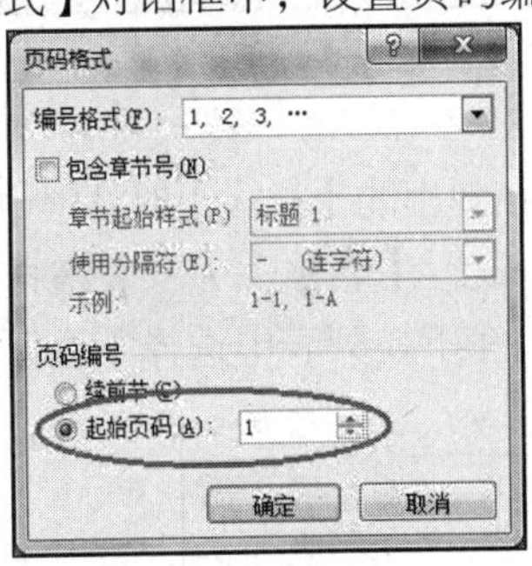

图4-11 设置起始页码

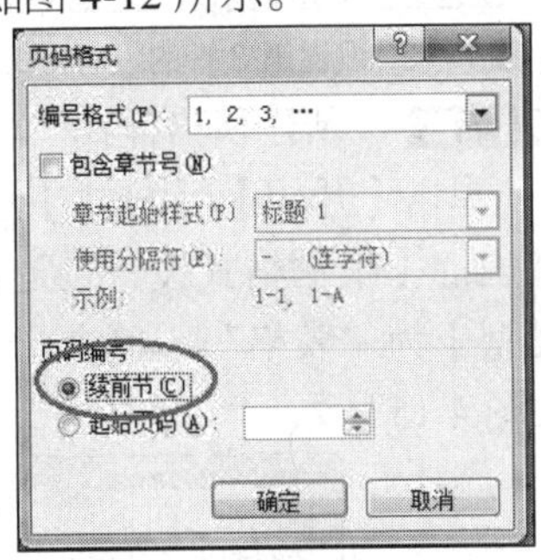

图4-12 设置第 2 节页码

STEP 8 单击页脚文字所在行的左边空白区域，使所有页脚内容处于选中状态，单击【开始】/【段落】选项组中的按钮，使页码居中。在除页脚页眉的其他区域双击鼠标，完成页眉页脚的设置。

任务四 新建、修改和应用样式

【操作步骤】

1. 新建样式

STEP 1 新建文字样式 1。

（1） 选中第 3 行的“感谢您选择本公司生产的数字移动电话。”文本，单击【开始】/【段落】选项组中的按钮，在弹出的【段落】对话框中设置【缩进】/【左侧】

为“1.48 厘米”,【特殊格式】为“悬挂缩进”,【磅值】为“0.74 厘米”，单击 确定 按钮，如图 4-13 所示。

（2） 在【开始】/【字体】选项组中设置字体为“宋体”，字号为“五号”。

（3） 在【开始】/【段落】选项组中设置项目符号为➢。

（4） 单击【开始】/【样式】选项组中的其他按钮，从弹出的列表中选择【将所选内容保存为新快速样式】选项，在弹出的【根据格式设置创建新样式】对话框中输入【名称】为“文字样式 1”，单击 确定 按钮，如图 4-14 所示。

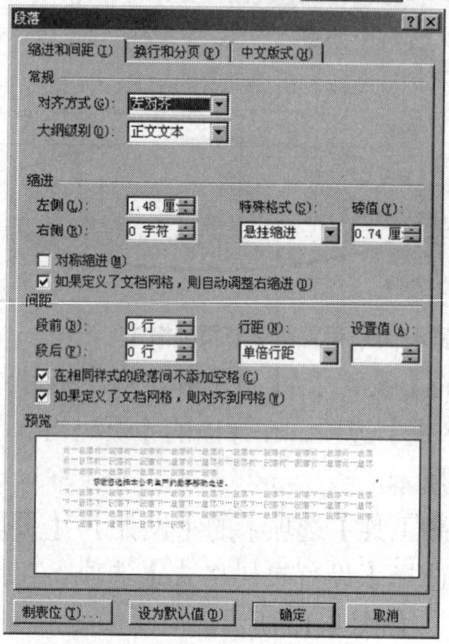

图4-13 设置第 3 行的段落格式

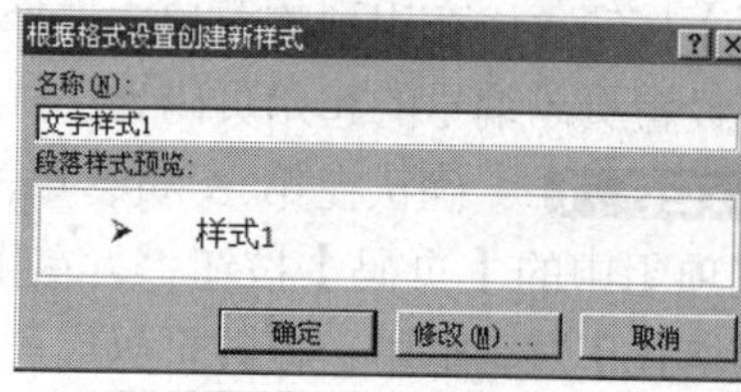

图4-14 创建新样式

STEP 2 新建表格样式一。

（1） 单击【开始】/【样式】选项组中的按钮，在弹出的【样式】对话框中单击按钮，在弹出的【根据格式设置创建新样式】对话框中，设置【名称】为“表格样式一”，【样式类型】为“表格”，单击左下角的 格式(O) 按钮，在下拉列表中选择【边框和底纹】选项，如图 4-15 所示。

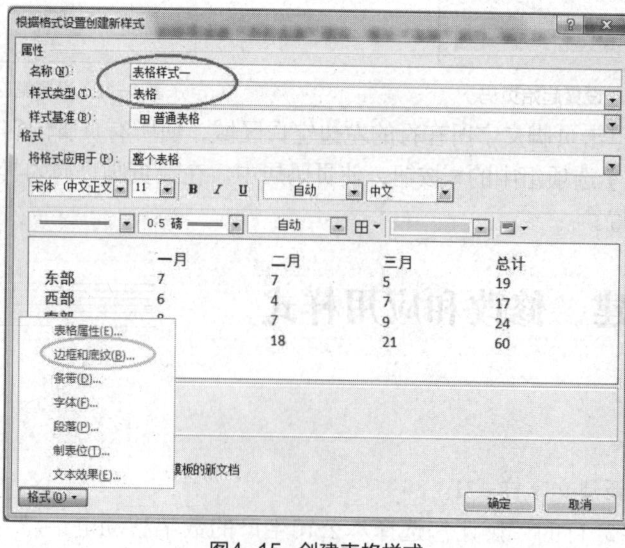

图4-15 创建表格样式

（2）　在弹出的【边框和底纹】对话框中，设置【边框】选项卡的【设置】选项为“自定义”，设置其内部边框为“单线”（首先选择【样式】为单线，再单击【预览】栏中代表内部框线的小按钮、），外部边框为“双线”（首先选择【样式】为双线，单击【预览】栏中代表外部框线的小按钮、、、），如图 4-16 所示。

图4-16　设置表格边框线

（3）　切换到【底纹】选项卡，设置表格的【填充】色为“白色，背景 1，深色 5%”，如图 4-17 所示。

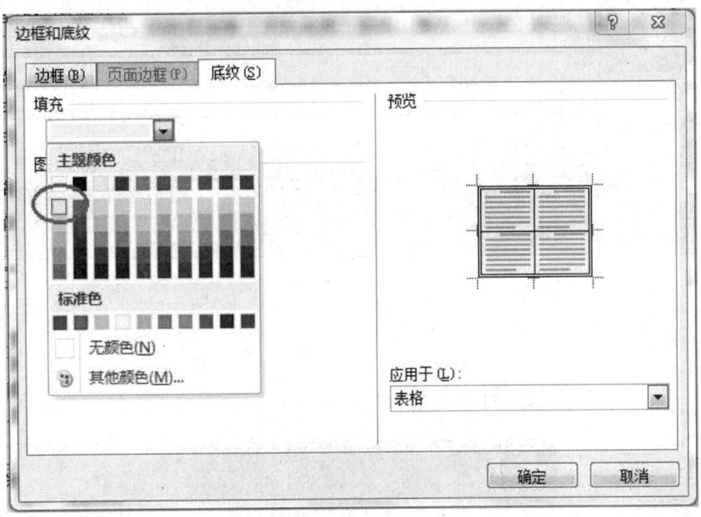

图4-17　设置表格底纹颜色

（4）　针对打开的对话框，依次单击 确定 按钮，完成表格样式的设置。

2.　修改样式

STEP 1　单击【开始】/【样式】选项组中的按钮，在弹出的【样式】对话框中单击按钮，在弹出的【管理样式】对话框中，在【编辑】选项卡中找到要编辑的样式“标题 1”并单击 修改(M)... 按钮，如图 4-18 所示。

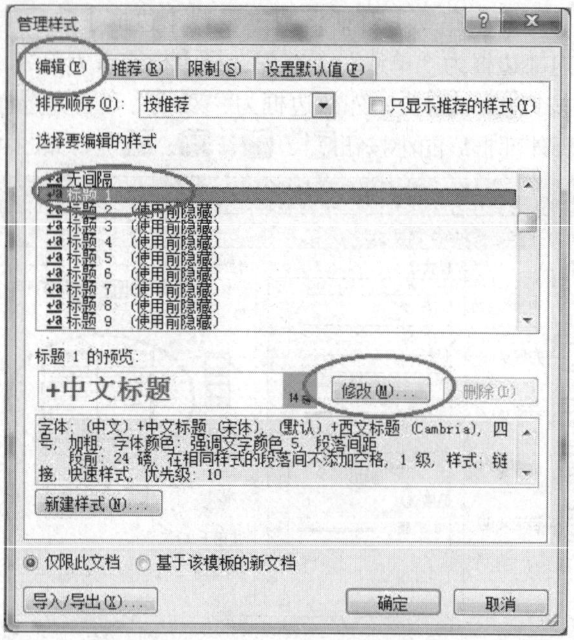

图4-18 管理样式

STEP 2 在弹出的【修改样式】对话框中，单击左下角的 格式(O) 按钮，在弹出的列表中选择【文字效果】选项，如图 4-19 所示。

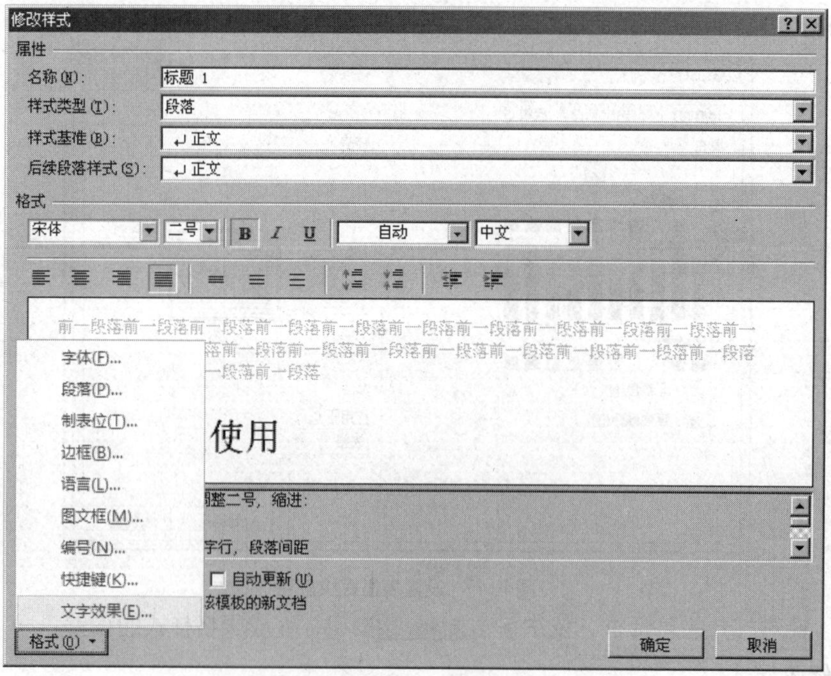

图4-19 修改格式

STEP 3 在弹出的【设置文本效果格式】对话框中，设置【文本填充】为“纯色填充”，颜色为“蓝色，强调文字颜色 4”，如图 4-20 所示。

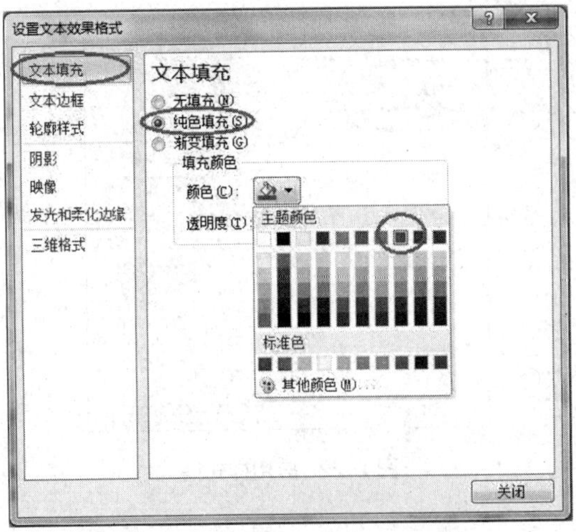

图4-20 修改文本填充颜色

STEP 4 在【设置文本效果格式】对话框中，设置【阴影】选项卡的【预设】为“外部/左下斜偏移”，如图 4-21 所示。

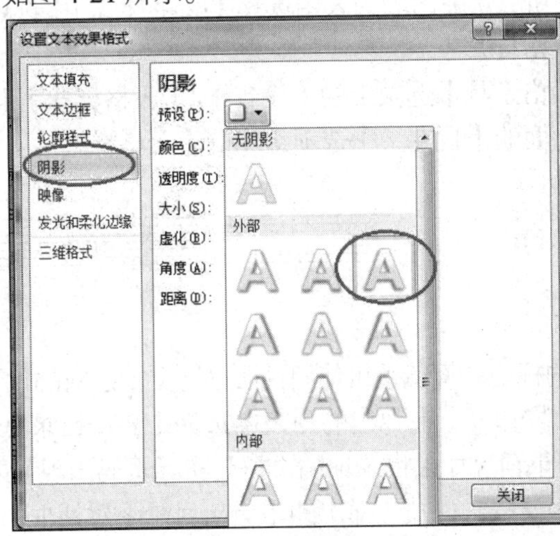

图4-21 修改文本阴影

STEP 5 在【修改样式】对话框中，单击左下角的 格式(O)▾ 按钮，在弹出的列表中选择【编号】选项，设置【编号】为“无”；选择【字体】选项，设置字体为“宋体”、字号为“五号”。

STEP 6 针对打开的对话框，依次单击 关闭 按钮、 确定 按钮、 确定 按钮完成对于标题 1 样式的修改。

STEP 7 如上步骤，修改“标题 2”的样式，设置【文本填充】为“纯色填充”，颜色为“蓝色，强调文字颜色 4，淡色 40%”，【阴影】/【预设】为“外部/左下斜偏移”，【编号】为“无”，字体为“宋体”、字号为“五号”。

STEP 8 对于修改或新建的样式，文件中会自动应用此样式；在 Word 2010 内部保存了多种样式集，可以直接应用于文档，其使用方式是：单击【开始】/【样式】选项组中的【更改样式】按钮，在出现的列表中选择【样式集】选项，并在下一级菜单中选择合适的样式集即可，如图 4-22 所示。

图4-22 应用样式集

3. 应用样式

STEP 1 应用文字样式1。

选中“感谢您选择本公司生产的数字移动电话。”文本后面的3个段落，单击【开始】/【样式】选项组中的按钮，从弹出的列表中选择【文字样式1】选项。

STEP 2 应用表格样式一。

选中表格，单击【表格工具】选项卡的【设计】/【表格样式】选项组中的其他按钮，从弹出的列表中选择最上面的【自定义】选项组中的【表格样式一】选项。

任务五　生成目录

【操作步骤】

将光标置于第2页的标题“魔镜手机使用说明书”文本之前的位置，单击【引用】/【目录】选项组中的【目录】按钮，在弹出的列表中选择【自动目录1】选项，如图4-23所示，将在当前位置插入目录项。如果目录项的页码与实际页码出现偏差，只需单击【引用】/【目录】选项组中的更新目录按钮，并在弹出的【更新目录】对话框中选择【只更新页码】选项即可。如果文档的相关目录项进行了修改，则需要选择【更新整个目录】选项来完成。

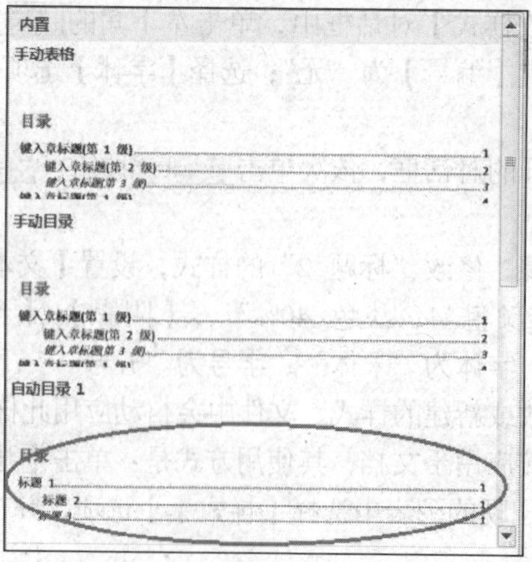

图4-23 插入自动目录

项目升级 审阅文档

【操作步骤】

STEP 1 启动 Word 2010，复制素材文件“项目 4 素材\系统需求调研计划.docx”为“4-2 系统需求调研计划.docx”。

STEP 2 双击打开文件“4-2 系统需求调研计划.docx”。

STEP 3 单击【开始】/【编辑】选项组中的 选择 按钮，在弹出的列表中选择【全选】选项，如图 4-24 所示。

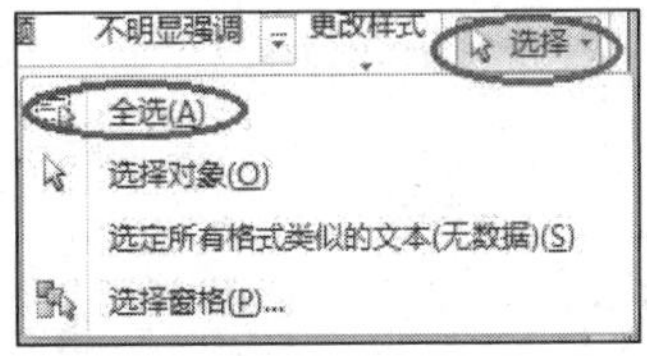

图4-24 全选

STEP 4 单击【审阅】/【中文简繁转换】选项组中的 繁转简 按钮，将全文由繁体字转换为简体字。

STEP 5 选中第 2 行中的“本系统”3 个字，在【审阅】/【批注】选项组中单击【新建批注】按钮，添加批注为“请说明系统的名字”。

STEP 6 选中第 2 段第 2 行的“项目表”3 个字，在【审阅】/【批注】选项组中单击【新建批注】按钮，添加批注为“请添加调研人员”。

STEP 7 单击【审阅】/【修订】选项组中的【修订】按钮，在弹出的列表中选择【修订】选项，如图 4-25 所示。

图4-25 修订文档

STEP 8 确保当前处于修订状态下，选择第 1 行的“冗余”二字，并直接输入“烦琐”二字，以使“冗余”为“删除”状态，“烦琐”为“新插入”的状态，如图 4-26 所示。

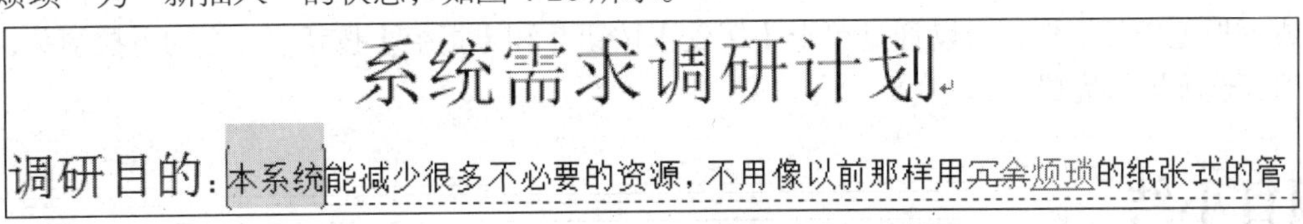

图4-26 词语替换

STEP 9 如上步骤，需要删除的部分，可以在选择后直接按 Delete 键，需要添加的可以直接添加内容，针对第 1 段和第 2 段的修订情况如图 4-27 所示。

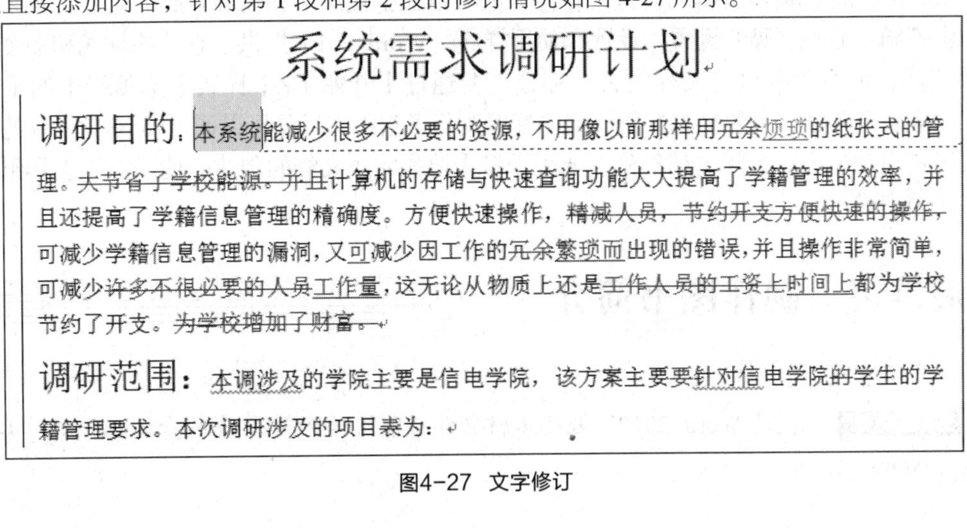

图4-27 文字修订

STEP 10 单击【审阅】/【修订】选项组中 审阅窗格 按钮，在下拉列表中选择【垂直审阅窗格】选项，在文档的左侧将出现一个审阅窗格，窗格中列出了每一次修订的操作，如图 4-28 所示。

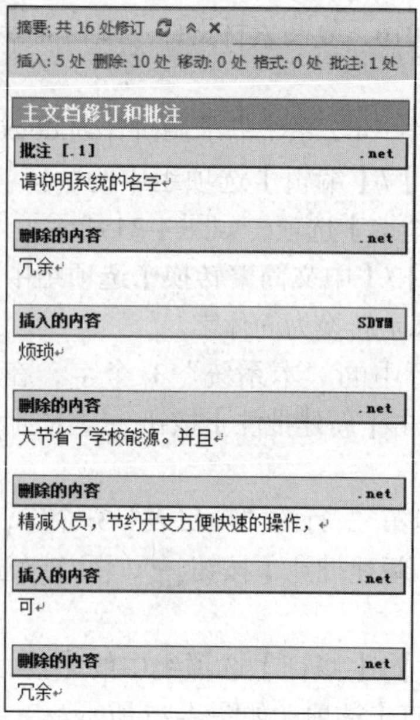

图4-28 审阅窗格

STEP 11 单击审阅窗格中的任意一个修订操作，可通过单击【审阅】/【更改】选项组中的【接受】按钮或者【拒绝】按钮来完成接受或者拒绝操作。如果想一次性全部接受或者拒绝修订操作，可以通过单击【接受】按钮和【拒绝】按钮下方的下拉箭头，通过列表选项即可完成。

项目小结

在 Word 中，长文档的编辑主要涉及的内容包括：封面设置，该部分 Word 2010 已经提供了很好的支持；页眉页脚的设置，该部分的难点在于使用节和页眉页脚的设计工具来完成文档中不同页眉和页脚的设置；设置和使用样式，Word 2010 提供了默认的样式和多个样式集供使用，但有时需自定义样式，该部分主要通过【开始】/【样式】选项组中的工具完成；生成目录部分，只要文档按照不同的标题进行了组织，目录可以通过 Word 2010 的目录生成工具自动生成；审阅文档部分主要用于多人协作完成文档的创建，使用审阅工具组可以很方便地完成。

课后练习 制作图书简介

【步骤提示】

STEP 1 启动 Word 2010，复制素材文件“项目 4 素材\图书简介.docx”为“4-3(图书简介).docx”。

STEP 2 双击打开文件“4-3(图书简介).docx”。

STEP 3 单击【插入】/【页】选项组中的【封面】按钮，在下拉列表中选择【奥斯汀】选项，在文档的第 1 页将插入一个封面模板，修改模板的标题文字为“推荐图书”，副标题文字为“家庭生活类”，摘要文字为“为您推荐 19 本家庭生活中用到的图书”。

STEP 4 选中第一本书的名字“《30 天药膳排毒健康餐》”，单击【开始】/【样式】选项组中的【标题 3】按钮 AaBbC，设置其为“标题 3”格式。然后再单击【开始】/【段落】选项组中的按钮，为其添加编号，如图 4-29 所示。

STEP 5 保持第一本图书的名字为选中状态，双击【开始】/【剪贴板】选项组中的格式刷按钮，以复制其格式，分别在其他图书名字所在行的左边空白处单击鼠标，应用复制的格式，当所有图书的书名格式应用完成后，单击【开始】/【剪贴板】选项组中的格式刷按钮取消格式的复制。

STEP 6 单击【开始】/【样式】选项组中的按钮，在弹出的【样式】对话框中，将鼠标移动到“页眉”样式上方，单击出现的下拉小箭头，在弹出的列表中选择【修改】选项，如图 4-30 所示。

STEP 7 在弹出的【修改样式】对话框中单击 格式(O) 按钮，在弹出的列表中选择【边框】选项，如图 4-31 所示。

图4-29 设置标题样式

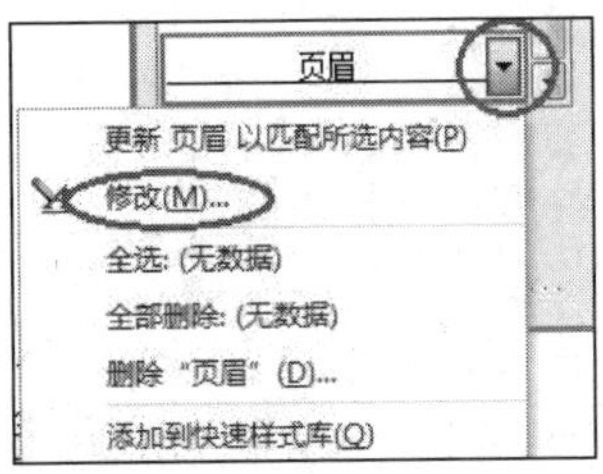

图4-30 修改页眉样式

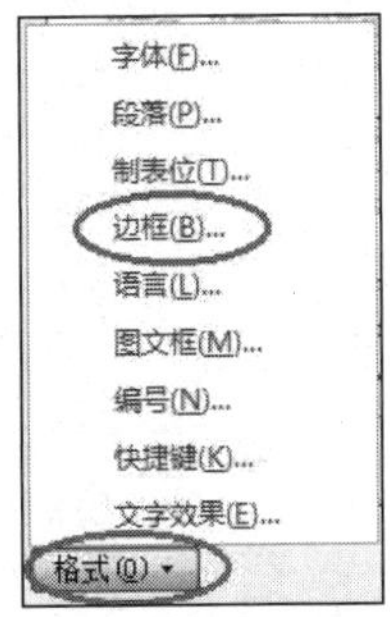

图4-31 修改页眉边框

STEP 8 在弹出的【边框和底纹】对话框中，在【边框】选项卡下，单击下边框所在的位置以取消页眉的下边框线，如图 4-32 所示，在打开的对话框中依次单击 确定 按钮完成操作。

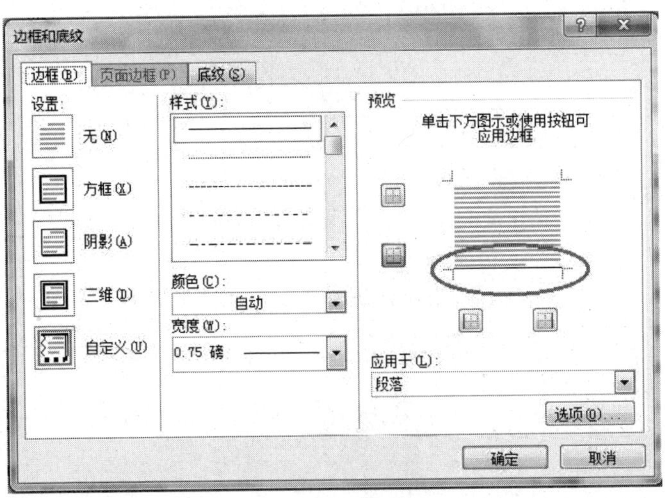

图4-32 取消页眉边框

STEP 9 单击文档第 2 页的任意位置，单击【插入】/【页眉和页脚】选项组中的【页眉】按钮，在出现的菜单中选择【年刊型】选项，设置日期的年份为“2013”。

STEP 10 单击【页眉和页脚工具】选项卡的【设计】/【导航】选项组中的【转至页脚】按钮，然后单击【页眉和页脚工具】选项卡的【设计】/【页眉和页脚】选项组中的【页码】按钮，在弹出的列表中选择【当前位置】选项，在出现的下一级列表中选择【颚化符】选项。并在【开始】/【段落】选项组中，单击按钮，让页码右对齐。

STEP 11 将光标置于第 2 页书名“《30 天药膳排毒健康餐》”之前的位置，单击【引用】/【目录】选项组中的【目录】按钮，在出现的列表中选择【自动目录 1】选项，将在当前位置插入目录项，如需要目录项单独占据一个页面，可以将光标置于第 2 页书名“《30 天药膳排毒健康餐》”之前的位置，然后单击【插入】/【页】选项组中的【分页】按钮来完成。最终效果参照文件“4-3(图书简介).docx”。

PART 5

项目五 制作客户邀请函——合并邮件

项目背景

客户邀请函的主要内容都是相同的，只是具体客户名称等信息有所变化。在填写大量格式相同，只需修改少数相关内容，而其他文档内容不变时，可以灵活运用 Word 邮件合并功能，不仅操作简单，还可以设置各种格式、打印效果，以满足不同客户的不同需求。

项目分析

制作客户邀请函的主要工作集中在两方面。一是创建二维的数据表格，将客户信息保存起来；二是创建邀请函的主文档，设计合适的邀请函内容。在做好以上的准备工作后，只要进行邮件合并就可以得到针对不同客户的邀请函。

解决方案

本项目可以通过以下几个任务来完成。

- 任务一 创建数据表格。
- 任务二 创建主文档并合并邮件。

任务一　创建数据表格

【操作步骤】

STEP 1　启动 Word 2010，新建一个文档，保存为“5-1(客户数据).docx”。

STEP 2　单击【插入】/【表格】选项组中的【表格】按钮，在下拉菜单中选择一个 7 行 6 列的表格，如图 5-1 所示，将在文档中插入一个 7 行 6 列的表格。

图5-1　插入表格

STEP 3　参照表 5-1 输入相应的客户数据，并保存文件。

表 5-1　客户数据

姓名	性别	公司	地址	邮编
王继锋	男	信息产业部电子信息司	中国北京西长安街 13 号	100804
齐晓鹏	男	山东移动通信公司青岛分公司手机事业部	青岛市市南区香港西路 41 号	266000
陶春光	男	山东联合网络通信公司移动设备事业部	山东省济南市经三路 77 号	250001
张秀双	女	山东电信公司手机事业部	山东省济南市高新区舜华路 1999 号	250101
孙大力	男	京东叁佰陆拾度电子商务有限公司数码事业部	北京市经济技术开发区科创 14 街 99 号	100176
徐娟	女	淘宝商城网络有限公司数码事业部	杭州市余杭区五常大道 168 号	311100

任务二　创建主文档并合并邮件

【操作步骤】

STEP 1　复制素材文件“项目 5 素材\邀请函.docx”为“5-2(邀请函).docx”。

STEP 2　双击打开文件“5-2(邀请函).docx”。

STEP 3 单击【邮件】/【开始邮件合并】选项组中的【选择收件人】按钮，在弹出的列表中选择【使用现有列表】选项，如图 5-2 所示。

STEP 4 在弹出的【选取数据源】对话框中，打开“5-1(客户数据).docx”。

STEP 5 将光标置于文档第 1 行“尊敬的”3 个字后面的位置，单击【邮件】/【编写和插入域】选项组中的【插入合并域】按钮，在弹出的列表中选择【姓名】选项，如图 5-3 所示。

STEP 6 按空格键，在插入的姓名域后添加一个空格，单击【邮件】/【编写和插入域】选项组中的规则按钮，在弹出的列表中选择【如果…那么…否则】选项，如图 5-4 所示。

图5-2 选择现有列表

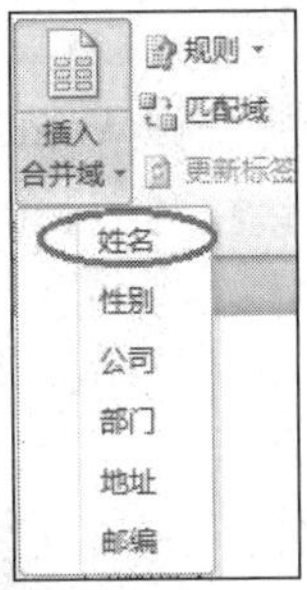

图5-3 插入姓名域

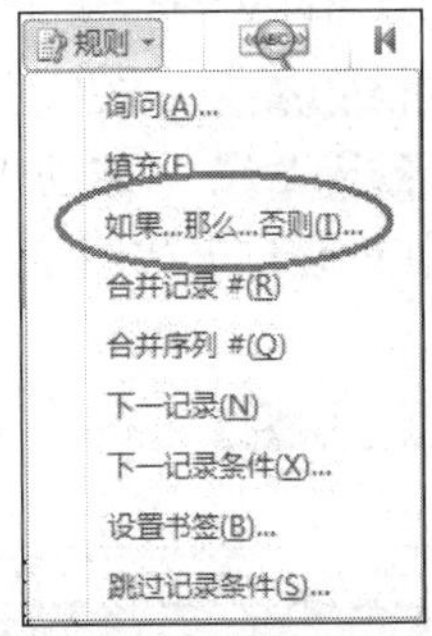

图5-4 选择规则

STEP 7 在【插入 Word 域：IF】对话框中，设置【域名】为“性别”，【比较条件】为“等于”，【比较对象】为“男”，【则插入此文字】设置为“先生”，【否则插入此文字】设置为“女士”，单击确定按钮完成设置，如图 5-5 所示。

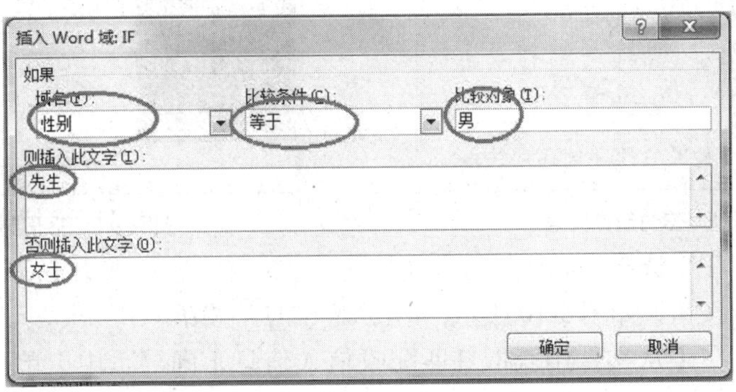

图5-5 设置规则

STEP 8 单击【邮件】/【完成】选项组中的【完成并合并】按钮，在弹出的列表中选择【编辑单个文档】选项，如图 5-6 所示。

STEP 9 在【合并到新文档】对话框中，选中【全部】单选按钮，单击确定按钮完成合并，如图 5-7 所示。合并出来的新文档按照主文档的格式使用不同的客户资料进行填充，将新生成的文档保存为“5-3(合并后的邀请函).docx”，以便进行打印等工作。

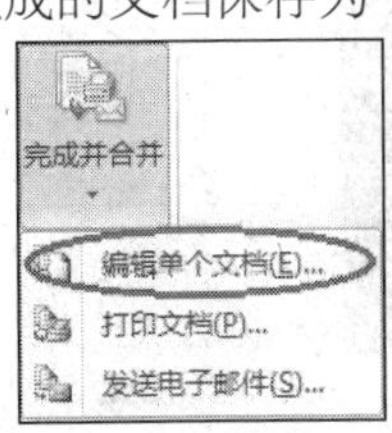

图5-6 完成合并

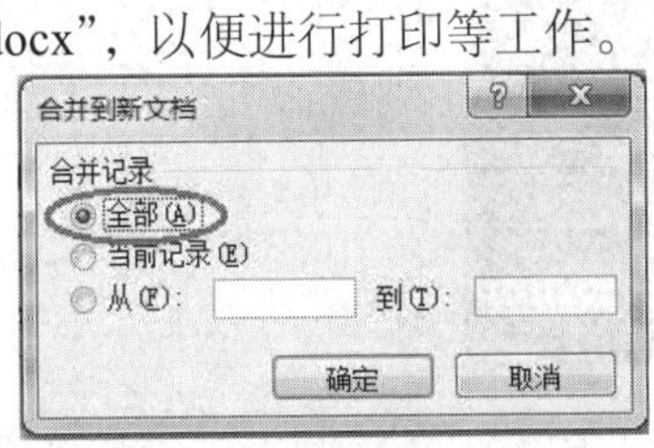

图5-7 合并到新文档

项目升级　制作邀请函信封

下面来制作邀请函信封，进一步学习合并邮件的方法。

【操作步骤】

STEP 1　启动 Word 2010，打开文件“5-1(客户数据).docx”，按 Ctrl+A 组合键选择文件中的表格，按 Ctrl+C 组合键进行复制。

STEP 2　新建一个 Excel 2010 电子表格文件“5-4(客户数据).xlsx”，选择 A1 单元格，按 Ctrl+V 组合键，将 Word 表格中的内容粘贴到 Excel 文件中。

STEP 3　关闭上面的两个文件。

STEP 4　启动 Word 2010，新建一个 Word 文档，单击【邮件】/【创建】选项组中的【中文信封】按钮，在弹出的【信封制作向导】对话框中单击 下一步(N)> 按钮，如图 5-8 所示。

STEP 5　在【选择信封样式】向导页中，使用默认的选项，如图 5-9 所示，单击 下一步(N)> 按钮。

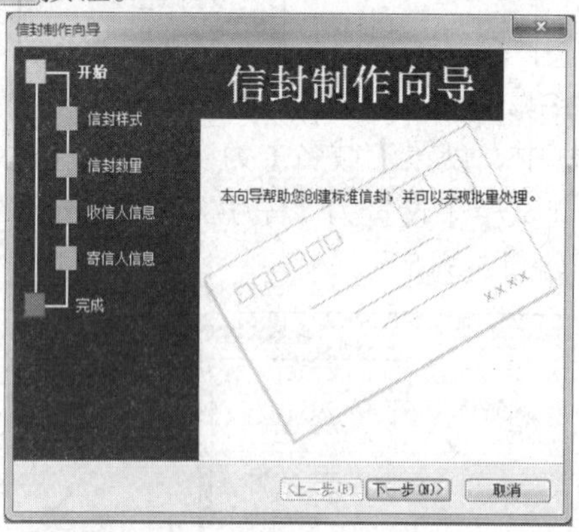

图5-8　信封制作向导

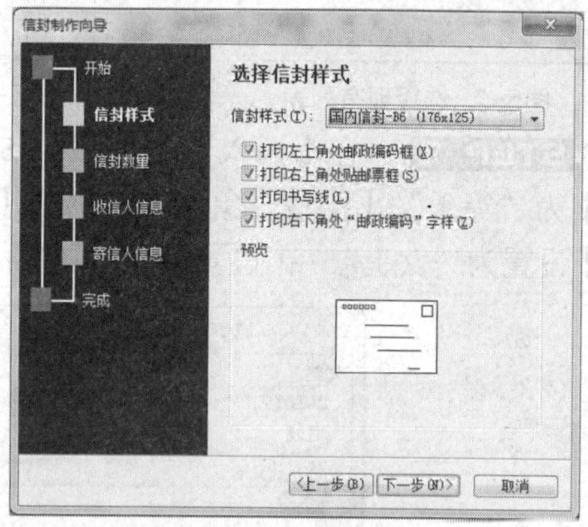

图5-9　选择信封样式

STEP 6　在【选择生成信封的方式和数量】向导页中，选中【基于地址簿文件，生成批量信封】单选按钮，如图 5-10 所示，单击 下一步(N)> 按钮。

STEP 7　在【从文件中获取并匹配收信人信息】向导页中，单击 选择地址簿(F) 按钮，选择 Excel 文件“5-4(客户数据).xlsx”，分别设置对应的收信人信息，如图 5-11 所示，单击 下一步(N)> 按钮。

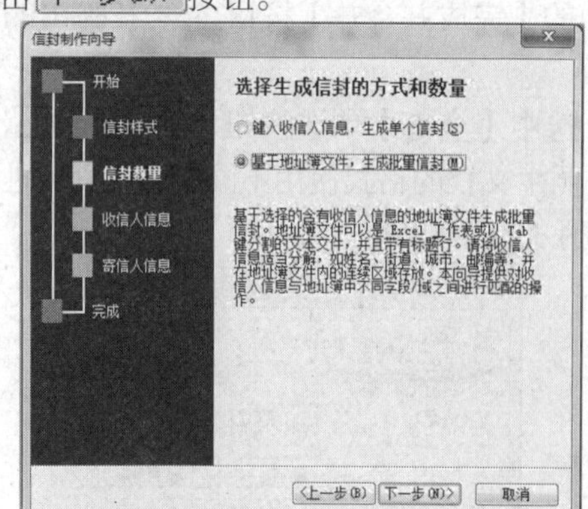

图5-10　选择信封生成方式

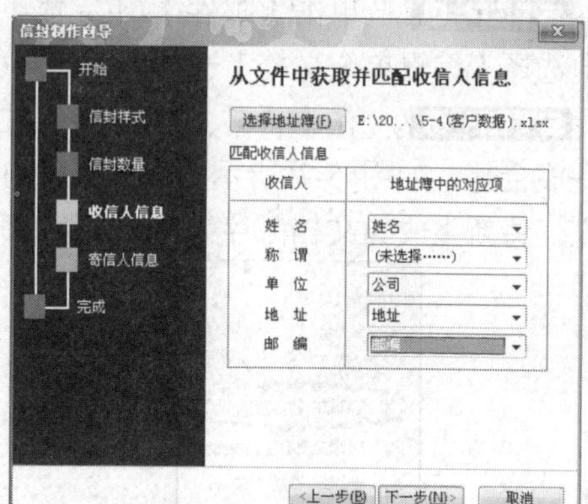

图5-11　匹配收信人信息

STEP 8 在【输入寄信人信息】向导页中，输入寄信人信息，如图 5-12 所示，单击 下一步(N)> 按钮。

STEP 9 在如图 5-13 所示的【信封制作向导】完成页中单击 完成(F) 按钮，系统将根据提供的客户数据生成信封文件，将新生成的文档保存为“5-5(邀请函信封).docx”，以便进行打印等工作。

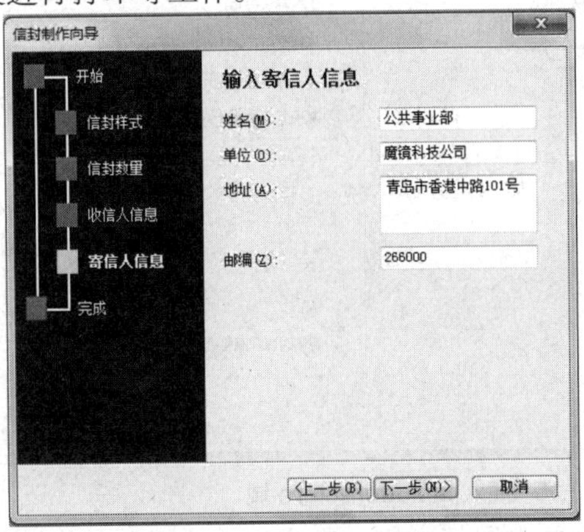

图5-12 输入寄信人信息

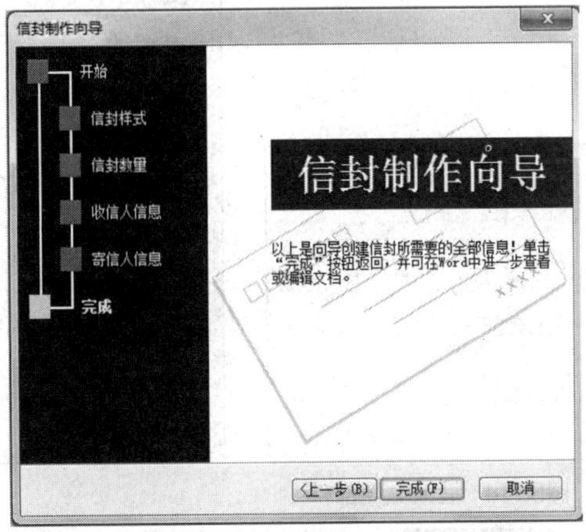

图5-13 完成信封制作向导

项目小结

在 Word 2010 中，邮件合并的主要作用就是使用现有的主文档和数据，合并出需要的文档，主要应用于多个邮件的生成、信封的制作等。使用邮件合并需要的主要准备工作为：①建立标准格式的主文档，适用于所有数据的填充操作；②建立对应的数据表格，一般情况下，数据表格可以采用 Word 表格或者 Excel 表格的形式。准备工作完成后可以使用 Word 的【邮件】选项组中的按钮完成邮件合并工作。

课后练习 制作员工胸卡

【步骤提示】

STEP 1 复制文件“项目 5 素材\胸卡.docx”为“5-6(胸卡).docx”。

STEP 2 复制文件“项目 5 素材\胸卡数据.xlsx”为“5-7(胸卡数据). xlsx”。

STEP 3 双击打开文件“5-6(胸卡).docx”。

STEP 4 单击【邮件】/【开始邮件合并】选项组中的【选择收件人】按钮，在出现的菜单中选择【使用现有列表】选项，在弹出的【选取数据源】对话框中，打开文件“5-7(胸卡数据). xlsx”，在弹出的【选择表格】对话框中选择“Sheet1$”，单击 确定 按钮。

STEP 5 将光标置于“姓名：”后面，单击【邮件】/【编写和插入域】选项组中的【插入合并域】按钮，在下拉列表中选择【姓名】选项；同上步骤分别添加编号、部门和职务项。

STEP 6 单击胸卡左边显示照片的位置，单击【插入】/【文本】选项组中的【文档部件】按钮，在弹出的列表中选择【域】选项，如图 5-14 所示。

STEP 7 在【域】对话框中选择“IncludePicture”域名，其域属性的【文件名或URL】选项保持为空，如图 5-15 所示。单击 确定 按钮完成域的插入，此时系统显示“未指定文件”，继续下一步操作。

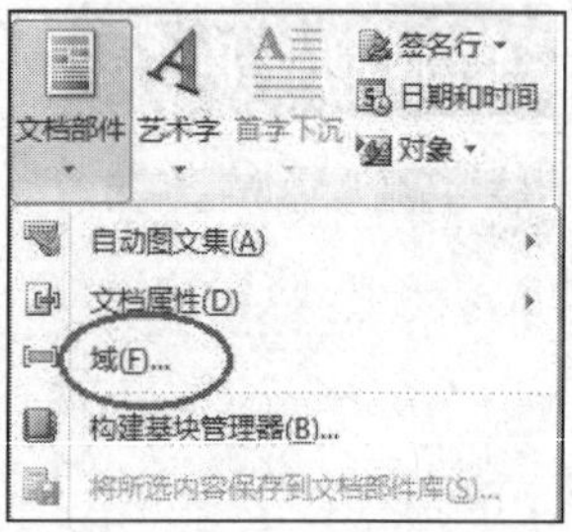

图5-14 插入文档部件

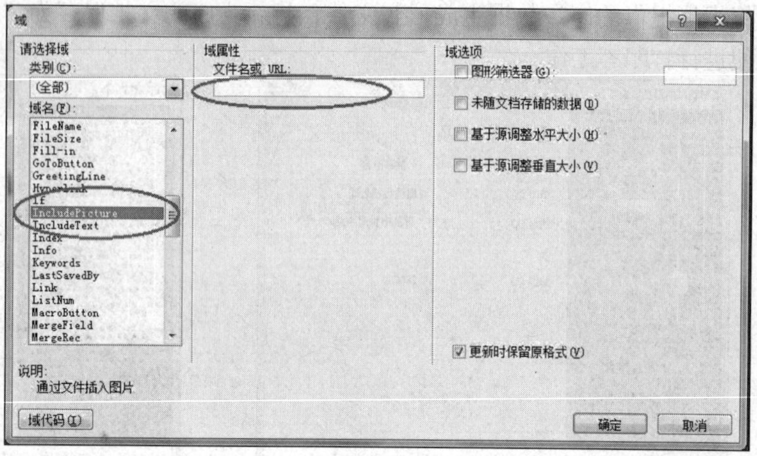

图5-15 插入 IncludePicture 域

STEP 8 在插入的“IncludePicture”域上单击鼠标右键，在弹出的快捷菜单中选择【切换域代码】命令，如图 5-16 所示，插入的域代码显示为“{ INCLUDEPICTURE *MERGEFORMAT }”。

STEP 9 将光标置于“*MERGEFORMAT”前的位置，单击【插入】/【文本】选项组中的【文档部件】按钮，在弹出的列表中选择【域】选项，在出现的【域】对话框中选择“MergeField”域名，其域属性的【域名】填写为“照片”（此名字为“5-7(胸卡数据).xlsx”中照片列的列名），并单击 确定 按钮确认，如图 5-17 所示。

图5-16 切换域代码

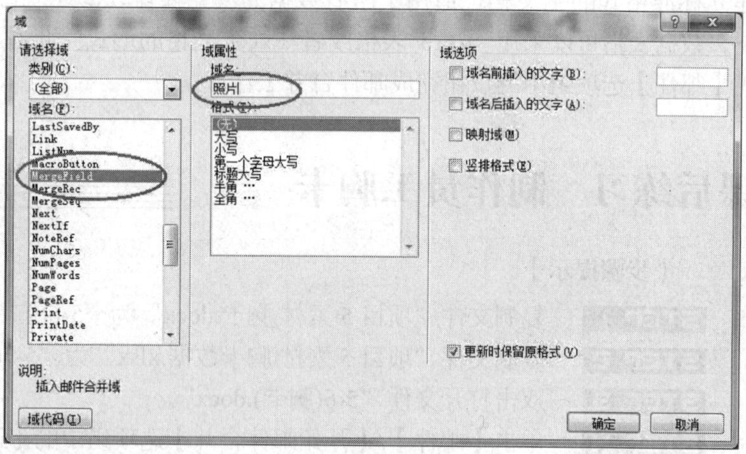

图5-17 插入合并域

STEP 10 此时生成的域代码为｛INCLUDEPICTURE ｛MERGEFIELD 照片 *MERGEFORMAT｝*MERGEFORMAT｝。

STEP 11 单击照片位置，并按 F9 键刷新，即可看到照片信息，如图 5-18 所示。

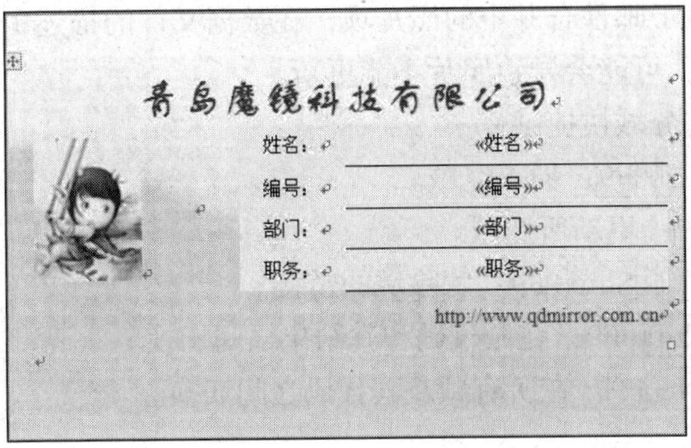

图5-18 照片添加完成

STEP 12 单击【邮件】/【编写和插入域】选项组中的【完成并合并】按钮，在弹出的列表中选择【编辑单个文档】选项，在弹出的【合并到新文档】对话框中，选择【全部】选项，并单击确定按钮完成合并，合并后的新文档可以进行保存或打印操作。

> **知识提示**
>
> 合并后的文档照片信息可能需要按 Ctrl+A 组合键将其全部选中，然后按 F9 键进行刷新。

STEP 13 将合并后的文件保存为“5-8(合并后的胸卡).docx”，文件内容如图 5-19 所示。

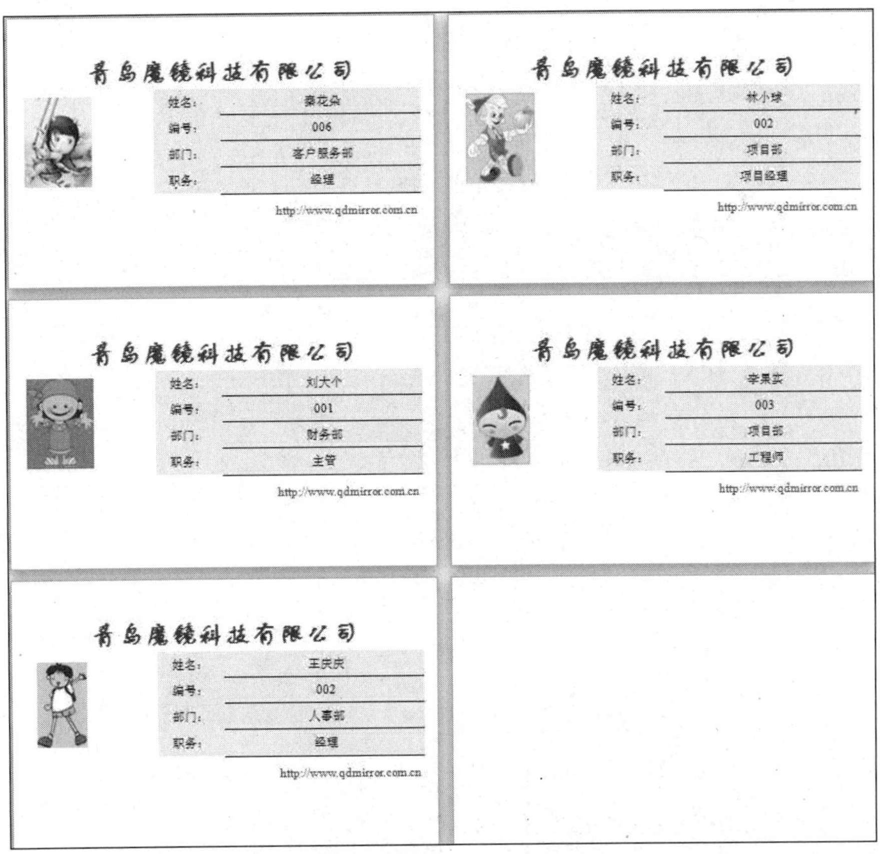

图5-19 胸卡合并完成后数据

知识提示

① 对于邮件合并中的照片项，在数据文件的描述中，最后要使用绝对地址，否则，可能会导致照片不能更新。

② 部分域快捷键：

- Ctrl+F9：插入空域。
- F9：更新所选域。
- Ctrl+Shift+F9：解除域的链接。
- Shift+F9：在域代码和其结果之间切换。
- Alt+F9：在所有域及其代码之间切换。

第二篇

Excel 2010 应用集合

本篇介绍 Office 2010 的另一组件 —— Excel 2010 的应用实例，主要介绍 Excel 2010 中表格的创建与设计、公式与函数的应用、数据处理、图表的制作与格式设置以及打印与安全管理等内容。本篇包括以下几个项目。

项目六　制作课程表——表格的创建与设计

项目七　制作学生成绩单——公式与函数的应用

项目八　制作运动会管理表——数据处理操作

项目九　制作生产成本统计表——图表的制作与格式设置

项目十　制作原材料采购管理——打印与安全管理

项目六 制作课程表——表格的创建与设计

PART 6

项目背景

制作表格是 Excel 中最基础的工作，同时也是重要的工作。Excel 文件又称为工作簿，在工作簿中可以有多张工作表。Excel 2003 及以前的版本最多有 256 个工作表，Excel 2010 中公式和数据透视表缓存的可用内存已增加到 2GB，而在 Excel 2003 中为 1GB，在 Excel 2002 中为 128MB，在 Excel 2000 中仅为 64MB。所以 2010 的工作簿可以很大都不崩溃，当然这也与公式的复杂程度有关系；经过实践，Excel 2010 确实已经突破 256 的限制。

Excel 2010 的每张工作表由 1 048 576 行和 16 384 列组成，最大列号为 XFD，转换成幂的形式，有 2^{20} 个行，2^{14} 个列，有超过 170 亿个单元格；Excel 2003 有 65 536 行和 256 列，转换成幂的形式，有 2^{16} 个行，2^{8} 个列，每个工作表有超过 1 600 万个单元格。

Excel 2010 与 Excel 2003 一致的是，单元格中都可以存放数值、字符、日期等多种类型的数据，数据的显示也有很多格式，同一个数据显示格式不同，显示结果也不同，当然也能对表格进行美化，如设置字体和对齐方式，改变行高和列宽，添加边框线和底纹，进行单元格的合并和拆分等。读者可以根据需要制作表格，并能对表格进行美化。

本项目主要介绍工作簿的建立和数据输入、对表格设置字体和对齐方式、改变行高和列宽、添加边框线以及对单元格进行合并和拆分的方法。通过这个制作过程，读者可熟练掌握表格的制作、保存和美化方法。

项目分析

课程表以表格的形式显示日期、课程和节次，课程安排一目了然，直观清晰，方便使用，是老师和学生的有力助手。

Excel 工作表本身由很多单元格组成，制作表格非常方便，先设计表格的基本架构，再输入数据，最后设置基本框线，这之中可能会进行一些单元格的合并，最后就是设置字体、对齐方式和行距等美化表格的工作。

本项目主要介绍如图 6-1 所示课程表的制作过程，首先在表格中输入内容，然后对部分单元格进行合并，设置表格的对齐方式；改变字体、大小，对文字进行加粗设置；对个别单元格需要将文字变成多行显示，这时需要做特别处理。

物流专业课程表

日期 课程 节次		星期一	星期二	星期三	星期四	星期五
上午	1-2节	报检实务	大学英语	大学英语	物流管理	英文函电
	3-4节	大学英语	体育	货运代理	物流营销	租船与法律
下午	5-6节	仓储与配送		英文函电	国际货物	仓储与配送

图6-1 课程表

解决方案

本项目可以通过以下几个任务来完成。

- 任务一 建立工作簿并输入数据。
- 任务二 格式化工作表。

任务一 建立工作簿并输入数据

建立工作簿也就是创建 Excel 文件，工作簿中包含若干工作表，工作表中有若干单元格，所有数据都要输入到单元格中。单元格是 Excel 中最小的单位，录入数据是一切工作的前提，是最基础的工作，当然，在录入数据前，要先规划出表格的布局。需要注意的是，Excel 2010 工作簿文件的扩展名是".xlsx"，在 Excel 2010 中保存的文件要在 Excel 2003 中打开，则需要在保存文件时设置文件的扩展名为".xls"，这样就可以在 Excel 2003 中打开了，当然扩展名为".xls"的文件在 Excel 2010 中也能打开。

【操作步骤】

STEP 1 启动 Excel 2010，自动新建一个空白工作簿"工作簿 1"；或者选择【文件】/【新建】菜单命令，在【可用模板】中选择"空白工作簿"，单击【创建】按钮，新建一个空白工作簿。

STEP 2 选择 A1 单元格，输入"物流专业课程表"；选择 A2 单元格，输入"日期"，按下 Alt+Enter 组合键之后输入"课"，按下 Alt+Enter 组合键之后输入"程"，按下 Alt+Enter 组合键之后输入"节次"。

STEP 3 选择 C2 单元格，输入"星期一"，其余单元格内容如图 6-2 所示。

	A	B	C	D	E	F	G	H
1	物流专业课程表							
2	日期 课 程 节次		星期一	星期二	星期三	星期四	星期五	
3	上午	1-2节	报检实务	大学英语	大学英语	物流管理	英文函电	
4		3-4节	大学英语	体育	货运代理	物流营销	租船与法律	
5	下午	5-6节	仓储与配送		英文函电	国际货物	仓储与配送	

图6-2 录入数据

STEP 4 单击左上角的按钮，在弹出的【另存为】对话框中，输入文件名称“6-1(制作课程表)”、选择文件类型为“Excel 工作簿(*.xlsx)”，如图 6-3 所示，单击保存(S)按钮。

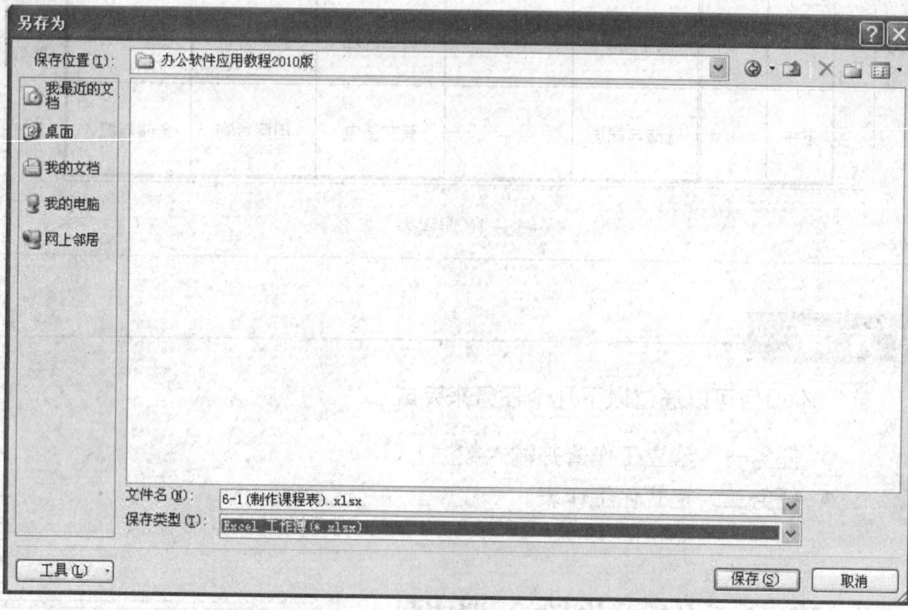

图6-3 在【另存为】对话框

知识提示

输入数字超过 99 999 999 999 时，自动以科学计数法显示数据；输入负数可以在数字前面添加“-”或是将输入的数据用括号括起来；输入分数格式为“整数+空格+数字”，如输入“3 2/5”可得到分数 $3\frac{2}{5}$，若输入真分数，整数部分输入 0，如输入“0 2/5”可得到分数 $\frac{2}{5}$；输入日期格式为“年/月/日”或“年-月-日”；以“数字+%”的方式输入百分数。

任务二 格式化工作表

为了美化工作表，一般都要对工作表进行格式化，如设置字体、对齐方式、边框线、行高和列宽等。

【操作步骤】

1. 设置字体

STEP 1 设置标题的字体、字号和加粗。选择单元格 A1，在【开始】/【字体】选项组中将字体设置为“宋体”；字号设置为“16”；单击 B 按钮，对单元格中的文字进行加粗设置。

STEP 2 设置表格中文字的字体、字号。选中单元格区域 A2:C5，在【开始】/【字体】选项组中，将字体设置为“宋体”，字号设置为“11”。

2. 设置对齐方式

STEP 1 设置标题的对齐方式为“合并后居中”。将鼠标从单元格 A1 拖动至单元格 G1，选择单元格区域 A1:G1，单击【开始】/【对齐方式】选项组中的 合并后居中 按钮，这时“物流专业课程表”就会自动调整到单元格区域 A1:G1 的正中央位置。

STEP 2 设置表格左上角单元格的对齐方式为合并后垂直居中对齐、水平左对齐。选择单元格区域 A2:B2，单击【开始】/【对齐方式】选项组中的 合并后居中 按钮，再单击水平居中按钮，取消文本水平居中对齐，使文本水平左对齐。

STEP 3 调整表头左上角中的文字位置。双击 A2 单元格，在文字“日期”前插入 8 个空格；在“课”前插入 4 个空格；在“程”前插入 6 个空格。

STEP 4 设置“上午”的对齐方式为合并后居中。选择单元格区域 A3:A4，单击【开始】/【对齐方式】选项组中的 合并后居中 按钮。

STEP 5 设置 A1:G1、C2:G2 和 A3:G5 单元格区域的对齐方式为水平和垂直都居中。选择单元格区域 A1:G1、C2:G2 和 A3:G5，单击【开始】/【对齐方式】选项组中的垂直居中按钮和水平居中按钮，对单元格区域设置为垂直居中和水平居中。

3. 设置行高和列宽

STEP 1 设置行高。将鼠标指针移动到行标签“1”处，单击鼠标右键，在弹出的快捷菜单中选择【行高】命令，在弹出的【行高】对话框中输入“41.25”，单击 确定 按钮，这样第 1 行的行高就设置为 41.25 磅；按同样方法，设置第 2 行至第 5 行的行高为 54 磅。

STEP 2 设置列宽。将鼠标指针移动到列标签“A”处，按住鼠标左键并拖曳到列标签“B”处，选择 A 列和 B 列，单击鼠标右键，在弹出的快捷菜单中选择【列宽】命令，在弹出的【列宽】对话框中输入“6”，单击 确定 按钮，这样第 1 列和第 2 列的列宽就设置为 6 磅；将鼠标指针移动到列标签“C”处，按住鼠标左键并拖曳到列标签“G”处，选择 C 列至 G 列，再在选择的区域中单击鼠标右键，设置列宽为 12 磅，这样单元格区域 C 列至 G 列的列宽就设置完成了。

4. 设置边框线

STEP 1 给整个表格添加边框线。

（1） 选择单元格区域 A2:G5，单击【开始】/【字体】选项组中按钮右侧的箭头，从弹出的列表中选择【其他边框】选项，这时弹出【设置单元格格式】对话框，如图 6-4 所示。在【样式】列表框中选择粗实线，在【预置】选项组中选择【外边框】选项，这时在【边框】预览视图中看到外围的线变成了粗实线。

（2） 在【样式】列表框中选择细实线，在【预置】选项组中选择【内部】选项，这时在【边框】预览视图中看到内部的线变成了细实线，单击 确定 按钮，这时所选区域 A2:G5 的外围变成了粗实线，内部变成了细实线。

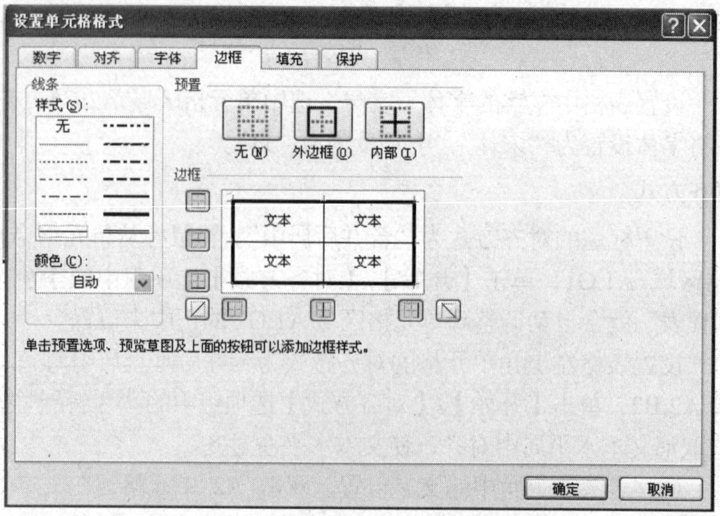

图6-4 【设置单元格格式】对话框

STEP 2 设置单元格区域 A2:G2 中的局部边框线。选中单元格区域 A2:G2，单击【开始】/【字体】选项组中按钮右侧的箭头，从弹出的列表中选择【其他边框】选项，在弹出的【设置单元格格式】对话框中，在【样式】列表框中单选双线，在【边框】预览视图中单击下面的边线按钮，这时只改变了选中区域的下面边线，其他位置的线条保持不变，单击确定按钮。

STEP 3 设置单元格区域 A3:B5 中的局部边框线。选中单元格区域 A3:B5，单击【开始】/【字体】选项组中按钮右侧的箭头，从弹出的列表中选择【其他边框】选项，在弹出的【设置单元格格式】对话框中，在【样式】列表框中选择双线，在【边框】预览视图中单击右侧的边线按钮，单击确定按钮。

STEP 4 添加表头斜线。单击【插入】/【插图】选项组中的【形状】按钮，从弹出的列表中选择【线条】选项组中的直线按钮，从单元格 A2 左上角拖曳到右下角，再从单元格 A2 的左上角拖曳到单元格 B2 右侧的中间位置。

STEP 5 将添加的直线颜色变为黑色。单击选中一条直线，按住 Ctrl 键单击另一条直线，同时选中两条直线，单击【格式】/【形状样式】选项组中的形状轮廓按钮，从弹出的列表中选择黑色。

STEP 6 保存和关闭文件。单击左上角的按钮，单击右上角的关闭按钮，则完成了文件的保存和关闭。

项目升级 制作人才招聘表

下面介绍制作人才招聘表的方法，制作的表格如图 6-5 所示。

【操作步骤】

STEP 1 启动 Excel 2010，单击左上角的按钮，在弹出的【另存为】对话框中，输入文件名称为“6-2(制作人才招聘表)”，设置文件类型为“Excel 工作簿(*.xlsx)”，单击保存(S)按钮。

红红印刷厂人才招聘表

姓名		性别		出生日期		贴照片处
出生日期		婚否		政治面貌		
身体状况		籍贯				
最终学历		技术职称		计算机能力		
外语水平		户口所在地				
身份证号码			家庭住址			
联系电话		现工作单位与岗位				
应聘职位						
教育背景（含相关培训）						
起止日		所在学校		所学专业		学历（或证明）
获得证书						
证书名称		发证单位		发证日期		备注
直系亲属及主要社会关系						
姓名	称谓	年龄	政治面貌	现在何处		现任何职
工作经历						
起止日		工作单位		职位		离职原因
主要工作业绩：						
个人特长：						
自我评价：						
选择本厂的想法：						
备注：						

填表须知：交表时必须贴好一寸近期照片；附表请附上毕业（学位）证书、技术职称、身份证等有关证书复印件。

图6-5 人才招聘表

STEP 2 录入如图 6-6 所示的基本数据。

	A	B	C	D	E	F	G	H	I	J
1	红红印刷厂人才招聘表									
2	姓名		性别		出生日期		贴照片处			
3	出生日期		婚否		政治面貌					
4	身体状况		籍贯							
5	最终学历		技术职称		计算机能力					
6	外语水平		户口所在地							
7	身份证号码			家庭住址						
8	联系电话		现工作单位与岗位							
9	应聘职位									
10	教育背景（含相关培训）									
11	起止日		所在学校		所学专业		学历（或证明）			
12										
13										
14										
15	获得证书									
16	证书名称		发证单位		发证日期		备注			
17										
18										
19	直系亲属及主要社会关系									
20	姓名	称谓	年龄	政治面貌	现在何处		现任何职			
21										
22										
23										
24	工作经历									
25	起止日		工作单位		职位		离职原因			
26										
27										
28										
29										
30	主要工作业绩：									
31	个人特长：									
32	自我评价：									
33	选择本厂的想法：									
34	备注：									
35	填表须知：交表时必须贴好一寸近期照片；附表请附上毕业（学位）证书、技术职称、身份证等有关证书复印件。									

图6-6 录入基本数据

STEP 3 设置表格的边框线。选中单元格区域 A2:H34，单击【开始】/【字体】选项组中按钮右侧的箭头，从弹出的列表中选择【其他边框】选项，这时弹出【设置单元格格式】对话框，在【样式】列表框中选择粗实线，在【预置】选项组中选择【外边框】选项；在【样式】列表框中选择细实线，在【预置】选项组中选择【内部】选项，单击确定按钮。

STEP 4 设置字体、字号。选中 A1 单元格，在【开始】/【字体】选项组中，设置标题字体为“宋体”，字号为“12”，单击加粗按钮B；选择其余文字单元格，设置其余单元格字体为“宋体”，字号为“10”。

STEP 5 设置标题的对齐方式。选中单元格区域 A1:H1，单击【开始】/【对齐方式】选项组中的合并后居中按钮，单击垂直居中按钮。

STEP 6 设置“贴照片处”的对齐方式。选中单元格区域 G2:H7，单击合并后居中按钮和垂直居中按钮。

STEP 7 设置“籍贯”后面单元格区域的对齐方式。选中单元格区域 D4:F4，单击合并后居中按钮和垂直居中按钮。

STEP 8 设置“户口所在地”后面单元格区域的对齐方式。选中单元格区域 D6:F6，单击合并后居中按钮和垂直居中按钮。

STEP 9 设置“身份证号码”后面单元格区域的对齐方式。选中单元格区域 B7:C7，单击合并后居中按钮和垂直居中按钮。

STEP 10 设置“家庭住址”后面单元格区域的对齐方式。选中单元格区域 E7:F7，单击合并后居中按钮和垂直居中按钮。

STEP 11 设置“现工作单位与岗位”及其后面单元格区域的对齐方式。选中单元格区域 C8:D8，E8:H8，单击合并后居中按钮和垂直居中按钮。

STEP 12 设置“应聘职位”后面单元格区域的对齐方式。选中单元格区域 B8:H9，单击合并后居中按钮和垂直居中按钮。

STEP 13 设置“教育背景（含相关培训）”的对齐方式。选中单元格区域 A10:H10，单击合并后居中按钮、垂直居中按钮和水平左对齐按钮。

STEP 14 设置“起止日”及下面单元格区域的对齐方式。选中单元格区域 A11:B14，单击合并后居中按钮右侧的箭头，从弹出的列表中单击跨越合并(A)按钮，再单击垂直居中按钮和水平左对齐按钮。

STEP 15 设置“所在学校”及下面单元格区域的对齐方式。选中单元格区域 C11:D14，单击合并后居中按钮右侧的箭头，从弹出的列表中单击跨越合并(A)按钮，再单击垂直居中按钮和水平左对齐按钮。

STEP 16 设置“所学专业”及下面单元格区域的对齐方式。选中单元格区域 E11:F14，单击合并后居中按钮右侧的箭头，从弹出的列表中单击跨越合并(A)按钮，再单击按钮和按钮。

STEP 17 设置“学历（或证明）”及下面单元格区域的对齐方式。选中单元格区域 G11:H14，单击合并后居中按钮右侧的箭头，从弹出的列表中单击跨越合并(A)按钮，再单击按钮和按钮。

STEP 18 单元格区域 A15:H29 的对齐方式的设置类同于单元格区域 A10:H14 的对齐方式的设置，这里不再赘述。

STEP 19 设置“主要工作业绩：”及右边单元格区域的对齐方式。选中单元格区域A30:H30，单击[合并后居中]按钮，再单击[≡]按钮和[≡]按钮。

STEP 20 设置“个人特长：”及右边单元格区域的对齐方式。选中单元格区域A31:H31，单击[合并后居中]按钮，再单击[≡]按钮和[≡]按钮。

STEP 21 设置“自我评价：”及右边单元格区域的对齐方式。选中单元格区域A32:H32，单击[合并后居中]按钮，再单击[≡]按钮和[≡]按钮。

STEP 22 设置“选择本厂的想法：”及右边单元格区域的对齐方式。选中单元格区域A33:H33，单击[合并后居中]按钮，再单击[≡]按钮和[≡]按钮。

STEP 23 设置“备注：”及右边单元格区域的对齐方式。选中单元格区域A34:H34，单击[合并后居中]按钮，再单击[≡]按钮和[≡]按钮。

STEP 24 设置最后一行单元格区域A35:H35的对齐方式。选中单元格区域A35:H35，单击[合并后居中]按钮，再单击[≡]按钮和[≡]按钮；再双击单元格A35，将鼠标光标移到“等”字的后面，按Alt+Enter组合键，这时单元格中的文字变成两行。

STEP 25 对整个单元格区域设置为垂直居中。选中单元格区域A1:H35，单击[≡]按钮。

STEP 26 设置第1行的行高为25磅。将鼠标指针移动到行标签“1”处，单击鼠标右键，在弹出的快捷菜单中选择【行高】命令，在弹出的【行高】对话框中输入“25”，单击[确定]按钮。

STEP 27 设置第2行至第34行的行高为15磅。选中第2行至第34行，在选中的位置，单击鼠标右键，在弹出的快捷菜单中选择“行高”，在弹出的【行高】对话框中输入“15”，单击[确定]按钮。

STEP 28 设置第35行行高为30磅。选中第35行，在选中的位置单击鼠标右键，在弹出的快捷菜单中选择【行高】命令，在弹出的【行高】对话框中输入“30”，单击[确定]按钮。

STEP 29 保存和关闭文件。单击左上角的[保存]按钮保存文件，单击右上角的[关闭]按钮关闭文件。

项目小结

新建和保存 Excel 文件是最基础的工作，建立好文件后就要录入数据，为了美化表格，还需要对表格进行格式化，只有做好这一步，后续的工作才能有保障。

课后练习　制作考勤表

本练习将制作如图6-7所示的公司考勤表。

【步骤提示】

STEP 1 启动Excel 2010，将文件保存为“6-3(制作考勤表).xlsx”。

STEP 2 设置单元格区域A3:AJ24的字体为“宋体”、字号为“9磅”。选中单元格区域A3:AJ24，在【开始】/【字体】选项中设置字体和字号。

STEP 3 设置第A列和第D列至第AH列的列宽为1.5磅。选中第A列，再按住

Ctrl 键，按住鼠标左键从 D 列拖曳到第 AH 列，将鼠标指针移动到选中的列标签之间的位置，当指针变成“✛”形状时，按住鼠标左键并拖曳，当看到指针处显示“宽度：1.5（17 像素）”时松开鼠标左键，完成列宽调整为 1.5 磅。

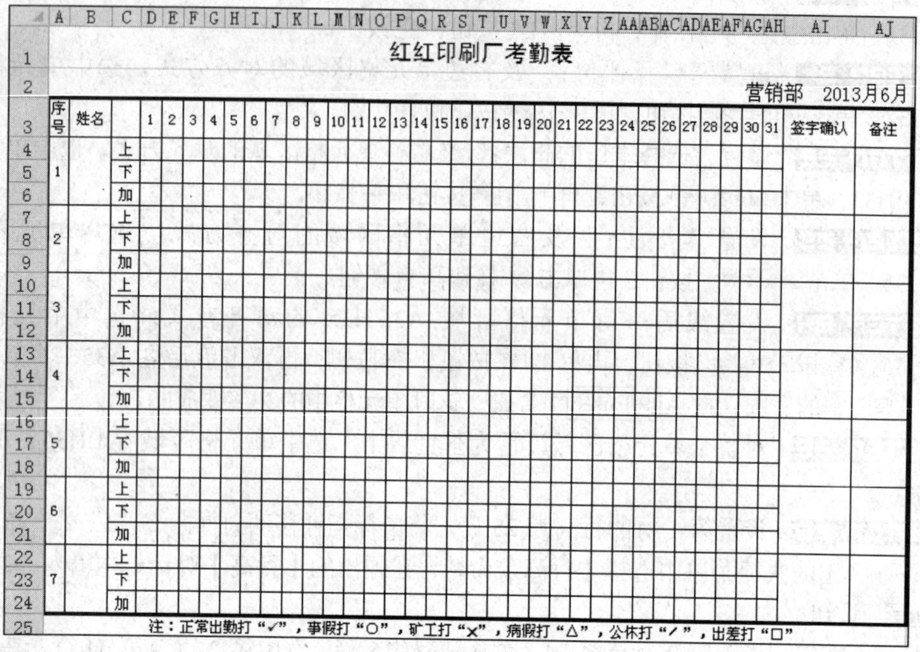

图6-7 公司考勤表

STEP 4 设置第 B 列的列宽为 3.5 磅。选中 B 列，将鼠标指针移动到 B 列列标签之后，当指针变成“✛”形状时，按住鼠标左键并拖曳，当看到指针处显示“宽度：3.5（33 像素）”时松开鼠标左键，完成列宽调整为 3.5 磅。

STEP 5 录入如图 6-8 所示的基本数据。

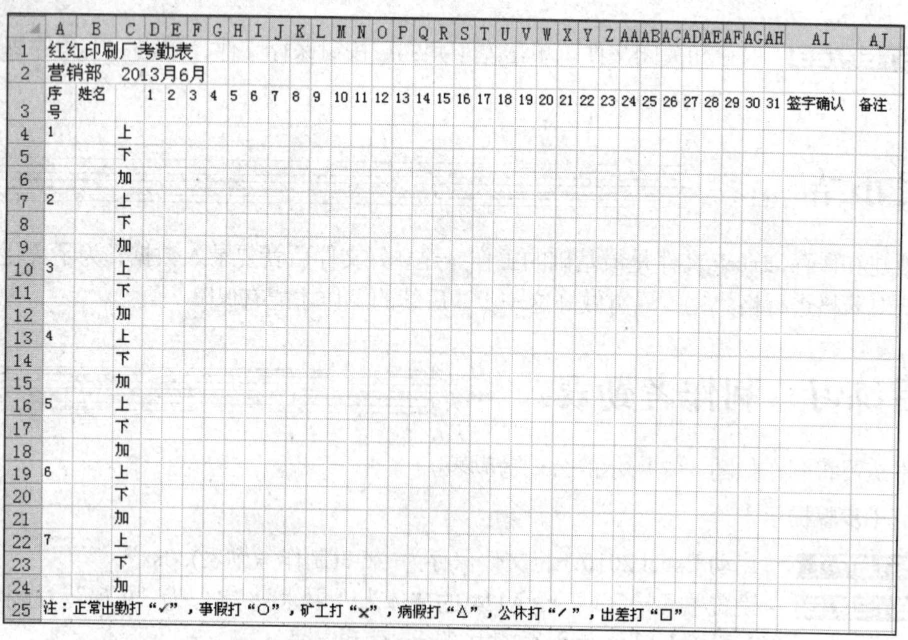

图6-8 录入基本数据

知识提示 录入“序号”的方法：输入“序”字后，按 Alt+Enter 键，再输入“号”字。

STEP 6 设置表格的边框线。选中单元格区域 A3:AJ24，单击【开始】/【字体】选项组中按钮右侧的箭头，从弹出的列表中选择【其他边框】选项，这时弹出【设置单元格格式】对话框，在【样式】列表框中选择粗实线，在【预置】选项组中选择【外边框】选项；在【样式】列表框中选择细实线，在【预置】选项组中选择【内部】选项，单击【确定】按钮。

STEP 7 设置标题和副标题的字体和字号。选中单元格 A1，在【开始】/【字体】选项组中设置字体为“黑体”、字号为“14 磅”；选中单元格 A2，在【开始】/【字体】选项组中设置字体为“宋体”，字号为“12 磅”。

STEP 8 设置标题和副标题的对齐方式。选中单元格区域 A1:AJ1，单击【开始】/【对齐方式】选项组中的【合并后居中】按钮；选中单元格区域 A2:AJ2，单击【开始】/【对齐方式】选项组中的【合并后居中】按钮，再单击水平右对齐按钮。

STEP 9 设置“序号”下面“1”及下面两个单元格的对齐方式。选中单元格区域 A4:A6，单击【开始】/【对齐方式】选项组中的【合并后居中】按钮，再单击水平居中按钮。

STEP 10 设置其他“序号”对应单元格的对齐方式。选中单元格区域 A4:A6，双击【开始】/【剪贴板】选项组中的按钮，这时鼠标指针变成带有格式刷的样子，使用鼠标分别在单元格区域 A7:A9、A10:A12、A13:A15、A16:A18、A19:A21、A22:A24 拖曳，设置其他“序号”的对齐方式。格式刷使用完毕后，可以单击按钮取消格式刷状态。

STEP 11 设置“姓名”“签字确认”和“备注”对应单元格的对齐方式。按第(10)步的方法，选中单元格区域 A4:A6，双击【开始】/【剪贴板】选项组中的按钮，这时鼠标指针变成带有格式刷的样子，使用鼠标分别在单元格区域 B4:B6、B7:B9、B10:B12、B13:B15、B16:B18、B19:B21、B22:B24、AI4:AI 6、AI 7:AI 9、AI 10:AI 12、AI 13:AI 15、AI 16:AI 18、AI 19:AI 21、AI 22:AI 24、AJ4:AJ 6、AJ 7:AJ 9、AJ10:AJ 12、AJ13:AJ15、AJ16:AJ 18、AJ 19:AJ 21、AJ 22:AJ 24 拖曳。

STEP 12 设置最后一行的对齐方式。选中单元格区域 A25:AJ25，单击【开始】/【对齐方式】选项组中的【合并后居中】按钮，再单击水平居中按钮。

STEP 13 设置表格中的单元格为垂直居中方式。选中单元格区域 A3:AJ25，单击【开始】/【对齐方式】选项组中垂直居中按钮。

STEP 14 保存和关闭文件。单击左上角的按钮保存文件，单击右上角的按钮关闭文件。

项目七 制作学生成绩单——公式与函数的应用

PART 7

项目背景

在 Excel 中可以使用公式或函数进行数据计算，Excel 2010 自带了统计、数据库、数学和三角函数等 13 大类别的各种函数。

公式可以通过一些计算指令来命令 Excel 如何计算数据并显示计算结果。公式的使用不仅提高了计算速度，还减少了人工计算的错误；公式一般由等号“=”、单元格引用、运算符和常量等对象组成；在单元格中输入公式之前，必须先输入“=”；在引用单元格时，可以引用一个单元格，也可以引用单元格区域。

输入公式的方法：选择要输入公式的单元格，输入“=”，接着输入公式中的计算对象和运算符，若是单元格引用则可以直接单击单元格快速输入引用地址，最后按 Enter 键，结束输入的同时即可得到计算结果。

编辑公式的方法：选择包含公式的单元格，在编辑栏中编辑公式，完成编辑后，按 Enter 键结束编辑并自动更新计算结果。

单元格引用包含绝对地址、相对地址、混合地址和三维地址。

相对地址可以使用列号加行号的方式表示，如第一列第一行的单元格表示为 A1；在相对引用中，被引用单元格的位置与公式所在单元格的位置相关联，当公式所在单元格位置发生改变时，其引用的单元格的位置也会发生相应变化。例如，C1 单元格中的公式为“=A1+B1”，若将此公式复制到 C2 时，则公式内容自动更改为“=A2+B2”。相对引用是 Excel 中使用最多的引用方式。

绝对引用与相对引用相反，无论公式所在单元格的位置如何改变，其公式内容都不会发生变化。绝对引用的标志为公式中的行号和列号的前面都加上“$”符号。例如，C1 单元格中的公式为“=$A$1+$B$1”，若将此公式复制到 C2 时，则公式内容同样为“=$A$1+$B$1”。

混合引用是指公式中的单元格部分引用为相对引用，部分引用为绝对引用。此时更改公式所在单元格的位置时，公式中的相对引用部分会变，而绝对引用部分不变。混合引用的标志为绝对引用部分前面加上“$”符号，相对引用部分保持不变。例如，C1 单元格中的公式为“=$A1+B$1”，若将此公式复制到 C2 时，则公式内容自动更改为“=$A2+B$1”。

三维地址指的是某个工作表引用其他工作表中的数据，这时在单元格名称的前面增加工作表的名称，工作表与单元格之间用符号“!”连接。

Excel 2010 提供了比 Excel 2003 更多的函数，如 Excel 2010 提供了按多个条件统计数值和 SUMIFS、计数 COUNTIFS 等。

函数是 Excel 中的一些预订好的公式，其参数可以是数字、文本、单元格引用或者其他的公式、函数等。函数一般由等号“=”、函数名和函数参数组成。输入与编辑函数的方法与输入和编辑公式的方法相同。选择单元格，依次输入“=”、函数名及其参数，最后按 Enter 键完成。

项目分析

学生成绩单中应用了公式和函数，在函数中应用单元格的相对地址和绝对地址，使用了定义的单元格区域名称，引用名称就是引用了名称所指单元格区域的绝对地址，部分函数中的参数引用另一个函数值，这就是函数嵌套的应用。

本项目首先录入基本数据，基本数据中包含学号、姓名、各个科目的成绩，根据基本数据利用公式和函数计算成绩排名、不及格科目数、各分数段人数统计和平均成绩前三名的学号等信息。在使用公式时要注意，先输入等号“=”，然后再输入表达式或函数等元素。

解决方案

本项目可以通过以下几个任务来完成。

- 任务一　使用公式。
- 任务二　填充公式。
- 任务三　使用函数。

任务一　使用公式

使用公式前要先录入基本数据，根据数据再使用公式和函数进行运算。

【操作步骤】

STEP 1　启动 Excel 2010，将文件保存为“7-1(制作学生成绩单).xlsx”。

STEP 2　输入基本数据，双击工作表名称“Sheet1”，将其重命名为“学生成绩单”；再新建 4 张工作表，将工作表标签分别重命名为“成绩排名”“不及格科目数”“各分数段人数统计”和“平均成绩前三名”，如图 7-1 所示。

	A	B	C	D	E	F	G	H	I	J	K	L
1	红红大学学生成绩单										2013-6-1	
2	学年：2013		学期：2			系部：管理系			班级：物流1201			
3	学号	姓名	报检实务	大学英语	物流管理	英文函电	货运代理	物流营销	租船与法律	国际货物	仓储与配送	体育
4	2012030101	张俊	85	82	79	68	76	89	92	75	78	75
5	2012030102	刘海	75	79	76	85	82	76	90	77	79	82
6	2012030103	王宏	95	92	93	90	92	78	77	79	92	75
7	2012030104	赵泽	80	70	72	65	55	92	90	88	85	85
8	2012030105	邱淑	78	79	76	82	85	83	79	77	75	78
9	2012030106	周南	82	77	76	89	75	88	98	90	92	85
10	2012030107	李杭	78	85	79	89	96	78	72	73	76	88
11	2012030108	张章	78	76	79	78	79	78	75	76	82	80
12	2012030109	孙阳	88	78	79	72	88	89	90	85	86	80
13	2012030110	王莱	78	79	58	89	95	58	70	86	82	80
14	2012030111	陈强	79	78	79	82	88	80	86	76	90	88
15	2012030112	李坤	78	79	76	79	88	88	85	86	86	78
16	2012030113	刘璐	79	75	66	69	68	79	82	85	79	88
17	2012030114	张玉	79	75	78	79	76	75	79	78	78	77
18	2012030115	王霞	55	92	63	58	88	89	75	56	86	90

学生成绩单 / 成绩排名 / 不及格科目数 / 各分数段人数统计 / 平均成绩前三名

图7-1 学生成绩单

STEP 3 选定“学生成绩单”工作表，单击位于行标签“1”的上方、列标签“A”的左方的全选按钮，选定整个工作表，按 Ctrl+C 组合键复制整个工作表；再单击“成绩排名”工作表的按钮，按 Ctrl+V 组合键，将“学生成绩单”工作表全部内容复制到“成绩排名”工作表。

STEP 4 在“成绩排名”工作表中，在最后一列的后面增加 4 列，分别是“平均成绩”“最高成绩”“最低成绩”和“成绩排名”，在【开始】/【字体】选项组中给表格设置适当的字体、字号和边框线，在【开始】/【单元格】选项组中设置行高和列宽等对表格进行美化，如图 7-2 所示。

	B	C	D	E	F	G	H	I	J	K	L	M	N	O	P
1	红红大学学生成绩排名												2013-6-1		
2	2013		学期：2				系部：管理系					班级：物流1201			
3	姓名	报检实务	大学英语	物流管理	英文函电	货运代理	物流营销	租船与法律	国际货物	仓储与配送	体育	平均成绩	最高成绩	最低成绩	成绩排名
4	张俊	85	82	79	68	76	89	92	75	78	75				
5	刘海	75	79	76	85	82	76	90	77	79	82				
6	王宏	95	92	93	90	92	78	77	79	92	75				
7	赵泽	80	70	72	65	55	92	90	88	85	85				
8	邱淑	78	79	76	82	85	83	79	77	75	78				
9	周南	82	77	76	89	75	88	98	90	92	85				
10	李杭	78	85	79	89	96	78	72	73	76	88				
11	张章	78	76	79	78	79	78	75	76	82	80				
12	孙阳	88	78	79	72	88	89	90	85	86	80				
13	王莱	78	79	58	89	95	58	70	86	82	80				
14	陈强	79	78	79	82	88	80	86	76	90	88				
15	李坤	78	79	76	79	88	88	85	86	86	78				
16	刘璐	79	75	66	69	68	79	82	85	79	88				
17	张玉	79	75	78	79	76	75	79	78	78	77				
18	王霞	55	92	63	58	88	89	75	56	86	90				

成绩排名 / 不及格科目数 / 各分数段人数统计 / 平均成绩前三名

图7-2 成绩排名

STEP 5 单击选定单元格 M4，然后输入公式“=(C4+D4+E4+F4+G4+H4+I4+J4+K4+L4)/10”，最后按 Enter 键，单元格 M4 就计算完成了。

> **知识提示** 公式的应用是非常重要的，所有计算都要用到公式，在使用公式进行计算时，一定要先输入半角的等号“=”，后面再输入数值、单元格名称、函数名等表达式，公式输入完成后要按 Enter 键，这时计算结果就会显示出来。

STEP 6 单击左上角的按钮将文件保存。

任务二 填充公式

【操作步骤】

STEP 1 对于单元格区域 M5:M18 的计算，采用填充公式的方法复制单元格 M4 中的公式就可以了。方法是：单击源公式所在的单元格 M4，将鼠标指针移到 M4 的右下角，当鼠标指针变成填充柄“**+**”形状时，按住鼠标左键并拖曳至单元格 M18，这样单元格区域 M5:M18 就填充了与单元格 M4 相同的公式。

STEP 2 设置单元格区域 M4:M18 为数值型，保留一位小数。选择单元格区域 M4:M18，单击【开始】/【单元格】选项组中的【格式】按钮，从弹出的列表中选择【设置单元格格式】选项，在弹出的【设置单元格格式】对话框中，切换到【数字】选项卡中的【数值】分类，设置【小数位数】为“1”，单击 确定 按钮。

计算结果如图 7-3 所示。

> **知识提示** 若公式中引用的是相对地址，则目标单元格中的单元格名称会根据公式的相对位置自动发生变化，若源公式中使用的是绝对地址或是单元格名称，则目标单元格中的单元格名称不会发生改变。

	B	C	D	E	F	G	H	I	J	K	L	M	N	O	P
1			红红大学学生成绩排名										2013-6-1		
2	2013		学期:	2				系部:	管理系				班级:	物流1201	
3	姓名	报检实务	大学英语	物流管理	英文函电	货运代理	物流营销	租船与法律	国际货物	仓储与配送	体育	平均成绩	最高成绩	最低成绩	成绩排名
4	张俊	85	82	79	68	76	89	92	75	78	75	79.9			
5	刘海	75	79	76	85	82	76	90	77	79	82	80.1			
6	王宏	95	92	93	90	92	78	77	79	92	75	86.3			
7	赵泽	80	70	72	65	55	92	90	88	85	85	78.2			
8	邱淑	78	79	76	82	85	83	79	77	75	78	79.2			
9	周南	82	77	76	89	75	88	98	90	92	85	85.2			
10	李杭	78	85	79	89	96	78	72	73	76	88	81.4			
11	张章	78	76	79	78	79	78	75	76	82	80	78.1			
12	孙阳	88	78	79	72	88	89	90	85	86	80	83.5			
13	王莱	78	79	58	89	95	58	70	86	82	80	77.5			
14	陈强	79	78	79	82	88	80	86	76	90	88	82.6			
15	李坤	78	79	76	79	88	88	85	86	86	78	82.3			
16	刘璐	79	75	66	69	68	79	82	85	79	88	77.0			
17	张玉	79	75	78	79	76	75	79	78	78	77	77.4			
18	王霞	55	92	63	58	88	89	75	56	86	90	75.2			

成绩排名 / 不及格科目数 / 各分数段人数统计 / 平均成绩前三名

图7-3 计算“平均成绩”后的“成绩排名”工作表

任务三 使用函数

Excel 提供了很多函数应用于计算，有了函数使得计算功能变得强大且简单。函数是非常重要的一个应用，掌握常用函数的应用是很必要的。

工作表“成绩排名”“不及格科目数”“各分数段人数统计”和“平均成绩前三名”的计算都要用到函数。

使用函数对工作表“成绩排名”的数据进行统计，统计结果如图 7-4 所示。

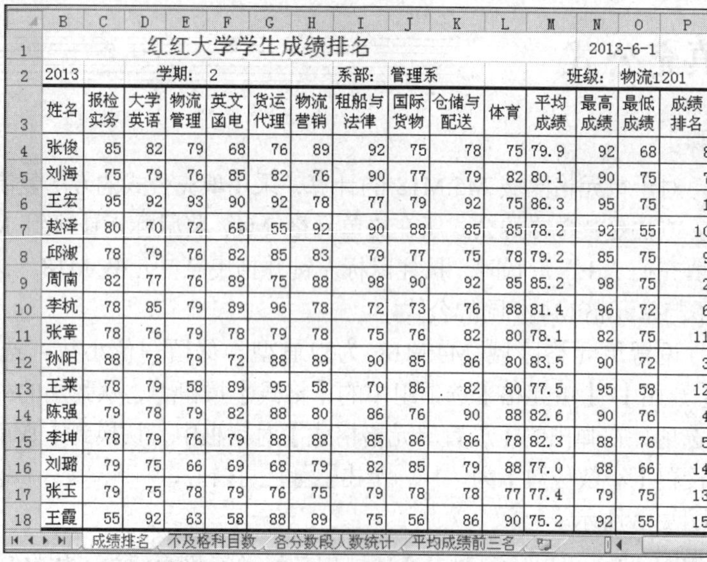

	B	C	D	E	F	G	H	I	J	K	L	M	N	O	P
1	红红大学学生成绩排名												2013-6-1		
2	2013		学期:	2				系部:	管理系				班级:	物流1201	
3	姓名	报检实务	大学英语	物流管理	英文函电	货运代理	物流营销	租船与法律	国际货物	仓储与配送	体育	平均成绩	最高成绩	最低成绩	成绩排名
4	张俊	85	82	79	68	76	89	92	75	78	75	79.9	92	68	8
5	刘海	75	79	76	85	82	76	90	77	79	82	80.1	90	75	7
6	王宏	95	92	93	90	92	78	77	79	92	75	86.3	95	75	1
7	赵泽	80	70	72	65	55	92	90	88	85	85	78.2	92	55	10
8	邱湫	78	79	76	82	85	83	79	77	75	78	79.2	85	75	9
9	周南	82	77	76	89	75	88	98	90	92	85	85.2	98	75	2
10	李杭	78	85	79	89	96	78	72	73	76	88	81.4	96	72	6
11	张章	78	76	79	78	79	78	75	76	82	80	78.1	82	75	11
12	孙阳	88	78	79	72	88	89	90	85	86	80	83.5	90	72	3
13	王莱	78	79	58	89	95	58	70	86	82	80	77.5	95	58	12
14	陈强	79	78	79	82	88	80	86	76	90	88	82.6	90	76	4
15	李坤	78	79	76	79	88	88	85	86	86	78	82.3	88	76	5
16	刘璐	79	75	66	69	68	79	82	85	79	88	77.0	88	66	14
17	张玉	79	75	78	79	76	75	79	78	78	77	77.4	79	75	13
18	王霞	55	92	63	58	88	89	75	56	86	90	75.2	92	55	15

成绩排名 / 不及格科目数 / 各分数段人数统计 / 平均成绩前三名

图7-4 工作表“成绩排名”的统计结果

这里使用的函数有：MAX、MIN 和 RANK。下面分别介绍函数的语法。

（1） 函数 MAX 语法。

- 含义：返回一组值中的最大值。
- 语法：MAX(number1, [number2], ...)
- 参数：number1 是必需的，后续数值是可选的。这些是要从中找出最大值的 1 到 255 个数字参数。参数可以是数字或者是包含数字的名称、数组或引用；逻辑值和直接键入到参数列表中代表数字的文本被计算在内；如果参数为数组或引用，则只使用该数组或引用中的数字，数组或引用中的空白单元格、逻辑值或文本将被忽略；如果参数不包含数字，函数 MAX 返回 0（零）；如果参数为错误值或为不能转换为数字的文本，将会导致函数错误。

（1） 函数 MIN 语法。

- 含义：返回一组值中的最值。
- 语法：MIN(number1, [number2], ...)
- 参数：同 MAX 函数。

（2） 函数 RANK 语法。

- 含义：求某一个数值在某一区域内的排名。
- 语法：RANK(number,ref,[order])
- 参数：

① number 为需要求排名的那个数值或者单元格名称（单元格内必须为数字）。

② ref 为排名的参照数值区域。

③ order 为 0 或不输入，得到的是从大到小的排名；order 为非零值，得到的是从小到大的排名。

【操作步骤】

STEP 1 选定工作表“成绩排名”，单击选择单元格 N4，输入半角等号“=”，单击【公式】/【函数库】选项组中的【插入函数】按钮，这时弹出【插入函数】对话框，如图 7-5 所示。

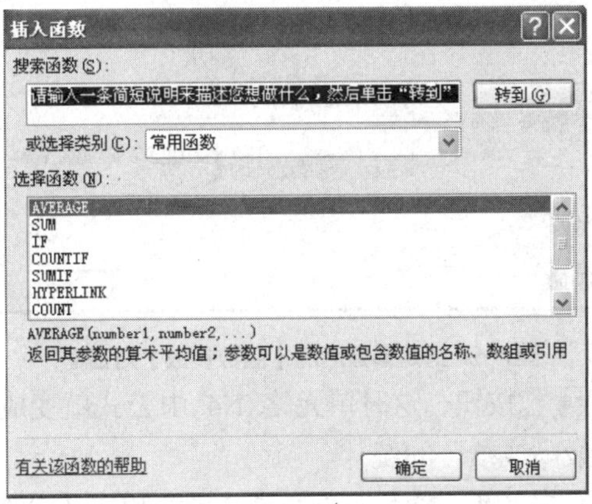

图7-5 【插入函数】对话框

STEP 2 在【插入函数】对话框中，在【或选择类别】下拉列表中选择【常用函数】选项，在【选择函数】列表框中选择【MAX】函数，单击确定按钮。此时弹出【函数参数】对话框，如图 7-6 所示。

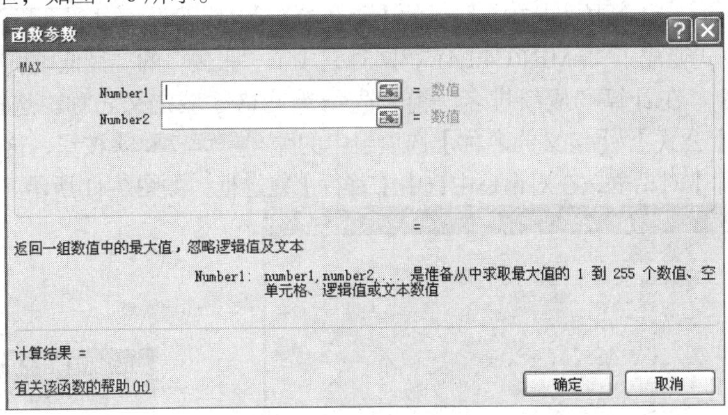

图7-6 【函数参数】对话框

STEP 3 单击【函数参数】对话框中的“Number1”后面的折叠按钮，这时【函数参数】对话框折叠起来，如图 7-7 所示。

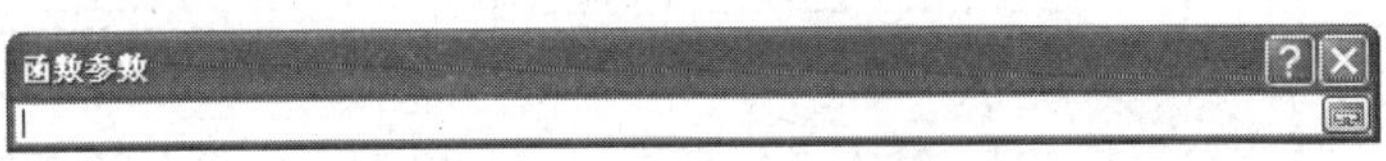

图7-7 【函数参数】对话框折叠起来

STEP 4 单击后面的折叠按钮，再单击工作表“成绩排名”中的单元格区域 C4:L4，这时【函数参数】对话框中显示为“C4:L4”，如图 7-8 所示。

图7-8 【函数参数】对话框状态

STEP 5 最后单击图 7-8 后面的折叠按钮，返回到展开的【函数参数】对话框，如图 7-9 所示。

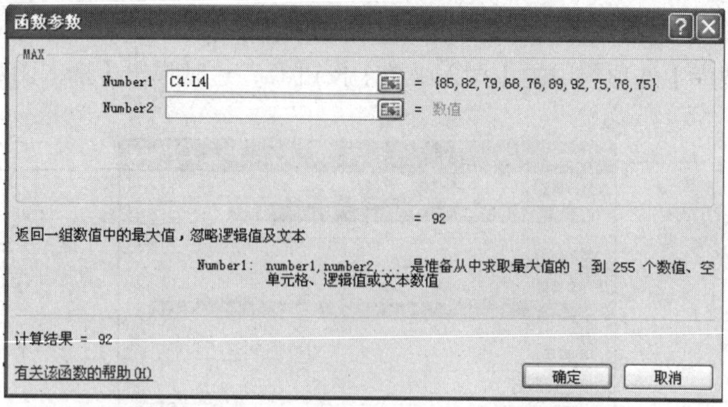

图7-9 选定参数后的【函数参数】对话框

STEP 6 单击确定按钮，这时单元格 N4 中公式就变成了“=MAX(C4:L4)”，这样就完成了“张俊”的“最高成绩”的统计。

STEP 7 选定单元格 O4，输入半角等号“=”，单击【公式】/【函数库】选项组中的【插入函数】按钮，在弹出的【插入函数】对话框中，在【或选择类别】下拉列表中选择【全部】选项，在【选择函数】列表框中选择【MIN】函数，单击确定按钮，在弹出的【函数参数】对话框中，单击“Number1”后面的折叠按钮，选定单元格区域 C4:L4，再次单击按钮，返回到如图 7-10 所示的【函数参数】对话框，单击确定按钮，这时单元格 O4 中的公式变成了“=MIN(C4:L4)”，同时完成了“张俊”的“最低成绩”的计算。

STEP 8 在计算“成绩排名”前，先给单元格区域定义名称。选择单元格区域 B3:P18，单击【公式】/【定义的名称】选项组中的根据所选内容创建按钮，这时弹出【以选定区域创建名称】对话框，在对话框中选中【首行】复选框，如图 7-11 所示。

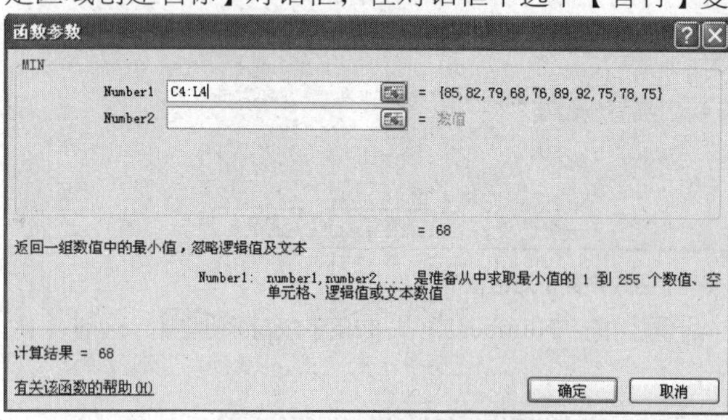

图7-10 MIN 函数参数设置

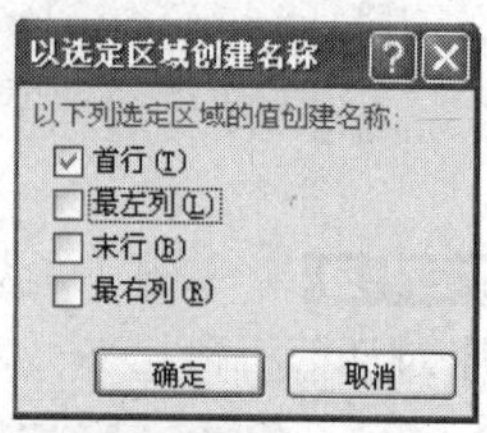

图7-11 【以选定区域创建名称】对话框

STEP 9 选定单元格 P4，输入半角等号“=”，单击【公式】/【函数库】选项组中的【插入函数】按钮，在弹出的【插入函数】对话框中，在【或选择类别】下拉列表中选择【全部】选项，在【选择函数】列表框中选择【RANK】函数，单击确定按钮，在弹出的【函数参数】对话框中，单击“Number”后面的折叠按钮，选定单元格 M4，再次单击按钮，返回到【函数参数】对话框，单击“Ref”后面的折叠按钮，单击【公式】/【定义的名称】选项组中的用于公式按钮，从弹出的列表中选择【平均_成绩】选项，再次单击按钮，返回到如图 7-12 所示的【函数参数】对话框，在“Order”后面的框中输入数字“0”，单击确定按钮，这时单元格 P4 中的公式变成了“=RANK(M4,平均_成绩,0)”，同时完成了“张俊”的“成绩排名”的计算。

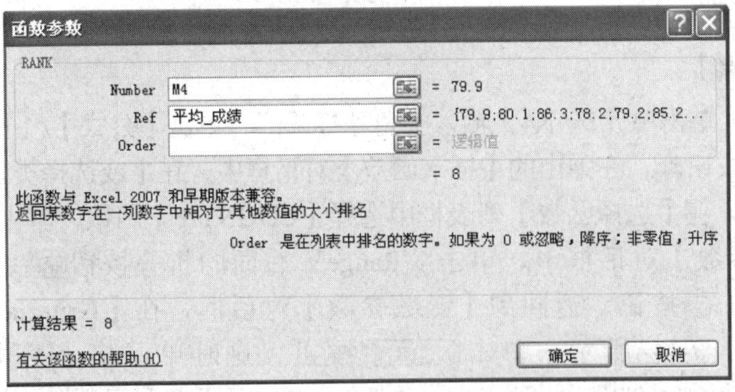

图7-12 RANK 函数参数设置

STEP 10 将“张俊”的“最高成绩”“最低成绩”和“成绩排名”中的公式复制到其他单元格区域。选定单元格区域 N4:P4，将鼠标指针移到单元格区域 N4:P4 的右下角，当鼠标指针变成填充柄“+”形状时，按住鼠标左键并拖曳至单元格 P18，这样单元格区域 N5:P18 就填充了与单元格区域 N4:P4 相同的公式。

STEP 11 使用函数对工作表“不及格科目数”的数据进行统计，统计结果如图 7-13 所示。

红红大学学生不及格科目数　2013-6-1

学年：2013　学期：2　系部：管理系　班级：物流1201

学号	姓名	报检实务	大学英语	物流管理	英文函电	货运代理	物流营销	租船与法律	国际货物	仓储与配送	体育	平均成绩	不及格科目数	90分以上科目数
2012030101	张俊	85	82	79	68	76	89	92	75	78	75	79.9	0	1
2012030102	刘海	75	79	76	85	82	76	90	77	79	82	80.1	0	1
2012030103	王宏	95	92	93	90	92	78	77	79	92	75	86.3	0	6
2012030104	赵泽	80	70	72	65	55	92	90	88	85	85	78.2	1	2
2012030105	邱淑	78	79	76	82	85	83	79	77	75	78	79.2	0	0
2012030106	周南	82	77	76	89	75	88	98	90	92	85	85.2	0	3
2012030107	李杭	78	85	79	89	96	78	72	73	76	88	81.4	0	1
2012030108	张章	78	76	79	78	79	78	75	76	82	80	78.1	0	0
2012030109	孙阳	88	78	79	72	88	89	90	85	86	80	83.5	0	1
2012030110	王莱	78	79	58	89	95	58	70	86	82	80	77.5	2	1
2012030111	陈强	79	78	79	82	88	80	86	76	90	88	82.6	0	1
2012030112	李坤	78	79	76	79	88	88	85	86	86	78	82.3	0	0
2012030113	刘璐	79	75	66	69	68	79	82	85	79	88	77.0	0	0
2012030114	张玉	79	75	78	79	76	75	79	78	78	77	77.4	0	0
2012030115	王霞	55	92	63	58	88	89	75	56	86	90	75.2	3	2

成绩排名　不及格科目数　各分数段人数统计　平均成绩前三名

图7-13 工作表“不及格科目数”的统计结果

这里使用的函数是 COUNTIF。下面介绍函数的语法。

函数 COUNTIF 语法如下。

- 含义：对区域中满足单个指定条件的单元格进行计数。
- 语法：COUNTIF(range, criteria)

- 参数：range 必需，用于指定一个数据范围，指定要对其进行计数的一个或多个单元格，其中包括数字或名称、数组或包含数字的引用；criteria 必需，用于定义条件，指出将对哪些单元格进行计数的数字、表达式、单元格引用或文本字符串。
  在条件中可以使用通配符，即问号（?）和星号（*）。问号匹配任意单个字符，星号匹配任意一系列字符。若要查找实际的问号或星号，在该字符前键入波形符（~），条件不区分大小写。

【操作步骤】

STEP 1 单击单元格 N4，输入半角等号“=”，单击【公式】/【函数库】选项组中的【插入函数】按钮，在弹出的【插入函数】对话框中，在【或选择类别】下拉列表中选择【全部】选项，在【选择函数】列表框中选择【COUNTIF】函数，单击确定按钮，在弹出的【函数参数】对话框中，单击“Range”后面的折叠按钮，选定单元格区域 C4:L4，再次单击按钮，返回到【函数参数】对话框，在【Criteria】文本框中输入“"<60"”，如图 7-14 所示，单击确定按钮，这时单元格 N4 中的公式变成了“=COUNTIF(C4:L4,"<60")”，同时完成了“张俊”的“不及格科目数”的计算。

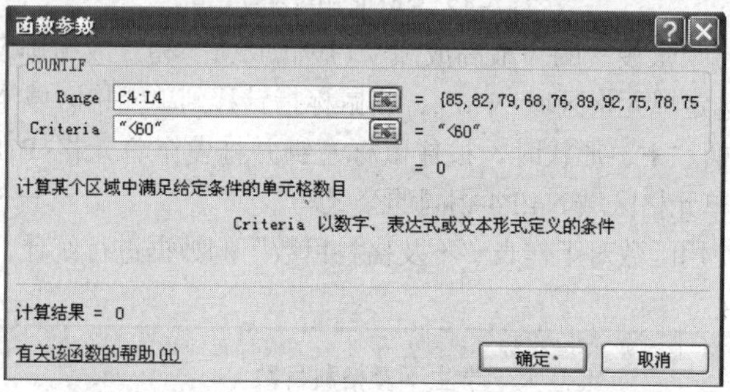

图7-14 COUNTIF 函数参数设置

STEP 2 按照第(1)步的方法，选择单元格 O4，输入公式“=COUNTIF(C4:L4,">=90")”，完成“张俊”的“90 分以上科目数”的计算。

STEP 3 选择单元格区域 N4:O4，将鼠标指针移到 O4 的右下角，当鼠标指针变成填充柄“+”形状时，按住鼠标左键并拖曳至单元格 O18，这样单元格区域 N5:O18 就填充了与单元格区域 N4:O4 相同的公式。

STEP 4 使用函数对工作表“各分数段人数统计”的数据进行统计，统计结果如图 7-15 所示。

	A	B	C	D	E	F	G	H	I	J	K	L
1	红红大学各分数段人数统计										2013-6-1	
2		学年:		学期: 2			系部:	管理系		班级:	物流1201	
3	分数段		报检实务	大学英语	物流管理	英文函电	货运代理	物流营销	租船与法律	国际货物	仓储与配送	体育
4	最小值	最大值										
5	90	100	1	2	1	1	3	1	5	1	3	1
6	80	89	4	2	0	6	6	7	3	5	6	9
7	70	79	9	11	11	4	4	6	7	8	6	5
8	60	69	0	0	2	3	1	0	0	0	0	0
9	0	59	1	0	1	1	1	1	0	1	0	0

成绩排名 / 不及格科目数 / 各分数段人数统计 / 平均成绩前三名

图7-15 工作表“各分数段人数统计”的统计结果

这里使用的函数是 COUNTIFS。下面介绍函数的语法。

函数 COUNTIFS 语法如下。

- 含义：将条件应用于跨多个区域的单元格，并计算符合所有条件的次数。
- 语法：COUNTIFS(criteria_range1, criteria1, [criteria_range2, criteria2]…)
- 参数：criteria_range1 必需，在其中计算关联条件的第 1 个区域；criteria1 必需，条件的形式为数字、表达式、单元格引用或文本，可用来定义将对哪些单元格进行计数；criteria_range2, criteria2, ...可选，附加的区域及其关联条件。最多允许 127 个区域/条件对；每一个附加的区域都必须与参数 criteria_range1 具有相同的行数和列数。这些区域无须彼此相邻。

每个区域的条件一次应用于一个单元格。如果所有的第 1 个单元格都满足其关联条件，则计数增加 1。如果所有的第 2 个单元格都满足其关联条件，则计数再增加 1，依此类推，直到计算完所有单元格。

如果条件参数是对空单元格的引用，COUNTIFS 会将该单元格的值视为 0。

可以在条件中使用通配符，即问号（?）和星号（*）。问号匹配任一单个字符；星号匹配任一字符序列。如果要查找实际的问号或星号，请在字符前键入波形符（~）。

【操作步骤】

STEP 1 单击单元格 C5，输入半角等号“=”，单击【公式】/【函数库】选项组中的【插入函数】按钮，弹出【插入函数】对话框，在【或选择类别】下拉列表中选择【全部】选项，在【选择函数】列表框中选择【COUNTIFS】函数，单击 确定 按钮，在弹出的【函数参数】对话框中，单击【Criteria_range1】文本框，再单击【公式】/【定义的名称】选项组中的 用于公式 按钮，从弹出的列表中选择【报检_实务】选项，在【Criteria1】文本框中输入“">="&”，再单击按钮，选定单元格 A5，再次单击按钮，返回到【函数参数】对话框；单击【Criteria_range2】文本框，再单击【公式】/【定义的名称】选项组中的 用于公式 按钮，从弹出的列表中选择【报检_实务】选项，单击【Criteria2】文本框，输入“"<="&”，再单击按钮，选定单元格 B5，再次单击按钮，返回到【函数参数】对话框，如图 7-16 所示。

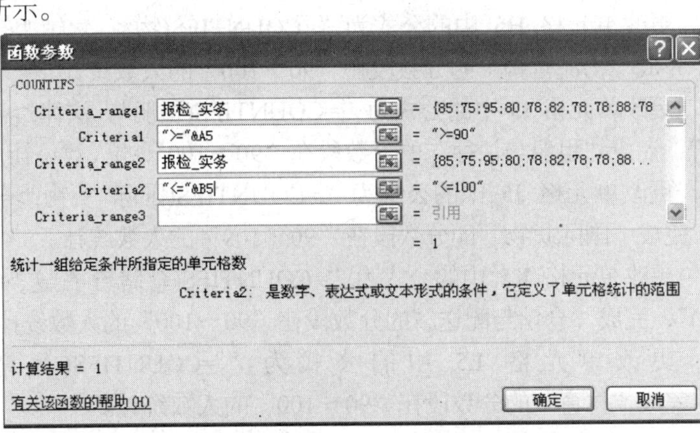

图7-16 COUNTIFS 函数参数设置

STEP 2 单击【Criteria1】文本框，并将“">="&A5”，更改为“">="&$A5”；单击“Criteria2”文本框，并将“"<="&B5”，更改为“"<="&$B5”，如图 7-17 所示。

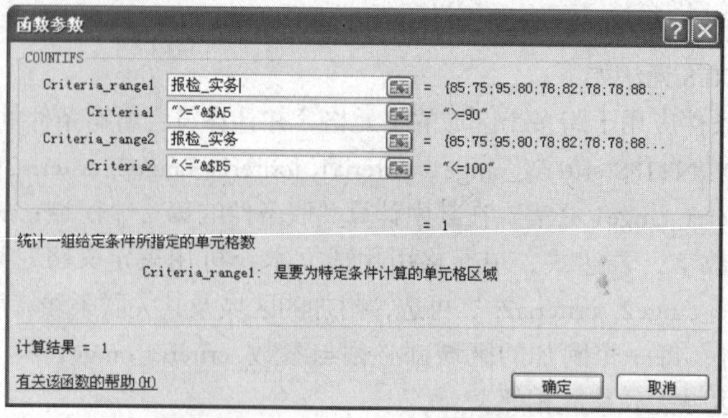

图7-17 更改 COUNTIFS 函数参数

STEP 3 单击[确定]按钮，单元格 C5 中的公式变为“=COUNTIFS(报检_实务,">="&$A5,报检_实务,"<="&$B5)”，同时完成了“报检实务”的分数段在“90～100”的人数统计。

STEP 4 选择单元格 C5，将鼠标指针移到单元格 C5 的右下角，当鼠标指针变成填充柄“+”形状时，按住鼠标左键并拖曳至单元格 L5，这样单元格区域 D5:L5 就填充了与单元格 C5 相同的公式。

STEP 5 更改单元格区域 D5 中的公式。选定单元格 D5，将公式中的名称“报检_实务”更改为名称“大学_英语”，按 Enter 键完成公式的更改，最后单元格 D5 中的公式变成了“=COUNTIFS(大学_英语,">="&$A5,大学_英语,"<="&$B5)”，同时完成了“大学英语”的分数段在“90～100”的人数统计。

STEP 6 参考步骤(5)的方法，更改单元格 E5 中的公式为“=COUNTIFS(物流_管理,">="&$A5,物流_管理,"<="&$B5)”，完成“物流管理”的分数段在“90～100”的人数统计。

STEP 7 更改单元格 F5 中的公式为“=COUNTIFS(英文_函电,">="&$A5,英文_函电,"<="&$B5)”，完成“英文函电”的分数段在“90～100”的人数统计。

STEP 8 更改单元格 G5 中的公式为“=COUNTIFS(货运_代理,">="&$A5,货运_代理,"<="&$B5)”，完成“货运代理”的分数段在“90～100”的人数统计。

STEP 9 更改单元格 H5 中的公式为“=COUNTIFS(物流_营销,">="&$A5,物流_营销,"<="&$B5)”，完成“物流营销”的分数段在“90～100”的人数统计。

STEP 10 更改单元格 I5 中的公式为“=COUNTIFS(租船与_法律,">="&$A5,租船与_法律,"<="&$B5)”，完成“租船与法律”的分数段在“90～100”的人数统计。

STEP 11 更改单元格 J5 中的公式为“=COUNTIFS(国际_货物,">="&$A5,国际_货物,"<="&$B5)”，完成“国际货物”的分数段在“90～100”的人数统计。

STEP 12 更改单元格 K5 中的公式为“=COUNTIFS(仓储与_配送,">="&$A5,仓储与_配送,"<="&$B5)”，完成“仓储与配送”的分数段在“90～100”的人数统计。

STEP 13 更改单元格 L5 中的公式为“=COUNTIFS(体育,">="&$A5,体育,"<="&$B5)”，完成“体育”的分数段在“90～100”的人数统计。

STEP 14 将单元格区域 C5:L5 中的公式复制到单元格区域 C6:L9。选择单元格区域 C5:L5，将鼠标指针移动到单元格区域 C5:L5 的右下角，当鼠标指针变成填充柄“+”形状时，按住鼠标左键并拖曳至单元格 L9，这样单元格区域 C6:L9 就填充了与单元格区域 C5:L5 相同的公式，同时完成了各个科目在其他分数段的人数统计。

项目升级　使用嵌套函数

使用嵌套函数对“平均成绩前三名”工作表的数据进行统计，统计结果如图 7-18 所示。

	A	B	C	D
1	红红大学平均成绩前三名			2013-6-1
2	学年：2013	学期：2	系部：管理系	班级：物流1201
3	名次	学号	姓名	平均成绩
4	1	2012030103	王宏	86.3
5	2	2012030106	周南	85.2
6	3	2012030109	孙阳	83.5

图7-18　“平均成绩前三名”工作表的统计结果

有时使用一个函数时，函数的参数引用的是其他函数值，即函数的参数是另一个函数，这种方式就是函数的嵌套。

这里需要使用 MATCH 和 HLOOKUP 两个函数，下面分别介绍两个函数的语法。

（1） MATCH 函数。

- 含义：返回指定数值在指定数组区域中的位置。
- 语法：MATCH(lookup_value, lookup_array, match_type)
- 参数：

① lookup_value：需要在数据表（lookup_array）中查找的值。

② lookup_array：可能包含有所要查找数值的连续的单元格区域。

③ match_type：为 1 时，查找小于或等于 lookup_value 的最大数值，lookup_array 必须按升序排列；为 0 时，查找等于 lookup_value 的第一个数值，lookup_array 按任意顺序排列；为-1 时，查找大于或等于 lookup_value 的最小数值，lookup_array 必须按降序排列。

（2） HLOOKUP 函数。

- 含义：在单元格区域中搜索指定项，然后返回该项在单元格区域中的相对位置。
- 语法：HLOOKUP（查询值，数据查询范围，返回值的行序号，逻辑值）
- 参数：

① 查询值：数据表格范围内第一行要查找单元格的值，可以是数值、引用地址或文本字符串。

② 数据查询范围：数据表格的范围或范围名称。

③ 返回值的行序号：是一个数字，代表所要返回的是查询表中的第几行，即查询表中待返回的匹配值的行序号。为 1 时，返回查询表第 1 行的数值，为 2 时，返回第 2 行的数值，依此类推。如果小于 1，HLOOKUP 函数将返回错误值“#VALUE!”；如果大于查询表的行数，HLOOKUP 函数将返回错误值“#REF!”。

④ 逻辑值：用来指定是要完全符合或部分符合，默认值为 TRUE 代表部分符合即可。当此参数值为 FALSE 时，会查找完全符合的值，如果找不到，则返回错误值“#N/A”。

“平均成绩前三名”工作表的计算就是采用嵌套函数完成的，首先使用工作表“成绩排名”中的数据，使用函数 MATCH 计算出“成绩排名”是 1、2 和 3 在表格中“成绩排名”

一列中所处的行的位置，然后将函数 MATCH 的计算结果作为函数 HLOOKUP 的参数，查找出对应行的“学号”“姓名”和“平均成绩”。

【操作步骤】

STEP 1 计算“成绩排名”是“1”的学生在“成绩排名”工作表中【成绩排名】列中的第几行。计算方法是“=MATCH(A4,成绩排名!P3:P18,0)”，再将“成绩排名!P3:P18”改为绝对地址“成绩排名!$P$3:$P$18”，将“A4”修改为混合地址“$A4”，最后的公式是“=MATCH($A4,成绩排名!$P$3:$P$18,0)”。

STEP 2 查找“成绩排名”是“1”的学生对应的“学号”。在 B4 单元格中输入公式“=HLOOKUP(成绩排名!A3,成绩排名!A3:P18,MATCH($A4,成绩排名!$P$3:$P$18,0),0)”，再将“成绩排名!A3”和“成绩排名!A3:P18”改为绝对地址，最后的公式是“=HLOOKUP(成绩排名!$A$3,成绩排名!$A$3:$P$18,MATCH($A4,成绩排名!$P$3:$P$18,0),0)”，同时完成了查找“成绩排名”为“1”的“学号”。

STEP 3 将单元格 B4 中的公式复制到单元格区域 C4:D4。选择单元格 B4，将鼠标指针移到单元格 B4 的右下角，当鼠标指针变成填充柄“+”形状时，按住鼠标左键并拖曳至单元格 D4，这样单元格区域 C4:D4 就填充了与单元格 B4 相同的公式。

STEP 4 更改单元格区域 C4 中的公式。选定单元格 C4，将公式中的函数的第 1 个参数“成绩排名!$A$3”更改为“成绩排名!$B$3”，这样单元格 C4 中公式就变成了“=HLOOKUP(成绩排名!$B$3,成绩排名!$A$3:$P$18,MATCH($A4,成绩排名!$P$3:$P$18,0),0)”，同时完成了查找“成绩排名”为 1 的“姓名”。

STEP 5 参考第(4)步，将单元格 D4 中的公式更改为“=HLOOKUP(成绩排名!$M$3,成绩排名!$A$3:$P$18,MATCH($A4,成绩排名!$P$3:$P$18,0),0)”，同时完成了查找“成绩排名”为 1 的“平均成绩”。

STEP 6 将单元格区域 B4:F4 中的公式复制到单元格区域 B5:D6。选择单元格区域 B4:F4，将鼠标指针移动到单元格区域 B4:F4 的右下角，当鼠标指针变成填充柄“+”形状时，按住鼠标左键并拖曳至单元格 D6，这样单元格区域 B5:D6 就填充了与单元格区域 B4:F4 相同的公式，同时完成了查找“成绩排名”为“2”和“3”的“学号”“姓名”和“平均成绩”。

STEP 7 保存和关闭文件。单击按钮保存文件，单击右上角的按钮关闭文件。

项目小结

Excel 中公式和函数应用很广泛，非常适合报表统计，特别在计算方法相同时，可以将公式中需要变化的单元格名称设置为相对地址，将不能变化的单元格名称设置为绝对地址来进行灵活的运算；同时系统提供了多种类型的函数，如财务函数、逻辑函数、文本函数、日期和时间函数、数学和三角函数、查找与引用函数等；函数中的参数还可以是另一个函数值，就是说，函数可以嵌套使用，并且可以嵌套多层使用。

课后练习　制作工资表

本练习介绍制作工资表的方法。

这里需要使用 IF、AND、SUM、AVERAGEIF 和 COUNTIFS 函数，COUNTIFS 函数前面介绍过，下面介绍 IF、AND、SUM 和 AVERAGEIF 函数的语法。

1. IF 函数

（1） 含义：执行真假值判断，根据逻辑计算的真假值，返回不同的结果。

（2） 语法：IF(logical_test,value_if_true,value_if_false)

（3） 参数：

- logical_test：表示计算结果为 TRUE 或 FALSE 的任意值或表达式。
- value_if_true logical_test：为 TRUE 时返回的值。
- value_if_false logical_test：为 FALSE 时返回的值。

2. AND 函数

（1） 含义：计算所有参数相与的结果。所有参数的计算结果为 TRUE 时，返回 TRUE；只要有一个参数的计算结果为 FALSE，即返回 FALSE。

（2） 语法：AND(logical1, [logical2], ...)

（3） 参数：logical1 必需，要检验的第一个条件，其计算结果可以为 TRUE 或 FALSE；logical2,…可选，要检验的其他条件，其计算结果可以为 TRUE 或 FALSE，最多可包含 255 个条件。

参数的计算结果必须是逻辑值（如 TRUE 或 FALSE）；如果参数中包含文本或空白单元格，则这些值将被忽略；如果指定的单元格区域未包含逻辑值，则 AND 函数将返回错误值“#VALUE!”。

3. SUM 函数

（1） 含义：将指定为参数的所有数字相加。

（2） 语法：SUM(number1,[number2],...])

（3） 参数：number1 必需，想要相加的第一个数值参数；number2,...可选，想要相加的第 2～255 个数值参数。

4. AVERAGEIF 函数

（1） 含义：返回某个区域内满足给定条件的所有单元格的平均值（算术平均值）。

（2） 语法：AVERAGEIF(range, criteria, [average_range])

（3） 参数：

- range 必需，要计算平均值的一个或多个单元格，其中包括数字或包含数字的名称、数组或引用。
- criteria 必需，数字、表达式、单元格引用或文本形式的条件，用于定义要对哪些单元格计算平均值。
- average_range 可选，要计算平均值的实际单元格集。如果忽略，则使用 range。

【步骤提示】

STEP 1 录入基本数据。

（1） 启动 Excel 2010，新建一个空白工作簿“Book1”，保存文件名为“7-2(制作工资表).xlsx”。

（2） 录入如图 7-19 所示的“工资表”基本数据。

	A	B	C	D	E	F	G	H
1	牛蓝蓝电脑销售公司工资表							
2	序号	姓名	性别	部门	基本工资	津贴	销售数量	福利
3	1	张俊	男	生产部	1000	500	20	200
4	2	刘海	男	生产部	1020	500	28	200
5	3	王宏	女	营业部	1100	450	26	200
6	4	赵泽	男	行政部	1030	460	23	200
7	5	邱淑	女	营业部	1050	480	25	200
8	6	周南	男	行政部	900	490	28	200
9	7	李杭	男	生产部	920	500	26	200
10	8	张章	女	营业部	950	505	25	200
11	9	孙阳	男	营业部	1030	506	20	200
12	10	王莱	男	行政部	1050	498	16	200
13	11	陈强	男	生产部	980	462	15	200
14	12	李坤	女	行政部	960	450	22	200
15	13	刘璐	女	营业部	970	600	19	200
16	14	张玉	女	营业部	1000	520	12	200
17	15	王霞	女	生产部	1095	590	15	200
18								
19	每台电脑售价							
20	3000							

工资表 / 计算提成 / 计算实发工资 / 按性别统计

图7-19 “工资表”基本数据

STEP 2 计算提成。

知识提示

提成的计算方法如下。

总销售额>80 000，抽取总销售额的 5%；总销售额在 50 000~80 000，抽取总销售额的 3%；总销售额在 50 000 以下，抽取总销售额的 1%。

计算结果如图 7-20 所示。

	A	B	C	D	E	F	G	H	I	J
1	牛蓝蓝电脑销售公司工资表									
2	序号	姓名	性别	部门	基本工资	津贴	销售数量	福利	总销售额	提成
3	1	张俊	男	生产部	1000	500	20	200	60000	1800
4	2	刘海	男	生产部	1020	500	28	200	84000	4200
5	3	王宏	女	营业部	1100	450	26	200	78000	2340
6	4	赵泽	男	行政部	1030	460	23	200	69000	2070
7	5	邱淑	女	营业部	1050	480	25	200	75000	2250
8	6	周南	男	行政部	900	490	28	200	84000	4200
9	7	李杭	男	生产部	920	500	26	200	78000	2340
10	8	张章	女	营业部	950	505	25	200	75000	2250
11	9	孙阳	男	营业部	1030	506	20	200	60000	1800
12	10	王莱	男	行政部	1050	498	16	200	48000	480
13	11	陈强	男	生产部	980	462	15	200	45000	450
14	12	李坤	女	行政部	960	450	22	200	66000	1980
15	13	刘璐	女	营业部	970	600	19	200	57000	1710
16	14	张玉	女	营业部	1000	520	12	200	36000	360
17	15	王霞	女	生产部	1095	590	15	200	45000	450
18										
19										
20		注：提成的计算方法								
21		总销售额>80000，抽取总销售额的5%；								
22		总销售额在50000-80000，抽取总销售额的3%；								
23		总销售额在50000以下，抽取总销售额的1%。								

工资表 / 计算提成 / 计算实发工资 / 按性别统计平均销售数量 / 按性别和销售

图7-20 “计算提成”工作表

（1） 计算“张俊”的“总销售额”。选择单元格 I3，输入“=”，单击单元格 G3，输入“*”，单击“工资表”工作表，再单击单元格 A20，这时编辑栏上显示“=G3*工资表!A20”，将“A20”更改为绝对地址“$A$20”，最后公式变为“=G3*工资表!$A$20”，按 Enter 键完成公式的输入，同时计算出“张俊”的“总销售额”。

（2） 计算其他人员的“总销售额”。将单元格 I3 中的公式复制到单元格区域 I4:I17。选择单元格 I3，将鼠标指针移到单元格 I3 的右下角，当鼠标指针变成填充柄“+”形状时，按住鼠标左键并拖曳至单元格 I17，这样单元格区域 I4:I17 就填充了与单元格 I3 相同的公式，同时完成了其他人员的“总销售额”的计算。

（3） 计算“张俊”的“提成”。

① 选择单元格 J3，单击【公式】/【函数库】选项组中的【插入函数】按钮，弹出【插入函数】对话框，在【或选择类别】下拉列表中选择【全部】选项，在【选择函数】列表框中选择【IF】函数，单击确定按钮，在弹出的【函数参数】对话框中，单击【Logical_test】右侧的折叠按钮，单击单元格 I3，输入“>80000”，再次单击折叠按钮，返回【函数参数】对话框；单击“Value-if-true”右侧的折叠按钮，单击单元格 I3，再输入“*5%”，再次单击折叠按钮，返回【函数参数】对话框，完成第 1 层 IF 函数的参数设置，如图 7-21 所示。

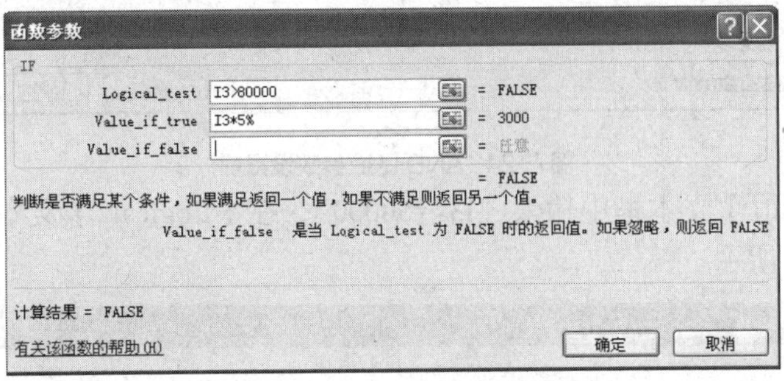

图7-21 第 1 层 IF 函数参数

② 单击【Value-if-false】文本框，再单击编辑栏最左边的下拉列表框，从弹出的下拉列表中选择【IF】函数，这时弹出第 2 层 IF【函数参数】对话框，如图 7-22 所示。

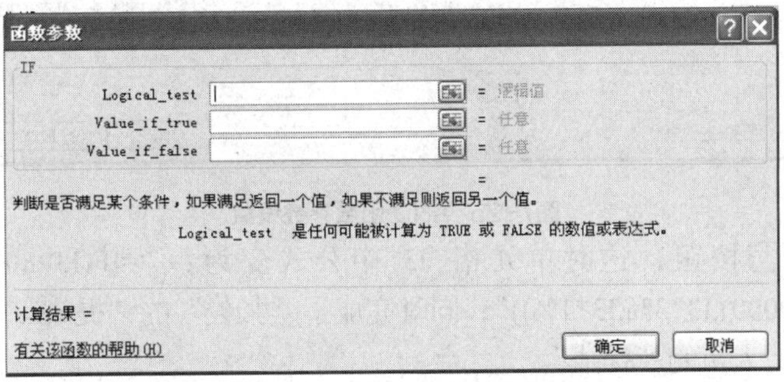

图7-22 第 2 层 IF 函数参数设置前

③ 在【Value-if-true】文本框中输入“I3*3%”，在【Value-if-false】文本框中输入“I3*1%”，如图 7-23 所示。

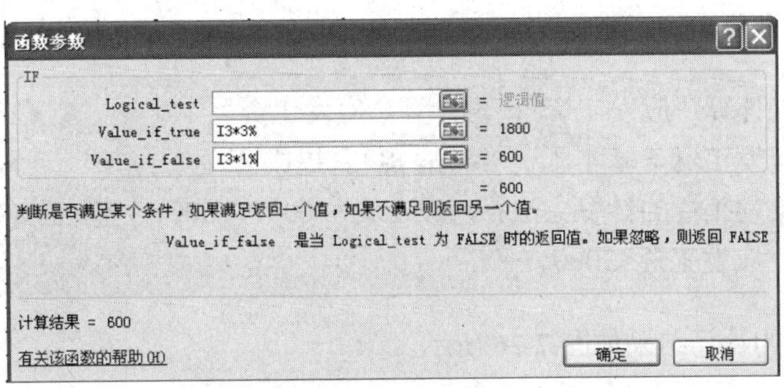

图7-23 第 2 层 IF 函数参数设置

④ 单击【Logical_test】文本框，再次单击编辑栏最左边的下拉列表框，从弹出的下拉列表中选择【其他函数...】选项，弹出【插入函数】对话框，在【或选择类别】下拉列表中选择【全部】选项，选择【AND】函数，单击 确定 按钮，这时弹出 AND 函数的【函数参数】对话框，如图 7-24 所示。

图7-24 AND 函数参数设置前

⑤ 在【Logical1】文本框中输入“I3>=50000”，在【Logical2】文本框中输入“I3<=80000”，如图 7-25 所示。

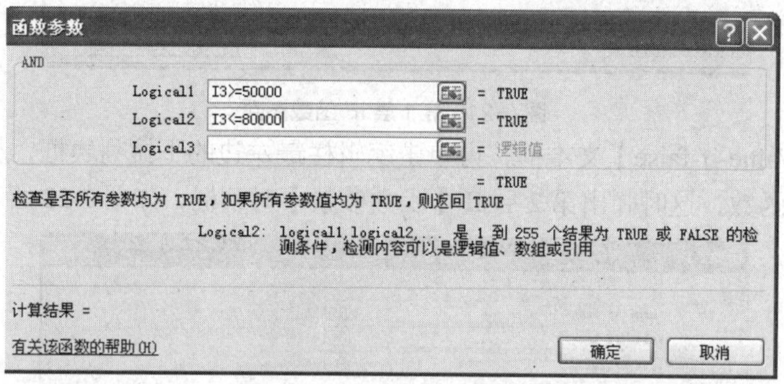

图7-25 AND 函数参数设置

⑥ 单击 确定 按钮，这时单元格 J3 中公式变为：“=IF(I3>80000,I3*5%,IF(AND(I3>=50000, I3<=80000),I3*3%,I3*1%))”，同时完成了“张俊”的“提成”的计算。

（4） 计算其他人员的“提成”。

将单元格 J3 中的公式复制到单元格区域 J4:J17。选择单元格 J3，将鼠标指针移到单元格 J3 的右下角，当鼠标指针变成填充柄“+”时，按住鼠标左键并拖曳至单元格 J17，这样单元格区域 J4:J17 就填充了与单元格 J3 相同的公式，同时完成了其他人员的“提成”计算。

STEP 3 计算实发工资。

知识提示

先计算“应发工资”，再计算“实发工资”。

应发工资 = 基本工资+津贴+福利+提成。

实发工资的计算方法：应发工资>5000，+500；应发工资在 3000~5000，+200；应发工资<3000，+0。

“实发工资”的计算结果如图 7-26 所示。

牛蓝蓝电脑销售公司工资表

序号	姓名	性别	部门	基本工资	津贴	销售数量	福利	总销售额	提成	应发工资	实发工资
1	张俊	男	生产部	1000	500	20	200	60000	1800	3500	3700
2	刘海	男	生产部	1020	500	28	200	84000	4200	5920	6420
3	王宏	女	营业部	1100	450	26	200	78000	2340	4090	4290
4	赵泽	男	行政部	1030	460	23	200	69000	2070	3760	3960
5	邱淑	女	营业部	1050	480	25	200	75000	2250	3980	4180
6	周南	男	行政部	900	490	28	200	84000	4200	5790	6290
7	李杭	男	生产部	920	500	26	200	78000	2340	3960	4160
8	张章	女	营业部	950	505	25	200	75000	2250	3905	4105
9	孙阳	男	营业部	1030	506	20	200	60000	1800	3536	3736
10	王莱	男	行政部	1050	498	16	200	48000	480	2228	2228
11	陈强	男	生产部	980	462	15	200	45000	450	2092	2092
12	李坤	女	行政部	960	450	22	200	66000	1980	3590	3790
13	刘璐	女	营业部	970	600	19	200	57000	1710	3480	3680
14	张玉	女	营业部	1000	520	12	200	36000	360	2080	2080
15	王霞	女	生产部	1095	590	15	200	45000	450	2335	2335

注：
实发工资的计算方法
应发工资>5000，+500；
应发工资在3000-5000，+200；
应发工资<3000，+0。

工资表 计算提成 计算实发工资 按性别统计平均销售数量 按性别和销售数量统计人数

图7-26 “计算实发工资”工作表

下面先来计算“张俊”的“应发工资”。

（1） 选择单元格 K3，单击【公式】/【函数库】选项组中的【插入函数】按钮，弹出【插入函数】对话框，在【或选择类别】下拉列表中选择【常用函数】选项，在【选择函数】列表框中选择【SUM】函数，单击 确定 按钮，在弹出的【函数参数】对话框中，单击【Number1】右侧的折叠按钮，选择单元格区域 E3:F3，再次单击折叠按钮，返回【函数参数】对话框；单击【Number2】右侧的折叠按钮，选择单元格 H3，再次单击折叠按钮，返回【函数参数】对话框；单击【Number3】右侧的折叠按钮，选择单元格 J3，再次单击折叠按钮，返回【函数参数】对话框，如图 7-27 所示。

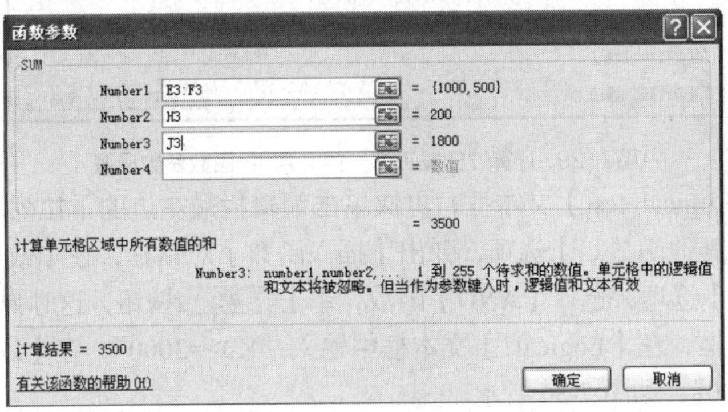

图7-27 SUM 函数参数

（2） 单击 确定 按钮，单元格 K3 中公式变成了“=SUM(E3:F3,H3,J3)”，同时完成了“张俊”的“应发工资”的计算。

再来计算其他人员的“应发工资”。

（3） 将单元格 K3 中的公式复制到单元格区域 K4:K17。选择单元格 K3，将鼠标指针移到单元格 K3 的右下角，当鼠标指针变成填充柄“+”形状时，按住鼠标左键并拖曳至单元格 K17，这样单元格区域 K4:K17 就填充了与单元格 K3 相同的公式，同时完成了其他人员的“应发工资”的计算。

下面计算“张俊”的“实发工资”。

（4） 选择单元格 L3，单击【公式】/【函数库】选项组中的【插入函数】按钮，弹出【插入函数】对话框，在【或选择类别】下拉列表中选择【全部】选项，在【选择函数】列表框中选择【IF】函数，单击 确定 按钮，在弹出的【函数参数】对话框中，在【Logical_test】文本框中输入“K3>5000”；在【Value-if-true】文本框中输入“K3+500”，完成计算“实发工资”第 1 层 IF 函数的参数设置，如图 7-28 所示。

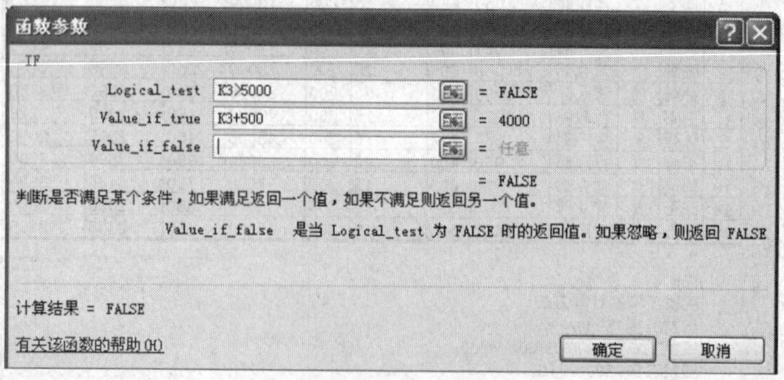

图7-28 计算“实发工资”第 1 层 IF 函数参数设置

（5） 单击【Value-if-false】文本框，再单击编辑栏最左边的下拉列表框，从弹出的下拉列表中选择【IF】函数，这时弹出“实发工资”第 2 层 IF 函数的【函数参数】对话框，在【Value-if-true】文本框中输入“K3+200”，在【Value-if-false】文本框中输入“K3”，如图 7-29 所示。

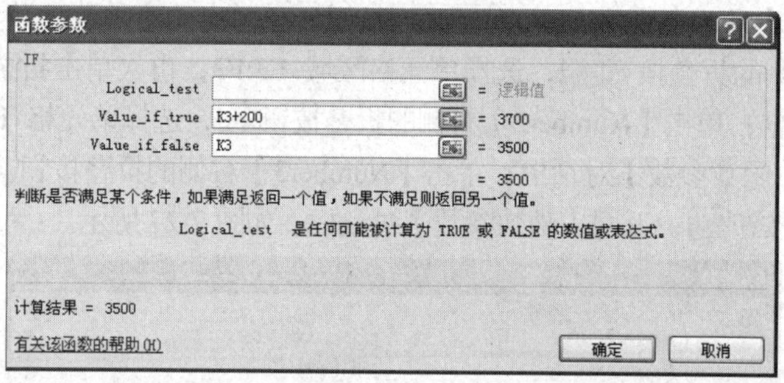

图7-29 计算“实发工资”第 2 层 IF 函数参数设置

（6） 单击【Logical_test】文本框，再次单击编辑栏最左边的下拉列表框，从弹出的下拉列表中选择【其他函数...】选项，弹出【插入函数】对话框，在【或选择类别】下拉列表中选择【全部】选项，选择【AND】函数，单击 确定 按钮，这时弹出 AND 函数的【函数参数】对话框，在【Logical1】文本框中输入“K3>=3000”，在【Logical2】文本框中输入“K3<=5000”，如图 7-30 所示。

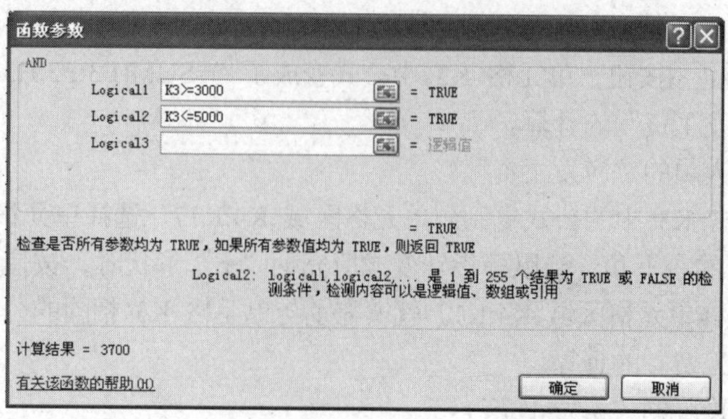

图7-30 计算“实发工资”AND 函数参数设置

（7） 单击确定按钮，这时单元格 L3 中公式变为“=IF(K3>5000,K3+500,IF(AND(K3>=3000,K3<5000),K3+200,K3))”，同时完成了“张俊”的“实发工资”的计算。

下面计算其他人员的“实发工资”。

（8） 将单元格 L3 中的公式复制到单元格区域 L4:L17。选择单元格 L3，将鼠标指针移到单元格 L3 的右下角，当鼠标指针变成填充柄“**+**”形状时，按住鼠标左键并拖曳至单元格 L17，这样单元格区域 L4:L17 就填充了与单元格 L3 相同的公式，同时完成了其他人员的“实发工资”的计算。

STEP 4 按性别统计平均销售数量。计算结果如图 7-31 所示。

在统计之前，先定义单元格区域的名称。

（1） 将“计算实发工资”工作表中的单元格区域 C2:C17 定义为“性别”。

选择“计算实发工资”工作表中的单元格区域 C2:C17，单击【公式】/【定义的名称】选项组中的定义名称按钮，在弹出的【新建名称】对话框中输入“性别”，如图 7-32 所示。单击确定按钮，完成“性别”的定义。

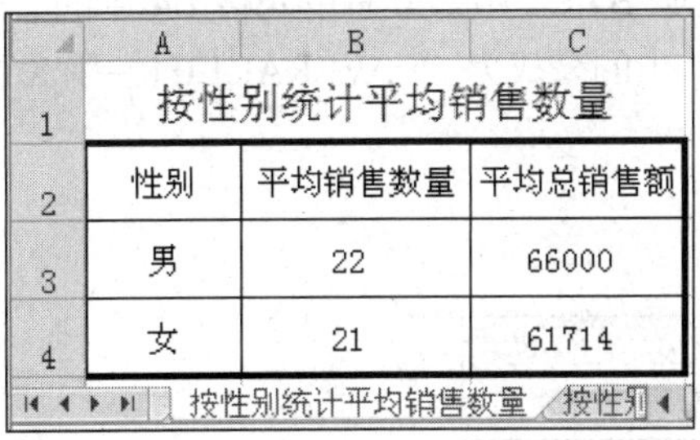

图7-31 “按性别统计平均销售数量”工作表

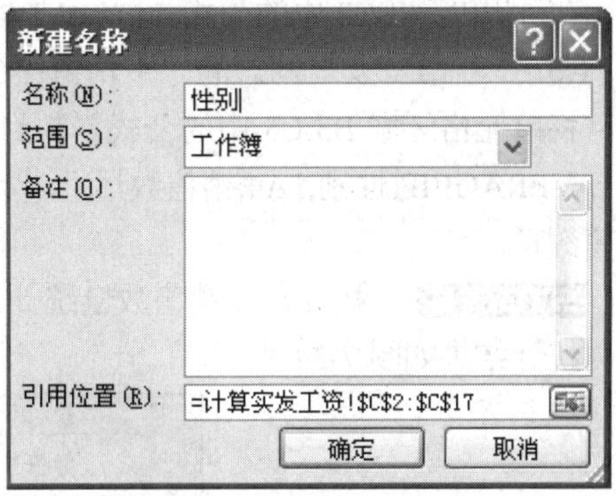

图7-32 【新建名称】对话框

（2） 将“计算实发工资”工作表中的单元格区域 G2:G17 定义为“销售数量”。

选择“计算实发工资”工作表中的单元格区域 G2:G17，单击【公式】/【定义的名称】选项组中的定义名称按钮，在弹出的【新建名称】对话框中输入“销售数量”，单击确定按钮，完成“销售数量”的定义。

（3） 将“计算实发工资”工作表中的单元格区域 I2:I17 定义为“总销售额”。

选择“计算实发工资”工作表中的单元格区域 I2:I17，单击【公式】/【定义的名称】选项组中的定义名称按钮，在弹出的【新建名称】对话框中输入“总销售额”，单击确定按钮，完成“总销售额”的定义。

（4） 计算“男”同志的“平均销售数量”。

选择单元格 B3，单击【公式】/【函数库】选项组中的【插入函数】按钮，弹出【插入函数】对话框，在【或选择类别】下拉列表中选择【全部】选项，在【选择函数】列表框中选择【AVERAGEIF】函数，单击确定按钮，在弹出的【函数参数】对话框中，单击【Range】文本框，再单击【公式】/【定义的名称】选项组中的用于公式按钮，从弹出的列表中选择【性别】选项；在【Criteria】文本框中输入“$A3”；单击【Average-range】文本框，再单击【公式】/【定义的名称】选项组中的用于公式按钮，从弹出的列表中选择【销售数量】选项，如图 7-33 所示。

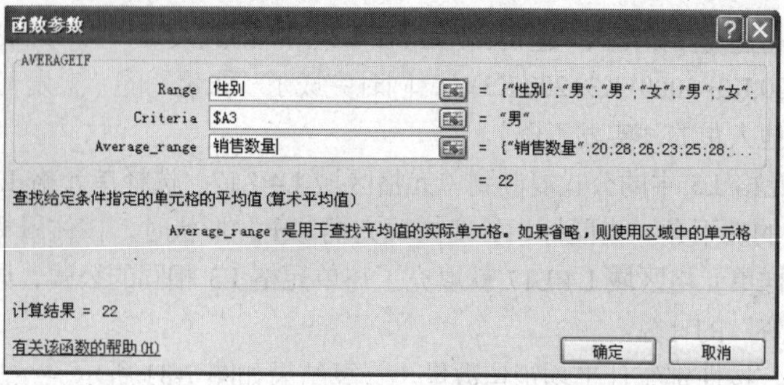

图7-33 AVERAGEIF 函数参数

单击确定按钮，这时 B3 单元格中的公式变为“=AVERAGEIF(性别,$A3,销售数量)”，同时完成了计算“男”同志的“平均销售数量”。

（5） 计算“男”同志的“平均总销售额”。

将单元格 B3 中的公式复制到单元格 C3 中，再将公式中的“销售数量”更改为“总销售额”，即单元格 C3 中的公式为“=AVERAGEIF(性别,$A3,总销售额)”。

（6） 计算“女”同志的“平均销售数量”和“平均总销售额”。

将单元格区域 B3:C3 中的公式复制到单元格区域 B4:C4 中，最后单元格 B4 中的公式为“=AVERAGEIF(性别,$A4,销售数量)”，单元格 C4 中的公式为“=AVERAGEIF(性别,$A4,总销售额)”。

STEP 5 按性别和销售数量统计人数。

统计结果如图 7-34 所示。

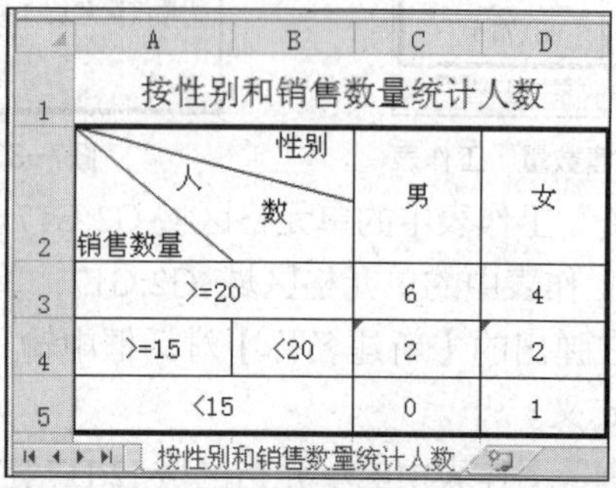

图7-34 “按性别和销售数量统计人数”工作表

（1） 计算“男”同志在“销售数量>20”的人数。

选择单元格 C3，输入公式“=COUNTIFS(性别,C$2,销售数量,$A3)”。

（2） 计算“男”同志在“销售数量>=15 并且<20”的人数。

选择单元格 C4，输入公式“=COUNTIFS(性别,C$2,销售数量,$A4,销售数量,$B4)”。

（3） 计算“男”同志在“销售数量<15”的人数。

选择单元格 C5，输入公式“=COUNTIFS(性别,C$2,销售数量,$A5)”。

（4） 计算“女”同志在各个销售区间的人数。

将单元格区域 C3:C5 中的公式复制到单元格区域 D3:D5。

STEP 6 保存和关闭文件。单击左上角的按钮保存文件，单击右上角的按钮关闭文件。

PART 8

项目八 制作运动会管理表——数据处理操作

项目背景

Excel 具有较强的数据处理功能，能对数据按单列、多列、行或自定义序列进行排序，用户可以根据需要对数据按自己定义的条件进行筛选，可以对数据进行分类汇总，并可以根据需要设置多个级别的分类汇总，可以对数据进行合并计算，还可以使用数据透视表进行数据分析。

项 目 分 析

本项目的运动会管理表中应用了多种数据处理的方法，如对运动会成绩按单列、多列、行自定义序列等多种方式进行排序；对运动会管理表按单个或多个条件进行筛选，条件之间可以是“与”的关系，也可以是“或”的关系；对运动会管理表按某列进行分类汇总，还可以设置多个级别的分类汇总；对运动会管理表按某列进行合并计算；对运动会管理表使用数据透视表按要求分析数据。

本项目首先录入运动会管理表的基本数据，在该数据的基础上，对数据进行排序、筛选、分类汇总、合并计算以及应用数据透视表分析数据和处理数据。这里需要注意的是，在进行分类汇总时，按哪列进行分类汇总，应先按该列进行排序之后，再进行分类汇总；在进行筛选时，自动筛选中的各列条件之间只能是“与”的关系，若想设置某些列之间是“或”的关系，则需要应用高级筛选来完成。

解 决 方 案

本项目可以通过以下几个任务来完成。

- 任务一　排序。
- 任务二　自动筛选。
- 任务三　分类汇总。
- 任务四　多级分类汇总。

任务一 排序

在排序之前先录入基本数据，根据数据再进行排序，可以按单列排序、按多列排序、按行排序和自定义序列排序。

【操作步骤】

STEP 1 启动 Excel 2010，将文件保存为“8-1(制作运动会管理表).xlsx”。

STEP 2 输入基本数据，双击工作表名称“Sheet1”，将其重命名为“运动会成绩”；再新建 10 张工作表，将工作表标签分别重命名为“单列排序”“多列排序”“按行排序”“自定义排序”“自动筛选”“分类汇总”“多级分类汇总”“高级筛选”“合并计算”和“数据透视表”，如图 8-1 所示。

牛蓝蓝电脑销售公司运动会成绩单

序号	姓名	性别	部门	项目	计量单位	成绩
1	张俊	男	生产部	铅球	米	8.52
2	刘海	男	生产部	标枪	米	15.50
3	王宏	女	营业部	铁饼	米	25.60
4	赵泽	男	行政部	跳远	米	2.56
5	邱淑	女	营业部	跳高	米	1.56
6	周南	男	行政部	100米	秒	12.20
7	李杭	男	生产部	跳高	米	1.23
8	张章	女	营业部	标枪	米	12.82
9	孙阳	男	营业部	铁饼	米	22.60
10	王莱	男	行政部	100米	秒	13.50
11	陈强	男	生产部	标枪	米	13.90
12	李坤	女	行政部	铅球	米	7.85
13	刘璐	女	营业部	跳远	米	2.69
14	张玉	女	营业部	铅球	米	8.61
15	王霞	女	生产部	100米	秒	12.60

运动会成绩 单列排序 多列排序 按行排列 自定义排序 自动筛选 分类汇总 多级分类汇总 高级筛选 合并计算 数据透视表

图8-1 运动会成绩表

STEP 3 选定“运动会成绩”工作表，单击行标签“1”上方、列标签“A”左方的全选按钮，选定整个工作表，按Ctrl+C组合键复制整个工作表；再单击选定“单列排序”工作表，单击按钮，选定整个工作表，按Ctrl+V组合键，将“运动会成绩”工作表全部复制到“单列排序”工作表。

STEP 4 按步骤（3）的方法，将“运动会成绩”工作表中的所有数据复制到“多列排序”“按行排序”“自定义排序”“自动筛选”“分类汇总”“高级筛选”和“合并计算”工作表中。

STEP 5 单列排序。选定“单列排序”工作表，按“部门”一列进行“升序”排列。

（1） 单击选择“部门”列中的任一数据单元格，即单击选择单元格区域 D3:D17 中的任一单元格，如单击选择单元格 D3。

（2） 单击【数据】/【排序和筛选】选项组中的升序按钮，则完成了按“部门”一列升序排列，排序结果如图 8-2 所示。

STEP 6 多列排序。选定工作表“多列排序”，先按“性别”和“项目”升序排列、再按“成绩”降序排列。

（1） 选择工作表中的数据区域，即选择单元格区域 A2:G17。

（2） 单击【数据】/【排序和筛选】选项组中的按钮，弹出【排序】对话框，如图 8-3 所示。

序号	姓名	性别	部门	项目	计量单位	成绩
1	张俊	男	生产部	铅球	米	8.52
2	刘海	男	生产部	标枪	米	15.50
7	李杭	男	生产部	跳高	米	1.23
11	陈强	男	生产部	标枪	米	13.90
15	王霞	女	生产部	100米	秒	12.60
4	赵泽	男	行政部	跳远	米	2.56
6	周南	男	行政部	100米	秒	12.20
10	王莱	男	行政部	100米	秒	13.50
12	李坤	女	行政部	铅球	米	7.85
3	王宏	女	营业部	铁饼	米	25.60
5	邱淑	女	营业部	跳高	米	1.56
8	张章	女	营业部	标枪	米	12.82
9	孙阳	男	营业部	铁饼	米	22.60
13	刘璐	女	营业部	跳远	米	2.69
14	张玉	女	营业部	铅球	米	8.61

图8-2 按“部门”列升序排列结果

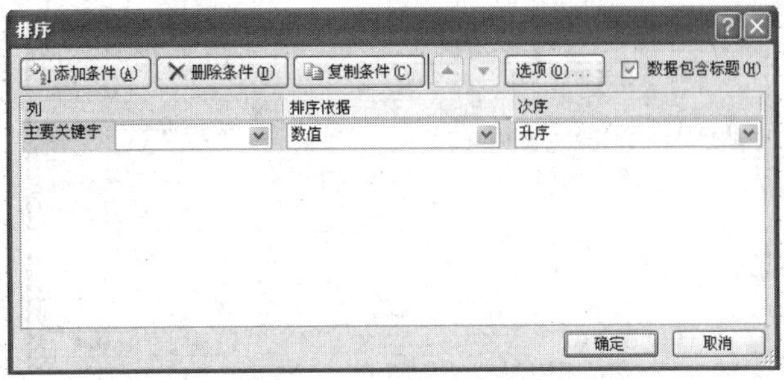

图8-3 【排序】对话框

（3） 在【主要关键字】下拉列表中选择【性别】选项，在【排序依据】下拉列表中选择【数值】选项，在【次序】下拉列表中选择【升序】选项，单击添加条件(A)按钮。

STEP 7 按照步骤 (6) 的方法添加其他两个条件，同时保留【数据包含标题】复选框的选中状态，如图 8-4 所示。单击确定按钮，完成按多列排序，排序结果如图 8-5 所示。

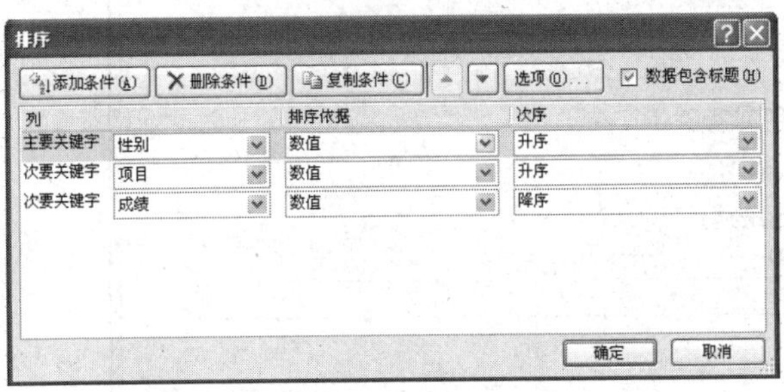

图8-4 【排序】对话框中“添加条件”

序号	姓名	性别	部门	项目	计量单位	成绩
10	王莱	男	行政部	100米	秒	13.50
6	周南	男	行政部	100米	秒	12.20
2	刘海	男	生产部	标枪	米	15.50
11	陈强	男	生产部	标枪	米	13.90
1	张俊	男	生产部	铅球	米	8.52
7	李杭	男	生产部	跳高	米	1.23
4	赵泽	男	行政部	跳远	米	2.56
9	孙阳	男	营业部	铁饼	米	22.60
15	王霞	女	生产部	100米	秒	12.60
8	张章	女	营业部	标枪	米	12.82
14	张玉	女	营业部	铅球	米	8.61
12	李坤	女	行政部	铅球	米	7.85
5	邱淑	女	营业部	跳高	米	1.56
13	刘璐	女	营业部	跳远	米	2.69
3	王宏	女	营业部	铁饼	米	25.60

图8-5 按“性别”“项目”和“成绩”多列排序结果

STEP 8 按行排序。选定“按行排序”工作表，下面将工作表中的“性别”和“部门”按第 2 行升序排列。

（1） 选择工作表中要排序的数据区域，即选择单元格区域 C2:D17。

（2） 单击【数据】/【排序和筛选】选项组中的排序按钮，弹出【排序】对话框，单击选项(O)...按钮，弹出【排序选项】对话框，在【方向】选项组中选中【按行排序】复选框，如图 8-6 所示，单击确定按钮，弹出【排序】对话框。

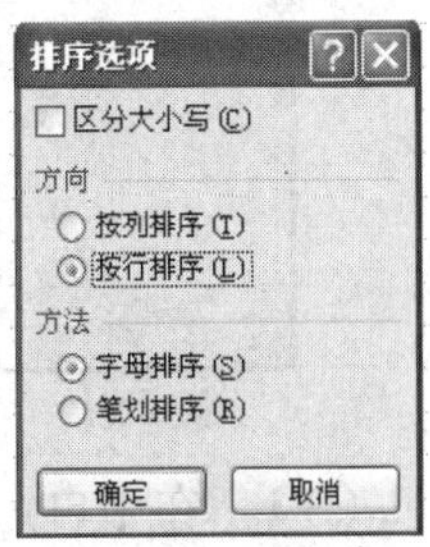

图8-6 按行排序

（3） 在【排序】对话框中的【主要关键字】下拉列表中选择【行 2】选项，在【排序依据】下拉列表中选择【数值】选项，在【次序】下拉列表中选择【升序】选项，单击添加条件(A)按钮，如图 8-7 所示。单击确定按钮，就完成了按第 2 行升序排列，排序结果如图 8-8 所示。

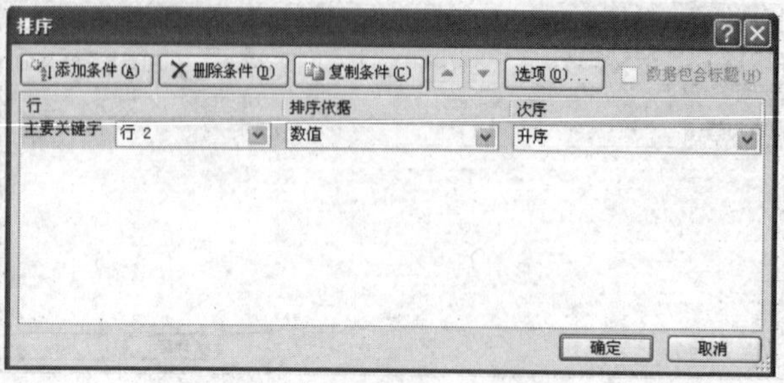

图8-7 按行【排序】对话框

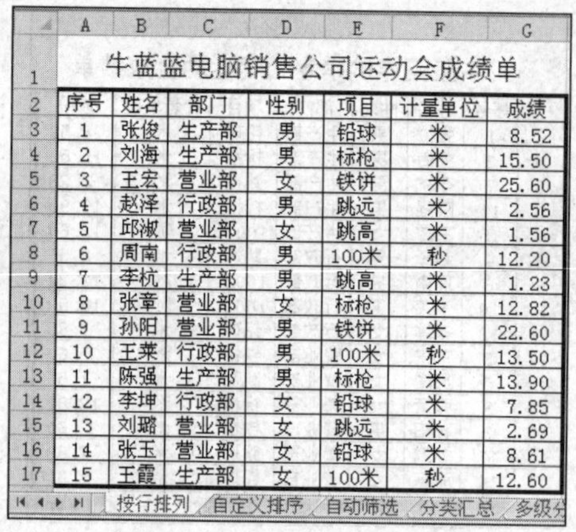

序号	姓名	部门	性别	项目	计量单位	成绩
1	张俊	生产部	男	铅球	米	8.52
2	刘海	生产部	男	标枪	米	15.50
3	王宏	营业部	女	铁饼	米	25.60
4	赵泽	行政部	男	跳远	米	2.56
5	邱淑	营业部	女	跳高	米	1.56
6	周南	行政部	男	100米	秒	12.20
7	李杭	生产部	男	跳高	米	1.23
8	张章	营业部	女	标枪	米	12.82
9	孙阳	营业部	男	铁饼	米	22.60
10	王莱	行政部	男	100米	秒	13.50
11	陈强	生产部	男	标枪	米	13.90
12	李坤	行政部	女	铅球	米	7.85
13	刘璐	营业部	女	跳远	米	2.69
14	张玉	营业部	女	铅球	米	8.61
15	王霞	生产部	女	100米	秒	12.60

图8-8 按第 2 行排序结果

STEP 9 自定义排序。选定“自定义排序”工作表，首先自定义序列“100 米”“跳高”“跳远”“铅球”“铁饼”“标枪”，再按自定义序列进行排序。

（1） 自定义序列“100 米”“跳高”“跳远”“铅球”“铁饼”“标枪”。

（2） 单击窗口左上角的【文件】菜单，从弹出的子菜单中选择【选项】命令，在打开的【Excel 选项】对话框中，切换到【高级】选项卡，单击【常规】选项组中的 编辑自定义列表(O)... 按钮，如图 8-9 所示，弹出【自定义序列】对话框。

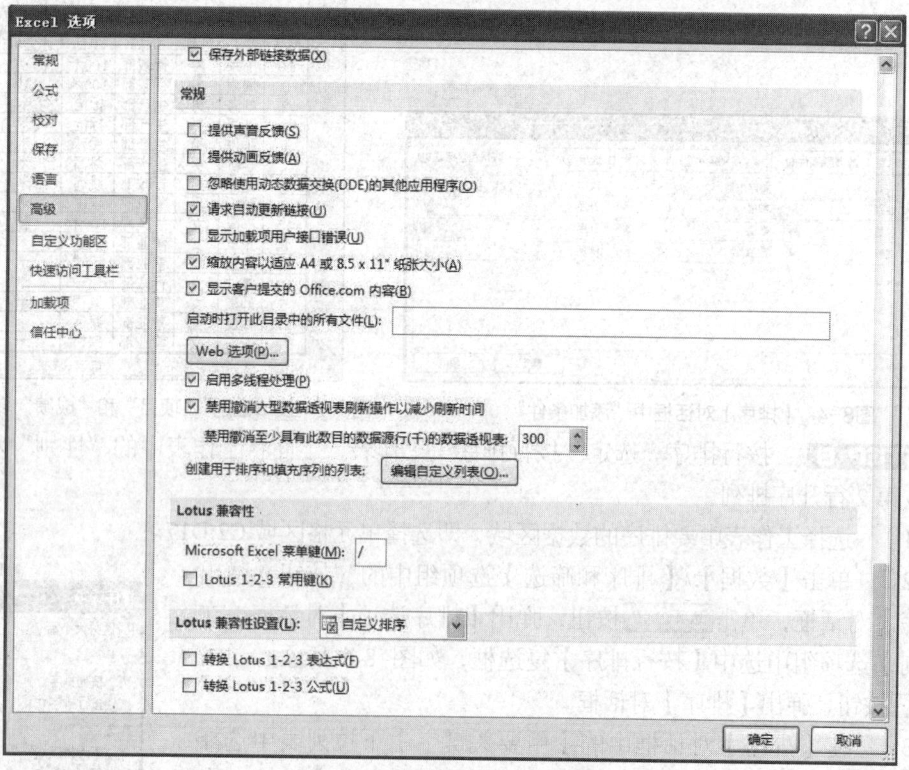

图8-9 【Excel 选项】对话框

（3） 在【自定义序列】对话框中，在左边的【自定义序列】列表框中选择“新序列”，在右边的【输入序列】列表框中输入“100 米”并按 Enter 键，再输入下一项“跳高”，用相同的方法继续输入“跳远”“铅球”“铁饼”“标枪”，单击 添加(A) 按钮，将新序列添加到自定义序列中，如图 8-10 所示。单击 确定 按钮关闭【Excel 选项】对话框。

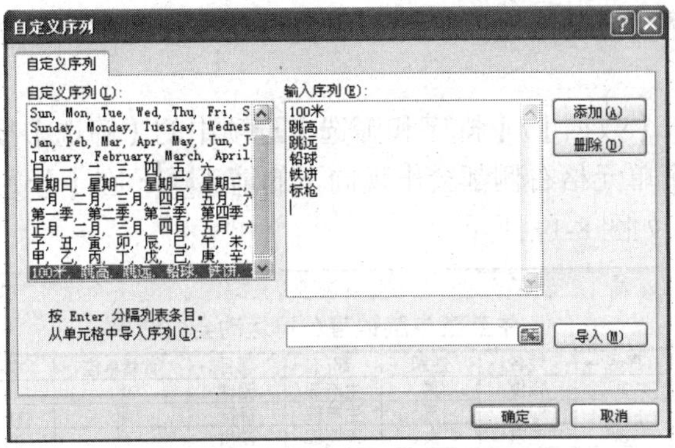

图8-10　自定义序列

STEP 10　按自定义序列排列。

（1）　选择工作表中要排序的数据区域，即选择单元格区域 A2:G17。

（2）　单击【数据】/【排序】选项组中的【排序】按钮，弹出【排序】对话框，单击选项(O)...按钮，弹出【排序选项】对话框，在【方向】选项组中选中【按列排序】单选按钮，如图 8-11 所示，单击确定按钮，弹出【排序】对话框。

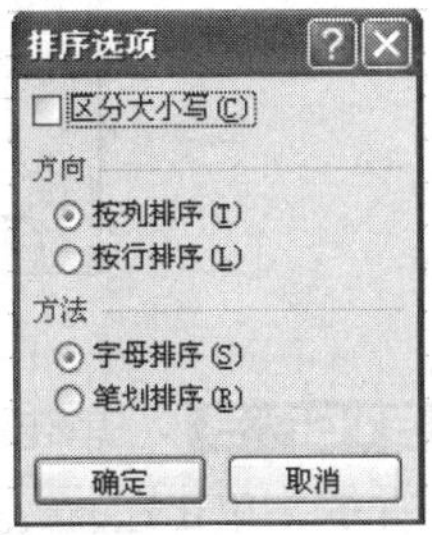

图8-11　【排序选项】对话框

（3）　在【排序】对话框的【主要关键字】下拉列表中选择【项目】选项，在【排序依据】下拉列表中选择【数值】选项，在【次序】下拉列表中选择【自定义序列】选项，这时弹出【自定义序列】对话框，在【自定义序列】列表框中单击选择序列“100米、跳高、跳远、铅球、铁饼、标枪”，单击确定按钮，返回到【排序】对话框，如图 8-12 所示。单击确定按钮，就完成了按自定义序列排序，排序结果如图 8-13 所示。

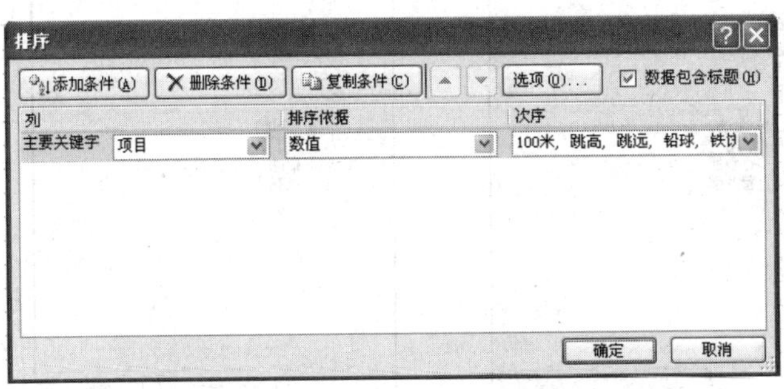

图8-12　按自定义序列的【排序】对话框

牛蓝蓝电脑销售公司运动会成绩单

序号	姓名	性别	部门	项目	计量单位	成绩
10	王莱	男	行政部	100米	秒	13.50
6	周南	男	行政部	100米	秒	12.20
15	王霞	女	生产部	100米	秒	12.60
7	李杭	男	生产部	跳高	米	1.23
5	邱淑	女	营业部	跳高	米	1.56
4	赵泽	男	行政部	跳远	米	2.56
13	刘璐	女	营业部	跳远	米	2.69
1	张俊	男	生产部	铅球	米	8.52
14	张玉	女	营业部	铅球	米	8.61
12	李坤	女	行政部	铅球	米	7.85
9	孙阳	男	营业部	铁饼	米	22.60
3	王宏	女	营业部	铁饼	米	25.60
2	刘海	男	生产部	标枪	米	15.50
11	陈强	男	生产部	标枪	米	13.90
8	张章	女	营业部	标枪	米	12.82

图8-13　按“自定义序列”排序结果

STEP 11　单击按钮保存文件。

任务二　自动筛选

【操作步骤】

这里设定的筛选条件是：生产部的男同志参加标枪的信息。

STEP 1 选择“自动筛选”工作表中要自动筛选的数据区域，即选择单元格区域A2:G17。

STEP 2 单击【数据】/【排序和筛选】选项中的【筛选】按钮，此时单元格区域中的第一行中每一个单元格右侧都会出现向下的箭头，在【开始】/【单元格】选项组中适当调整各列列宽，如图 8-14 所示。

牛蓝蓝电脑销售公司运动会成绩单

序号	姓名	性别	部门	项目	计量单位	成绩
1	张俊	男	生产部	铅球	米	8.52
2	刘海	男	生产部	标枪	米	15.50
3	王宏	女	营业部	铁饼	米	25.60
4	赵泽	男	行政部	跳远	米	2.56
5	邱淑	女	营业部	跳高	米	1.56
6	周南	男	行政部	100米	秒	12.20
7	李杭	男	生产部	跳高	米	1.23
8	张章	女	营业部	标枪	米	12.82
9	孙阳	男	营业部	铁饼	米	22.60
10	王菜	男	行政部	100米	秒	13.50
11	陈强	男	生产部	标枪	米	13.90
12	李坤	女	行政部	铅球	米	7.85
13	刘璐	女	营业部	跳远	米	2.69
14	张玉	女	营业部	铅球	米	8.61
15	王霞	女	生产部	100米	秒	12.60

自动筛选 / 分类汇总 / 多级分类汇总 / 高级筛选 / 合并计算 / 数据透视表

图8-14 自动筛选

STEP 3 单击“性别”右侧的按钮，在弹出的列表中选中【男】复选框，如图 8-15 所示，单击确定按钮。

STEP 4 单击“部门”右侧的按钮，在弹出的列表中选中【生产部】复选框，如图 8-16 所示，单击确定按钮。

STEP 5 单击“项目”右侧的按钮，在弹出的列表中选中【标枪】复选框，如图 8-17 所示，单击确定按钮。

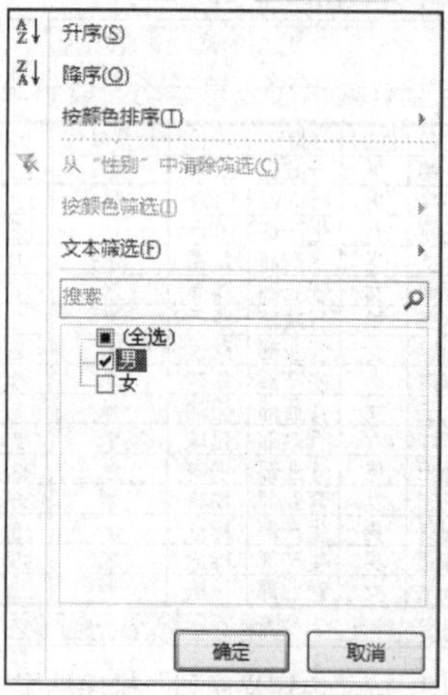

图8-15 “性别”筛选

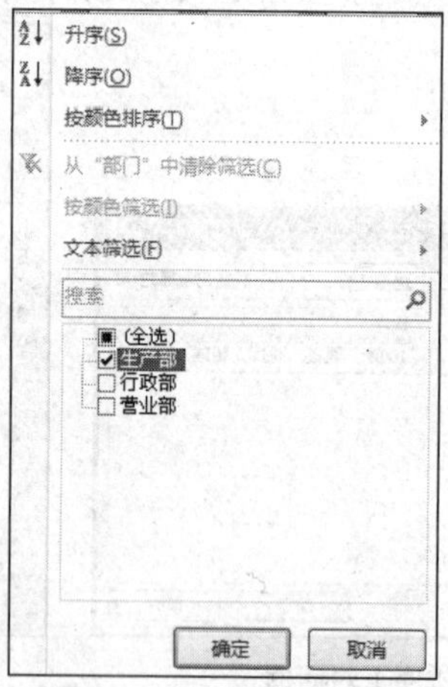

图8-16 “部门”筛选

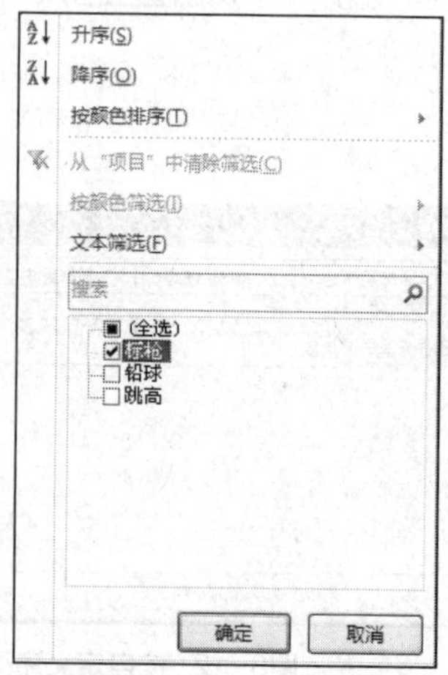

图8-17 “标枪”筛选

最后得到的自动筛选结果如图 8-18 所示。

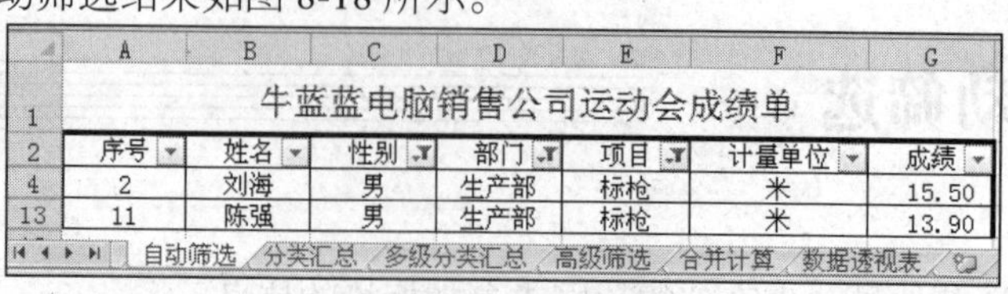

牛蓝蓝电脑销售公司运动会成绩单

序号	姓名	性别	部门	项目	计量单位	成绩
2	刘海	男	生产部	标枪	米	15.50
11	陈强	男	生产部	标枪	米	13.90

自动筛选 / 分类汇总 / 多级分类汇总 / 高级筛选 / 合并计算 / 数据透视表

图8-18 自动筛选结果

知识提示 若要取消自动筛选，只需再次单击【数据】/【排序和筛选】选项组中的【筛选】按钮，则数据恢复到筛选前的状态。

任务三 分类汇总

本任务将按“项目”对“成绩”求平均值。

【操作步骤】

STEP 1 先按分类字段进行排序，本任务要按“项目”进行分类汇总，所以要先按“项目”进行排序，下面按“项目”进行升序排序。选定单元格区域 E3:E17 中的任一单元格，如选定单元格 E3，单击【数据】/【排序和筛选】选项组中的按钮。

STEP 2 选择“分类汇总”工作表中要分类汇总的数据区域，即选择单元格区域 A2:G17。

STEP 3 单击【数据】/【分级显示】选项组中的【分类汇总】按钮，弹出【分类汇总】对话框。

STEP 4 在【分类汇总】对话框中，在【分类字段】下拉列表中选择【项目】选项，在【汇总方式】下拉列表中选择【平均值】选项，在【选定汇总项】列表框中选中【成绩】复选框，如图 8-19 所示。分类汇总结果如图 8-20 所示。

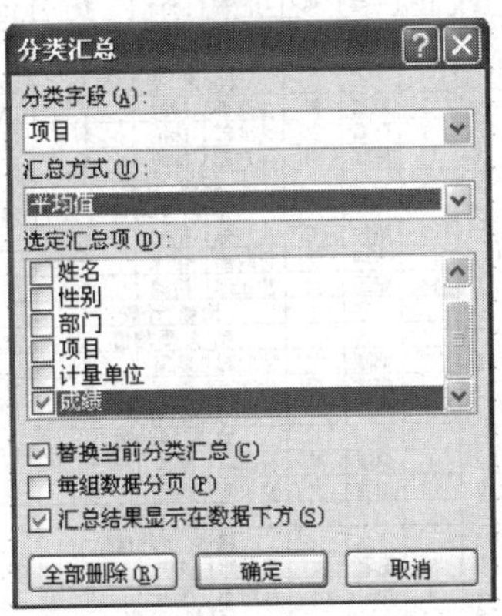

图8-19 【分类汇总】对话框

	A	B	C	D	E	F	G
1	牛蓝蓝电脑销售公司运动会成绩单						
2	序号	姓名	性别	部门	项目	计量单位	成绩
3	6	周南	男	行政部	100米	秒	12.20
4	10	王莱	男	行政部	100米	秒	13.50
5	15	王霞	女	生产部	100米	秒	12.60
6					100米 平均值		12.77
7	2	刘海	男	生产部	标枪	米	15.50
8	8	张章	女	营业部	标枪	米	12.82
9	11	陈强	男	生产部	标枪	米	13.90
10					标枪 平均值		14.07
11	1	张俊	男	生产部	铅球	米	8.52
12	12	李坤	女	行政部	铅球	米	7.85
13	14	张玉	女	营业部	铅球	米	8.61
14					铅球 平均值		8.33
15	5	邱淑	女	营业部	跳高	米	1.56
16	7	李杭	男	生产部	跳高	米	1.23
17					跳高 平均值		1.40
18	4	赵泽	男	行政部	跳远	米	2.56
19	13	刘璐	女	营业部	跳远	米	2.69
20					跳远 平均值		2.63
21	3	王宏	女	营业部	铁饼	米	25.60
22	9	孙阳	男	营业部	铁饼	米	22.60
23					铁饼 平均值		24.10
24					总计平均值		10.78

图8-20 分类汇总结果

STEP 5 图 8-20 显示的是包含详细记录、分类记录和总记录的分类汇总信息，根据需要可以只显示分类记录和总记录的分类汇总，如图 8-21 所示，单击按钮左侧的数字 2 即可。

STEP 6 若分类汇总中要只显示总记录的分类汇总，则单击按钮左侧的数字 1 即可，如图 8-22 所示。

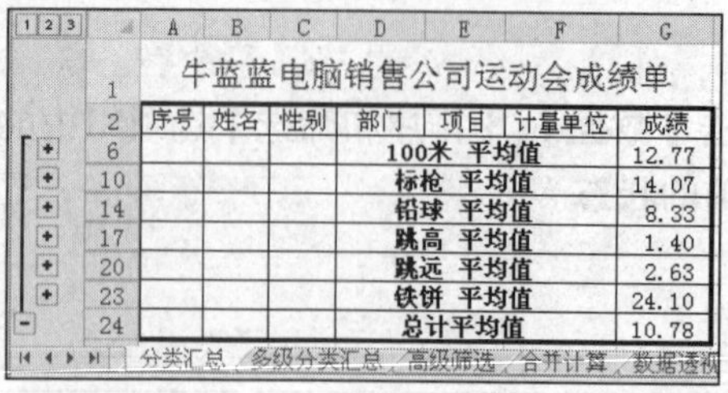

图8-21 只显示分类记录和总记录的分类汇总

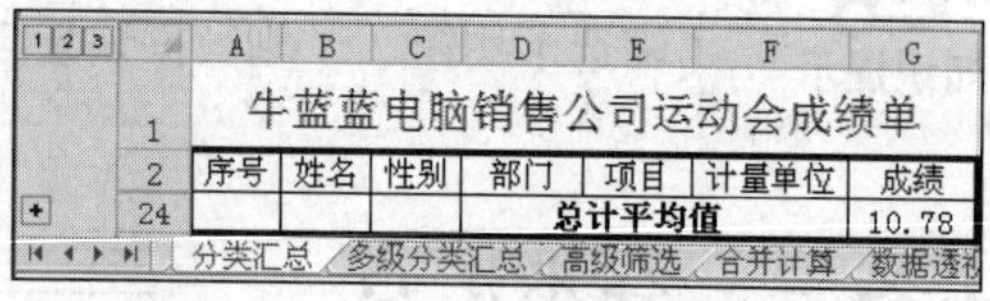

图8-22 只显示总记录的分类汇总

STEP 7 删除分类汇总。在图 8-19 中，单击［全部删除(R)］按钮即可删除分类汇总。

任务四 多级分类汇总

在前面分类汇总的基础上，再增加一个汇总项：按“项目”对“成绩”字段计数。

【操作步骤】

STEP 1 将“分类汇总”工作表复制到“多级分类汇总”工作表中。选定“分类汇总”工作表，单击左上角的按钮，选定整个工作表，按 Ctrl+C 组合键复制整个工作表；再单击选定“多级分类汇总”工作表，单击按钮，选定整个“分类汇总”工作表，按 Ctrl+V 组合键，将“分类汇总”工作表全部复制到“多级分类汇总”工作表。

STEP 2 选定要分类汇总的单元格区域 A2:G24，单击【数据】/【分级显示】选项组中的【分类汇总】按钮，弹出【分类汇总】对话框。

STEP 3 在【分类汇总】对话框中，取消【替换当前分类汇总】复选框的选中状态，设置【分类字段】为“项目”，【汇总方式】为“计数”，【选定汇总项】为“成绩”，如图 8-23 所示。单击［确定］按钮，得到二级分类汇总结果如图 8-24 所示。

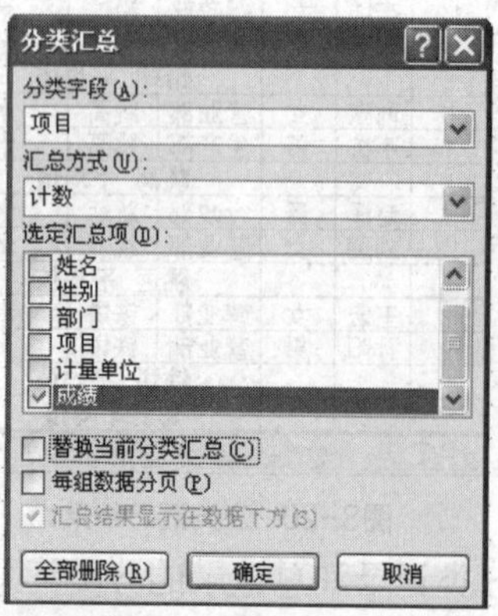

图8-23 二级分类汇总

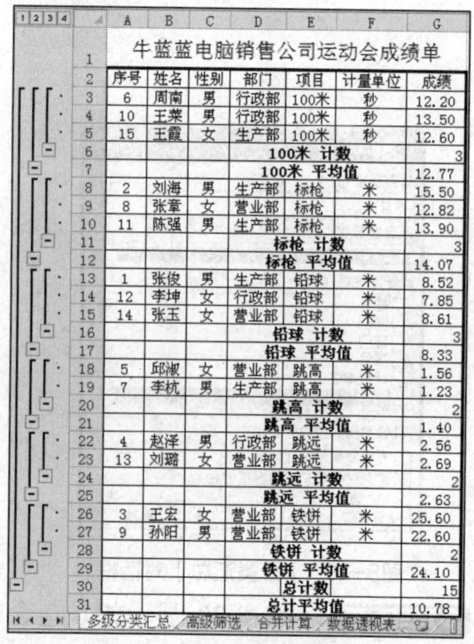

图8-24 二级分类汇总结果

知识提示

对二级分类汇总结果再增加分类汇总级别的方法同步骤（2）和步骤（3）。

项目升级　高级筛选、合并计算和数据透视表操作

用户可以使用高级筛选功能按照自己定义的多个条件对数据进行筛选。各列条件之间可以是“与”的关系，也可以是“或”的关系，筛选条件可以灵活定义；可以对数据区域按照某列进行合并计算，计算方法简单实用；还可以使用数据透视表分析数据。

1. 高级筛选

高级筛选最重要的是定义条件，条件要定义在距离数据区域至少隔开一行一列的位置，条件区域的首行是字段名，其他行输入对应字段要满足的条件，写在同一行中的各个条件之间为“与”的关系，反之，写在不同行的各个条件之间为“或”的关系，即同行为“与”，不同行为“或”。

下面来筛选生产部女性和营业部男性人员名单。

【操作步骤】

STEP 1 选定工作表“高级筛选”，在单元格区域 I2:J4 输入条件，在单元格 J1 中输入条件标题“生产部女性和营业部男性人员名单条件区域”，如图 8-25 所示。

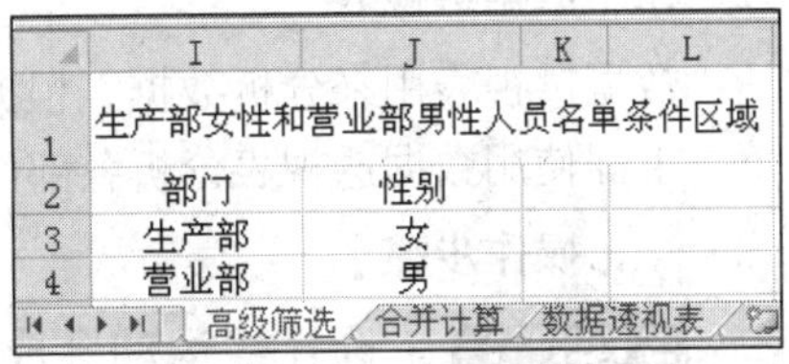

图8-25　条件区域

STEP 2 在单元格 A19 中输入高级筛选结果的标题“生产部女性和营业部男性人员名单”。

STEP 3 选定单元格区域 A2:G17，单击【数据】/【排序和筛选】选项组中的高级按钮，弹出【高级筛选】对话框，在【方式】选项组中选择【将筛选结果复制到其他位置】单选按钮；单击【条件区域】右侧的按钮，选择条件区域 I2:J4；单击【复制到】右侧的按钮，选择筛选结果存放的起始位置 A20，如图 8-26 所示。单击确定按钮，得到高级筛选结果如图 8-27 所示。

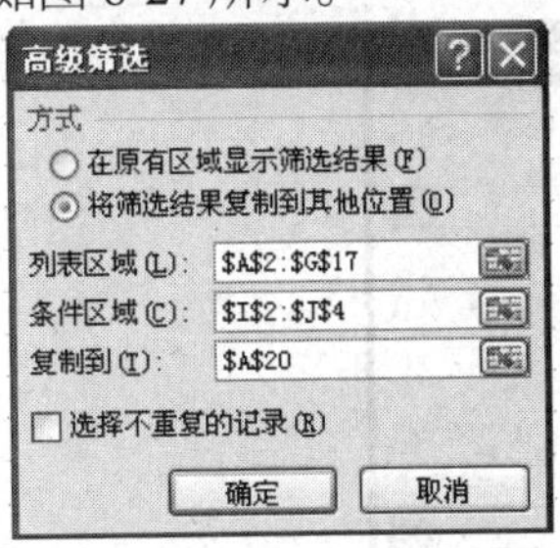

图8-26　【高级筛选】对话框

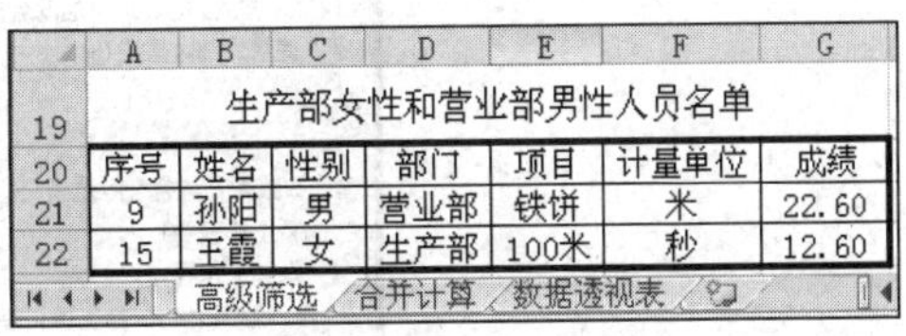

图8-27　高级筛选结果

2. 合并计算

使用合并计算时，先设计表头，再根据表头的内容，使用合并计算功能计算相应内容。下面应用合并计算，按部门统计人数。

【操作步骤】

STEP 1 设计表头，如图 8-28 所示。

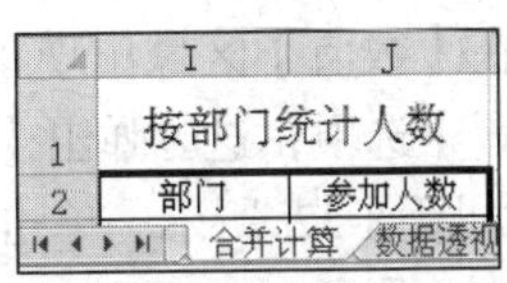

图8-28　合并计算表头

STEP 2 选定要存放结果的第 1 个单元格 I3，单击【数据】/【数据工具】选项组中的【合并计算】按钮，弹出【合并计算】对话框。

STEP 3 在【合并计算】对话框中，设置【函数】为“计数”，单击【引用位置】文本框右侧的按钮，选择单元格区域 D3:E17，选中【标签位置】选项组中的【最左列】复选框，如图 8-29 所示。单击 确定 按钮得到合并计算结果，美化表格，如图 8-30 所示。

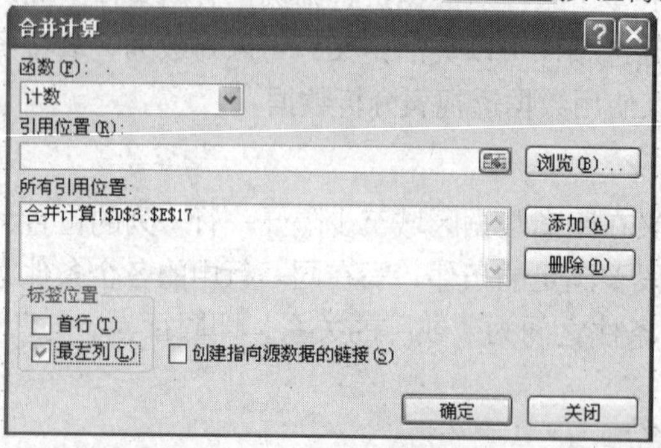

图8-29 【合并计算】对话框

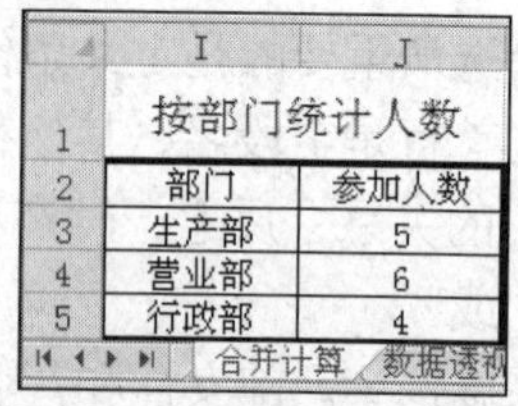

图8-30 合并计算结果

3. **数据透视表**

数据透视表用来分析数据，根据需要设计需要分析的数据项。

下面使用数据透视表分析各部门各项目的男女平均成绩和参加人数。

【操作步骤】

STEP 1 选择“运动会成绩”工作表中的单元格区域 A2:G17，单击【插入】/【表】选项组中的【数据透视表】按钮，从弹出的列表中选择【数据透视表】选项，弹出【创建数据透视表】对话框。

STEP 2 在【创建数据透视表】对话框中，设置【选择放置数据透视表的位置】为“现有工作表”，然后单击【位置】右侧的按钮，单击“数据透视表”工作表，再单击 A1 单元格，单击按钮返回到【创建数据透视表】对话框，如图 8-31 所示。单击 确定 按钮，弹出【数据透视表字段列表】对话框。

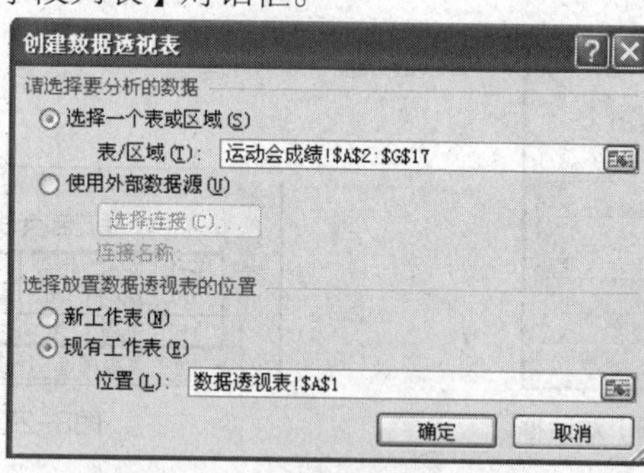

图8-31 【数据透视表】对话框

STEP 3 在【数据透视表字段列表】对话框中，将【选择要添加到报表的字段】选项组中的【部门】字段拖动到【报表筛选】区域；将【项目】字段拖动到【行标签】区域；将【性别】字段拖动到【列标签】区域；将【成绩】字段拖动到【数值】区域，这时在【数值】区域出现了 求和项:成绩 ▾，单击右侧的箭头，从弹出的列表中选择【值字段设置】选项，这时弹出【值字段设置】对话框，在对话框中设置【计算类型】为“平均值”，如图 8-32 所示。单击 确定 按钮返回到【数据透视表字段列表】对话框，最后结果如图 8-33 所示。

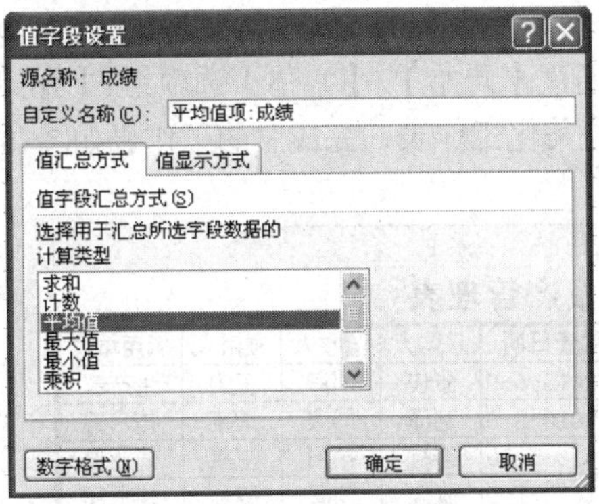

图8-32 【值字段设置】对话框

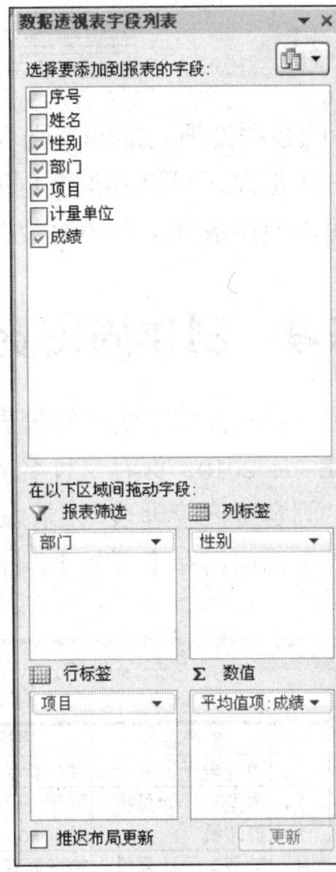

图8-33 数据透视表字段列表

STEP 4 继续将【成绩】字段拖动到【数值】区域，这时在【数值】区域出现了求和项:成绩 ▼，单击右侧的箭头，从弹出的列表中选择【值字段设置】选项，这时弹出【值字段设置】对话框，在对话框中设置【计算类型】为“计数”，单击确定按钮返回到【数据透视表字段列表】对话框。

STEP 5 这时在单元格区域 A1:G12 中显示了数据透视表的结果，进行美化后的效果如图 8-34 所示。

STEP 6 若要查看某些或某个部门的平均成绩，可以单击 B1 单元格中(全部)右侧的按钮，从弹出的列表中选择【选择多项】选项，再选择要查看的部门，单击确定按钮即可，如图 8-35 所示。

	A	B	C	D	E	F	G
1	部门	(全部)					
2							
3		列标签					
4		男		女		平均值项:成绩汇总	计数项:成绩汇总
5	行标签	平均值项:成绩	计数项:成绩	平均值项:成绩	计数项:成绩		
6	100米	12.85	2	12.60	1	12.77	3
7	跳高	1.23	1	1.56	1	1.40	2
8	跳远	2.56	1	2.69	1	2.63	2
9	铅球	8.52	1	8.23	2	8.33	3
10	铁饼	22.60	1	25.60	1	24.10	2
11	标枪	14.70	2	12.82	1	14.07	3
12	总计	11.25	8	10.25	7	10.78	15

图8-34 数据透视表结果

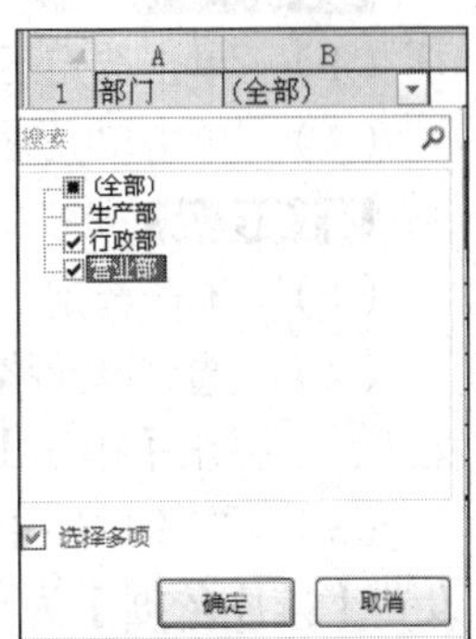

图8-35 选择部分部门

STEP 7 保存和关闭文件。单击左上角的按钮保存文件，单击右上角的按钮关闭文件。

项目小结

Excel 的数据处理功能非常强大，可以对数据表按多种方式进行排序，可以按某个字段建立多级分类汇总，可以根据数据表进行合并计算，可以对数据进行筛选，筛选条件可以自定义，还可以使用数据透视表对数据进行分析，因此掌握 Excel 的数据处理方法非常必要。

课后练习　制作固定资产管理表

本练习介绍制作固定资产管理表的方法。

启动 Excel 2010，保存文件名为“8-2(制作固定资产管理表).xlsx”，将工作表“Sheet1”重命名为“固定资产管理表”，录入基本数据，并通过【开始】/【字体】选项组、【开始】/【对齐方式】选项组和【开始】/【单元格】选项组美化工作表，完成后的工作表如图 8-36 所示。

	A	B	C	D	E	F	G	H	I
1	牛蓝蓝公司固定资产管理表								
2	序号	资产名称	规格型号	单价	购置日期	采购人	验收人	领用人	领用单位
3	1	微型电子计算机	神舟新梦T95	5000	2013-6-5	张俊	刘海	王宏	生产部
4	2	微型电子计算机	联想 扬天M2613D	3000	2013-6-6	赵泽	邱淑	周南	技术部
5	3	打印机	HP1020plus	1250	2013-5-20	李杭	孙阳	王莱	营业部
6	4	微型电子计算机	神舟新梦T7000D9	3800	2013-7-5	张俊	刘海	陈强	技术部
7	5	移动硬盘	东芝黑甲虫1TB	600	2013-7-8	赵泽	邱淑	李坤	生产部
8	6	移动硬盘	西部数据1TB	750	2013-7-20	李杭	孙阳	刘璐	营业部
9	7	微型电子计算机	联想ErazerT430	3700	2013-7-25	张俊	刘海	张玉	技术部
10	8	移动硬盘	希捷新睿品1TB	500	2013-8-1	赵泽	邱淑	王霞	技术部

固定资产管理表 / 单列排序 / 多列排序 / 自定义排序 / 自动筛选 / 分类汇总 / 多级分类汇总

图8-36　固定资产管理表

再新建 9 张工作表，将工作表标签分别重命名为“单列排序”“多列排序”“自定义排序”“自动筛选”“高级筛选”“分类汇总”“多级分类汇总”“合并计算”和“数据透视表”。

最后将“固定资产管理表”中的数据全部复制到新建的工作表中。

【步骤提示】

STEP 1　单列排序：按“单价”递减排序。

（1）单击选定工作表“单列排序”。

（2）单击单元格 D3，再单击【数据】/【排序和筛选】选项组中的按钮。

STEP 2　多列排序：按“资产名称”递增排序和“单价”递减排序。

（1）单击选定工作表“多列排序”。

（2）选定单元格区域 A2:I10，再单击【数据】/【排序和筛选】选项组中的【排序】按钮，弹出【排序】对话框。

（3）在【排序】对话框中，在【主要关键字】下拉列表中选择【资产名称】选项，设置【排序依据】为“数值”，【次序】为“升序”；单击 添加条件(A) 按钮，在【次要关键字】下拉列表中选择【单价】选项，设置其【排序依据】为“数值”，【次序】为“降序”，如图 8-37 所示。单击 确定 按钮完成多列排序。

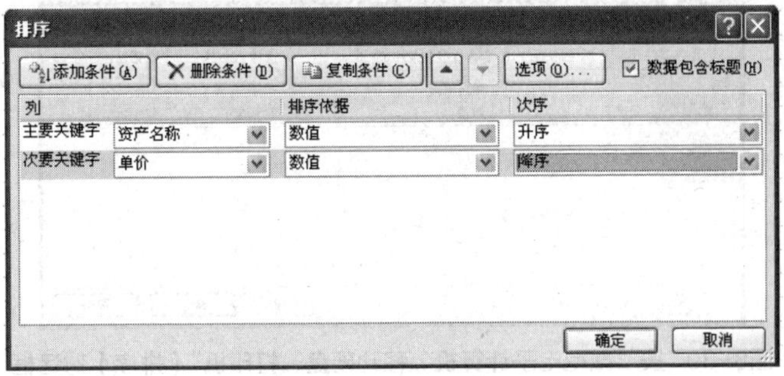

图8-37 按两列排序

STEP 3 自定义排序：按“资产名称”一列排序，排列顺序为“微型电子计算机、移动硬盘、打印机”。

（1） 单击选定工作表“自定义排序”。

（2） 定义自定义序列为“微型电子计算机、移动硬盘、打印机”。

① 选择【文件】/【选项】命令，在弹出的【Excel 选项】对话框中，单击【高级】/【常规】选项组中的[编辑自定义列表(O)...]按钮，弹出【自定义序列】对话框。

② 在【自定义序列】对话框中，在左边的【自定义序列】列表框中选择【新序列】选项，在右边的【输入序列】列表框中输入“微型电子计算机”后按Enter键，再输入“移动硬盘”后按 Enter 键，再输入“打印机”，单击右侧的[添加(A)]按钮，将新序列添加到自定义序列中，如图 8-38 所示。单击[确定]按钮关闭【Excel 选项】对话框。

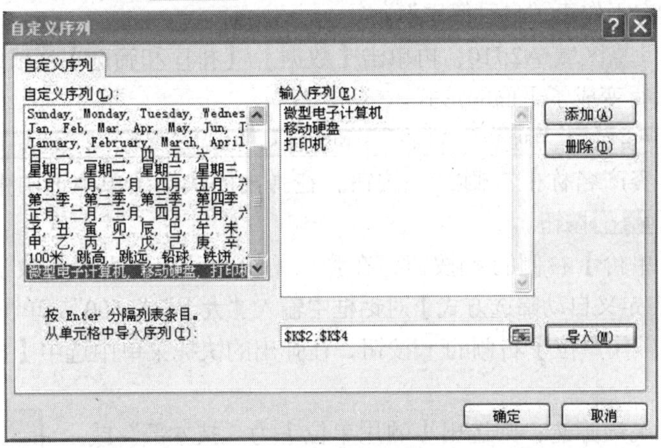

图8-38 定义序列“微型电子计算机、移动硬盘、打印机”

（3） 按自定义序列“微型电子计算机、移动硬盘、打印机”排序。

① 选择工作表中要排序的数据区域，即选择单元格区域 A2: I10。

② 单击【数据】/【排序和筛选】选项组中的【排序】按钮，弹出【排序】对话框，单击[选项(O)...]按钮，弹出【排序选项】对话框，设置【方向】为“按列排序”，单击[确定]按钮返回到【排序】对话框。

③ 在【排序】对话框中，设置【主要关键字】为“资产名称”，设置【排序依据】为“数值”，设置【次序】为“自定义序列”，这时弹出【自定义序列】对话框，在【自定义序列】列表框中单击选择序列“微型电子计算机、移动硬盘、打印机”，单击[确定]按钮，返回到【排序】对话框，如图 8-39 所示。单击[确定]按钮，就完成了按自定义序列排序，排序结果如图 8-40 所示。

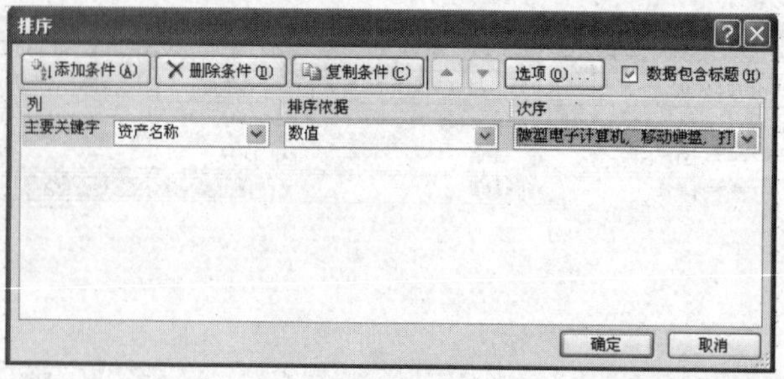

图8-39 按“微型电子计算机、移动硬盘、打印机”【排序】对话框

牛蓝蓝公司固定资产管理表

序号	资产名称	规格型号	单价	购置日期	采购人	验收人	领用人	领用单位
1	微型电子计算机	神舟新梦T95	5000	2013-6-5	张俊	刘海	王宏	生产部
2	微型电子计算机	联想 扬天M2613D	3000	2013-6-6	赵泽	邱淑	周南	技术部
4	微型电子计算机	神舟新梦T7000D9	3800	2013-7-5	张俊	刘海	陈强	技术部
7	微型电子计算机	联想ErazerT430	3700	2013-7-25	张俊	刘海	张玉	技术部
5	移动硬盘	东芝黑甲虫1TB	600	2013-7-8	赵泽	邱淑	李坤	生产部
6	移动硬盘	西部数据1TB	750	2013-7-20	李杭	孙阳	刘璐	营业部
8	移动硬盘	希捷新睿品1TB	500	2013-8-1	赵泽	邱淑	王霞	技术部
3	打印机	HP1020plus	1250	2013-5-20	李杭	孙阳	王莱	营业部

图8-40 按“微型电子计算机、移动硬盘、打印机”自定义序列排序结果

STEP 4 自动筛选：筛选【资产名称】是“微型电子计算机”，【领用单位】为“技术部”，并且【单价】在3500以上的记录。

（1） 单击选定工作表“自动筛选”。

（2） 选定单元格区域A2:I10，再单击【数据】/【排序和筛选】选项组中的【筛选】按钮，这时表头行变成了下面的形式。

（3） 单击【资产名称】右侧的按钮，在弹出的快捷菜单中选中【微型电子计算机】选项，单击确定按钮。

（4） 单击【单价】右侧的按钮，在弹出的快捷菜单中设置【数字筛选】为“大于”，在弹出的【自定义自动筛选方式】对话框中输入“大于”“3500”，单击确定按钮。

（5） 单击【领用单位】右侧的按钮，在弹出的快捷菜单中选中【技术部】选项，单击确定按钮。

STEP 5 高级筛选：筛选出【领用单位】为“技术部”或者【单价】大于“3500”的记录。

（1） 单击选定工作表“高级筛选”。

（2） 在单元格区域K2:L4定义条件区域如图8-41所示。

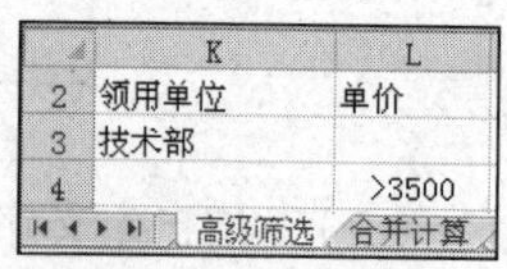

	K	L
2	领用单位	单价
3	技术部	
4		>3500

图8-41 定义条件区域

（3） 选定单元格区域A2:I10，再单击【数据】/【排序和筛选】选项组中的高级按钮。选定条件区域F2:G4，选中【将筛选结果复制到其他位置】单选按钮，将筛选结果复制到单元格A12为起点的区域，如图8-42所示，单击确定按钮。

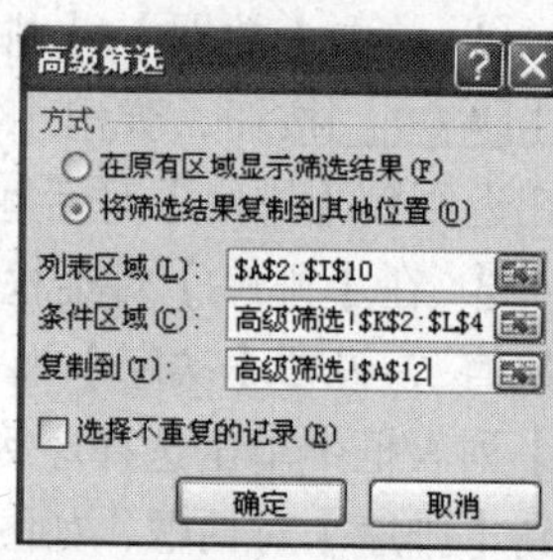

图8-42 设置【高级筛选】参数

STEP 6 分类汇总：按“资产名称”对“单价”进行分类汇总，汇总方式为求和。

（1） 单击选定“分类汇总”工作表。

（2） 按“资产名称”排序。这里直接将工作表“自定义排序”复制到工作表“分类汇总”。

（3） 选定“分类汇总”工作表中的单元格区域 A2:I10，再单击【数据】/【分级显示】选项组中的【分类汇总】按钮。弹出【分类汇总】对话框。

（4） 在【分类汇总】对话框中，设置【分类字段】为“资产名称”，【汇总方式】为“求和”，【选定汇总项】为“单价”，单击确定按钮。

STEP 7 多级分类汇总：在前面分类汇总的基础上，再增加一个汇总方式为平均值的分类汇总。

（1） 单击选定“多级分类汇总”工作表。

（2） 将“分类汇总”工作表中的全部数据复制到“多级分类汇总”工作表。

（3） 选定“多级分类汇总”工作表中的单元格区域 A2:I14，再单击【数据】/【分级显示】选项组中的【分类汇总】按钮，弹出【分类汇总】对话框。

（4） 在【分类汇总】对话框中，取消【替换当前分类汇总】复选框的选中状态；设置【分类字段】为“资产名称”，【汇总方式】为“平均值”，【选定汇总项】为“单价”，如图 8-43 所示，单击确定按钮。

STEP 8 合并计算：按“资产名称”统计总价，将结果显示在以 K3 开始的单元格区域中。

（1） 单击选定“合并计算”工作表。

（2） 制作显示结果的表头行。在单元格区域 K2:M2 中分别输入“资产名称”“规格型号”和“总价”。

（3） 单击选定单元格 K3，再单击【数据】/【数据工具】选项组中的【合并计算】按钮，弹出【合并计算】对话框。

（4） 在【合并计算】对话框中，设置【函数】为“求和”，【引用位置】为 B3:D10，【标签位置】为“最左列”，如图 8-44 所示，单击确定按钮。

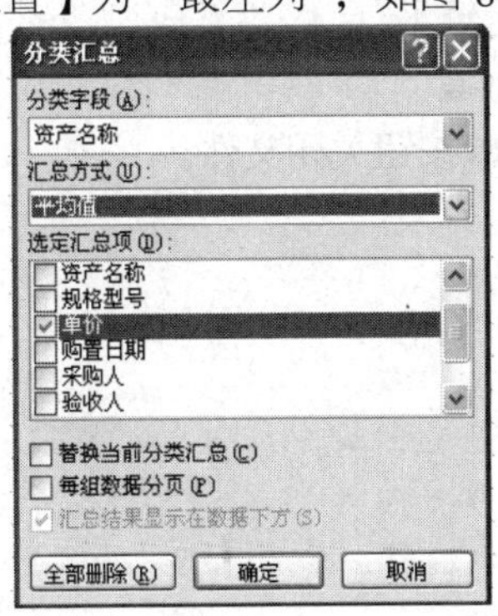

图8-43 保留以前的分类汇总方式

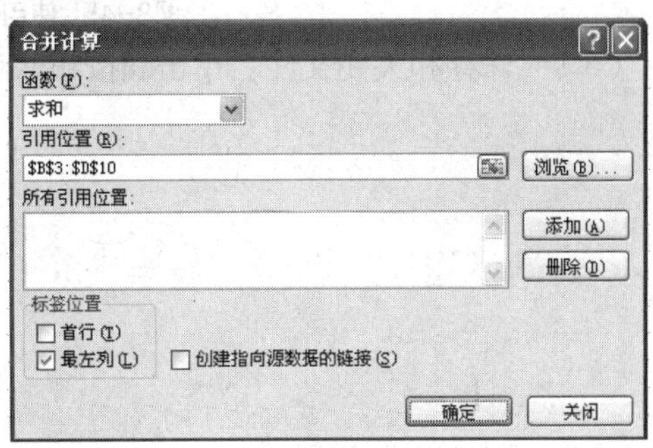

图8-44 使用合并计算计算总价

STEP 9 数据透视表：分析各个领用单位的各种资产的平均单价和总价，将结果显示在以单元格 K 1 为起点的单元格区域中。

（1） 单击选定工作表“数据透视表”。

（2） 选定单元格区域 A2:I10，再单击【插入】/【表】选项组中的【数据透视表】按钮，从弹出的列表中选择【数据透视表】选项，弹出【创建数据透视表】对话框。

（3） 在【创建数据透视表】对话框中，选中【现有工作表】选项，在【位置】文本框中输入“K2”，单击 确定 按钮，弹出【数据透视表字段列表】对话框。

（4） 在【数据透视表字段列表】对话框中，将【领用单位】字段拖动到【报表筛选】区域，将【资产名称】字段拖动到【行标签】区域，将【单价】字段拖动两次到【数值】区域，单击【数值】区域的第 2 个 求和项:单价2 按钮，在弹出的【值字段设置】对话框中设置【汇总方式】为“平均值”，单击 确定 按钮返回到【数据透视表字段列表】对话框中，如图 8-45 所示。

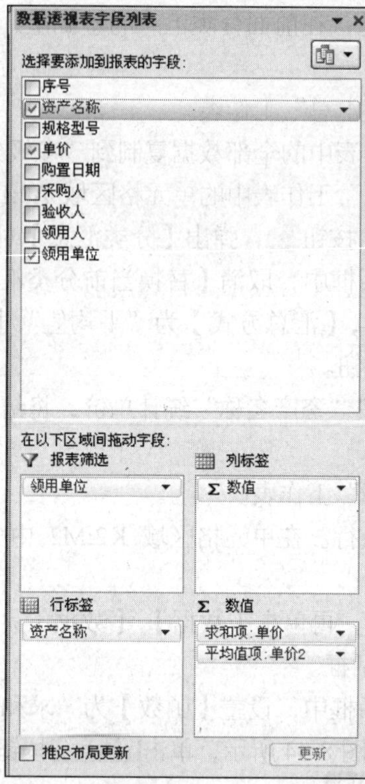

图8-45 使用数据透视表分析数据

（5） 保存和关闭文件。单击按钮保存文件，单击按钮关闭文件。

PART 9

项目九 制作生产成本统计表——图表的制作与格式设置

项目背景

Excel 在分析表格数据时，可通过创建图表的方式以图形化显示出数据，使表格数据更加立体和直观，从而便于分析和对比，同时图表能够直观、清晰地反映数据的变化。图表是动态的，图表系列链接到工作表中的数据。当数据发生改变时，图表会自动更新来反映这些改变，实时反映数据的变化情况。系统提供了 11 个大类的图表类型，每个大类图表中又有多种小类可供选择，可以制作多种类型的图表，使用方便有效。另外图表的修改也很方便，即使在图表已经完成的情况下，也可以根据用户的要求改变图表的类型，改变数据区域，增加或减少数据系列，还可以设置自己的图表格式，在图表中使用趋势线和误差线。

项目分析

Excel 可以有效地将数据以图表的形式表示，数据关系一目了然。图表中可以直观地看到数据的变化情况，还可以根据用户的需要增加或减少数据系列，数据系列、绘图区、坐标轴、标题及图例等格式都可以根据用户的要求进行设置，图表显示的位置可以设置为嵌入到工作表中，也可以单独显示在一个工作表中，设置方法灵活方便。

生产成本统计表的图表制作是根据产量和单位成本，制作柱形图、折线图和复合条饼图，并对图表进行设置。

解决方案

本项目可以通过以下几个任务来完成。

- 任务一　创建图表。
- 任务二　编辑图表。

任务一　创建图表

首先创建生产成本统计表，再使用“项目”“产量”和“单位成本”创建由折线图和簇状柱形图共同组成的图表。这里的“单位成本”的数值在 2 以内，但“产量”的数值在 2000 以上，数值差别很大，若使用同一种刻度标准显示，则“单位成本”值几乎看不到。为此，先使用数据创建簇状柱形图，再将其中“产量”的图表类型更改为“折线图”，同时设置“产量”数据系列格式为“次坐标轴”。这样一个图表中可以出现标有不同刻度的两个数值轴，分别显示两个数据系列的数据。

【操作步骤】

STEP 1 启动 Excel 2010，新建一个空白工作簿，保存文件为“9-1(制作生产成本统计表).xlsx”。

STEP 2 将文件中的“Sheet1”工作表重命名为“生产成本统计表”，如图 9-1 所示。

红红市蔬菜生产成本统计表

	项目	大棚西红柿	大棚黄瓜	大棚青椒	露地青菜
	产量(公斤)	4750	4500	2500	6000
	单位成本(元/公斤)	1.18	1.21	1.36	0.56
	总成本(元)	5584	5429	3389	3335
成本费	种子费(元)	100	105	100	16
	化肥费(元)	340	340	225	250
	农家肥费(元)	550	440	440	0
	农药费(元)	100	150	120	150
	农膜费(元)	60	60	60	0
	机械作业费(元)	70	70	70	75
	排灌费(元)	25	25	25	25
	工具材料费(元)	250	150	0	0
	销售费(元)	200	200	35	130
	棚架折旧费(元)	500	500	500	0
	土地折租(元)	120	120	180	120
	用工费(元)	3269	3269	1634	2569

图9-1　制作“生产成本统计表”

STEP 3 选定要制作图表的单元格区域 B2:F4，单击【插入】/【图表】选项组中的【柱形图】按钮，从弹出的列表中选择第一个簇状柱形图按钮，这时在数据区之外创建了一个簇状柱形图，如图 9-2 所示。

图9-2　簇状柱形图

知识提示　图表由图表元素构成，图表元素包含图表区、绘图区、数据系列、图例、分类轴、数据轴、图表标题等。图 9-3 所示为图表元素的分布位置图。

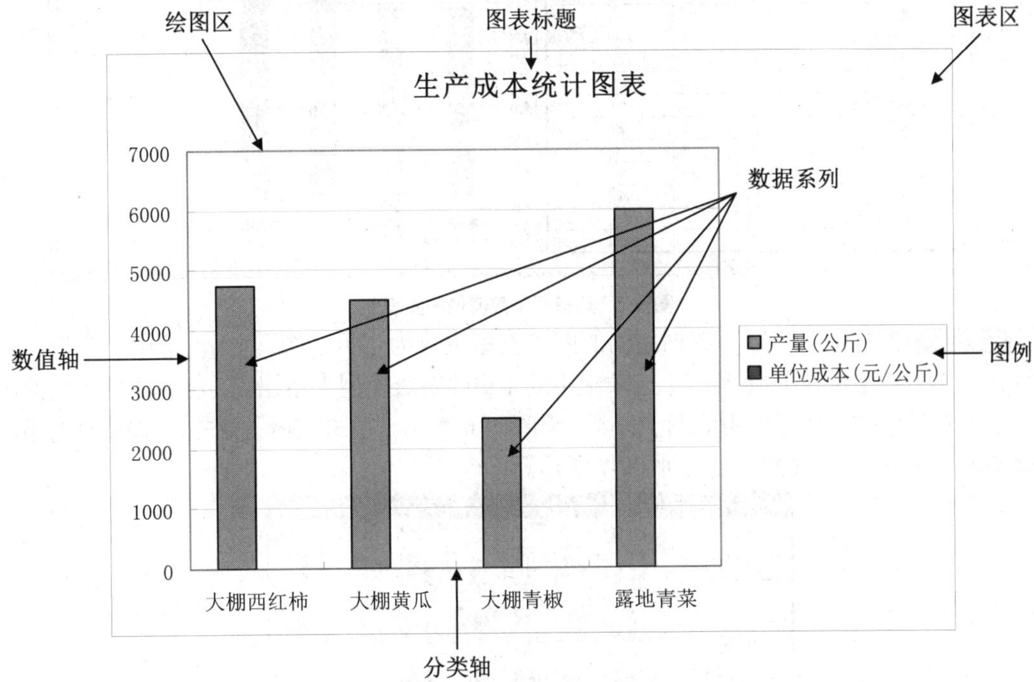

图9-3　图表元素分布位置图

STEP 4　这时发现“单位成本”在图表中几乎看不到。单击选中绘图区中的“产量”数据系列，再单击【布局】/【当前所选内容】选项组中的 设置所选内容格式 按钮，弹出【设置数据系列格式】对话框，在【系列选项】选项卡的【系列绘制在】选项组中，选中【次坐标轴】单选按钮，如图 9-4 所示。单击 关闭 按钮，这时图表就具有了两个数值轴，如图 9-5 所示。

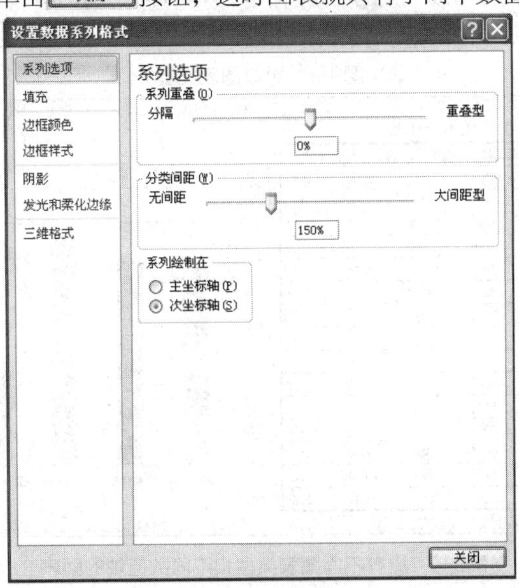

图9-4　【设置数据系列格式】对话框

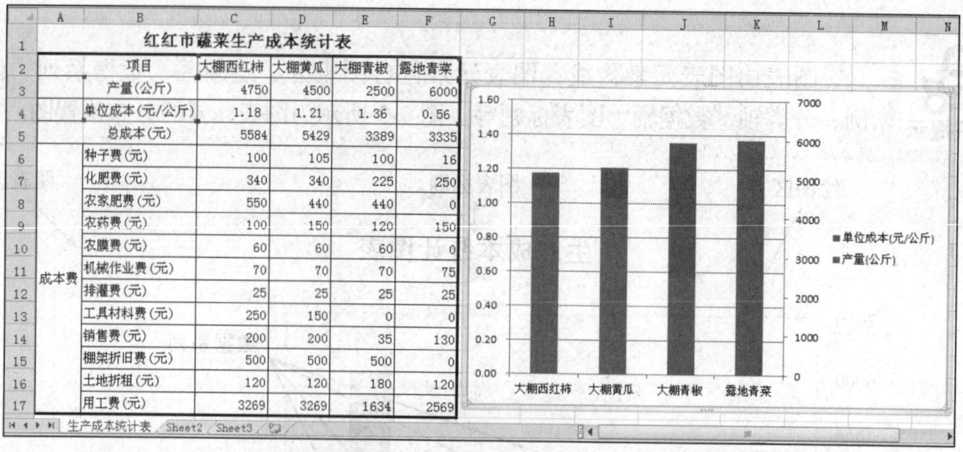

红红市蔬菜生产成本统计表

	项目	大棚西红柿	大棚黄瓜	大棚青椒	露地青菜
	产量(公斤)	4750	4500	2500	6000
	单位成本(元/公斤)	1.18	1.21	1.36	0.56
	总成本(元)	5584	5429	3389	3335
成本费	种子费(元)	100	105	100	16
	化肥费(元)	340	340	225	250
	农家肥费(元)	550	440	440	0
	农药费(元)	100	150	120	150
	农膜费(元)	60	60	60	0
	机械作业费(元)	70	70	70	75
	排灌费(元)	25	25	25	25
	工具材料费(元)	250	150	0	0
	销售费(元)	200	200	35	130
	棚架折旧费(元)	500	500	500	0
	土地折租(元)	120	120	180	120
	用工费(元)	3269	3269	1634	2569

图9-5 具有两个数值轴的图表

STEP 5 将“产量”数据系列的图表类型更改为“折线图”。单击选中“产量”数据系列，再单击【设计】/【类型】选项组中的【更改图表类型】按钮，在弹出的【更改图表类型】对话框中，选择【折线图】分类，如图9-6所示。单击 确定 按钮。得到具有不同图表类型、不同数值轴的图表，如图9-7所示。

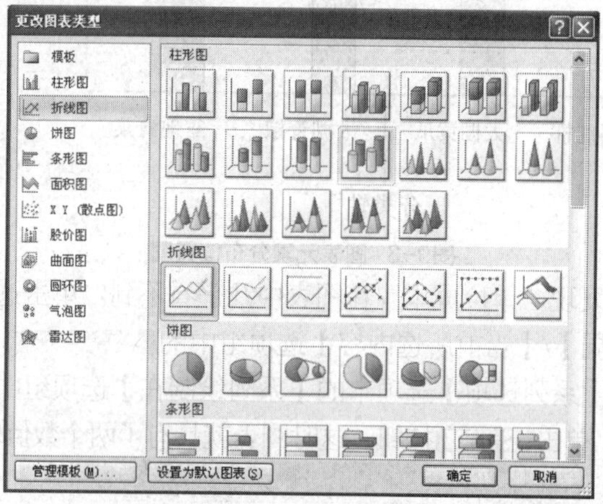

图9-6 更改图表类型

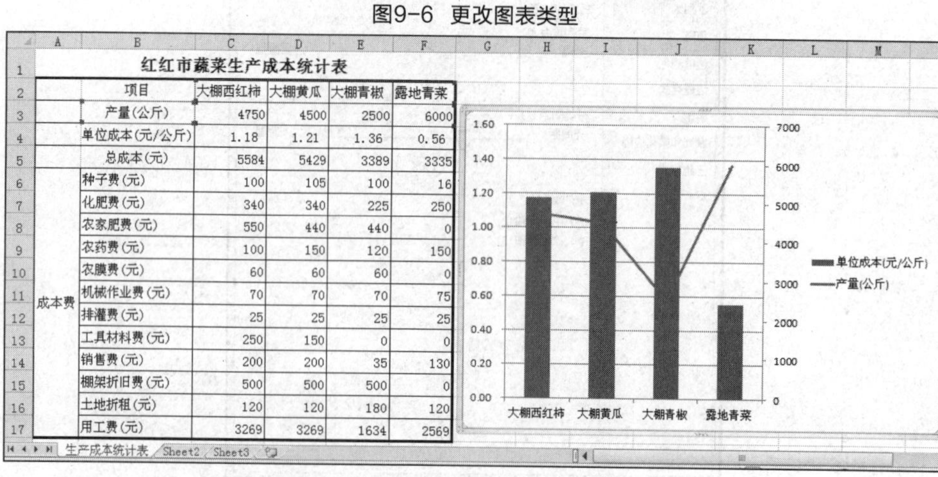

红红市蔬菜生产成本统计表

	项目	大棚西红柿	大棚黄瓜	大棚青椒	露地青菜
	产量(公斤)	4750	4500	2500	6000
	单位成本(元/公斤)	1.18	1.21	1.36	0.56
	总成本(元)	5584	5429	3389	3335
成本费	种子费(元)	100	105	100	16
	化肥费(元)	340	340	225	250
	农家肥费(元)	550	440	440	0
	农药费(元)	100	150	120	150
	农膜费(元)	60	60	60	0
	机械作业费(元)	70	70	70	75
	排灌费(元)	25	25	25	25
	工具材料费(元)	250	150	0	0
	销售费(元)	200	200	35	130
	棚架折旧费(元)	500	500	500	0
	土地折租(元)	120	120	180	120
	用工费(元)	3269	3269	1634	2569

图9-7 具有不同图表类型和不同数值轴的图表

STEP 6 单击按钮保存文件。

任务二 编辑图表

图表创建完成后可以根据用户的需要对图表进行编辑，如更改图表类型、更改数据区域、改变图表位置、同时有多种图表布局（图表布局的种类数与图表的类型有关）和 48 种图表样式可供选择。

【操作步骤】

STEP 1 更改图表类型：将簇状圆锥图更改为圆环图。

（1） 使用“生产成本统计表”工作表中的“项目”和“种子费”创建一个簇状圆锥图，如图 9-8 所示。

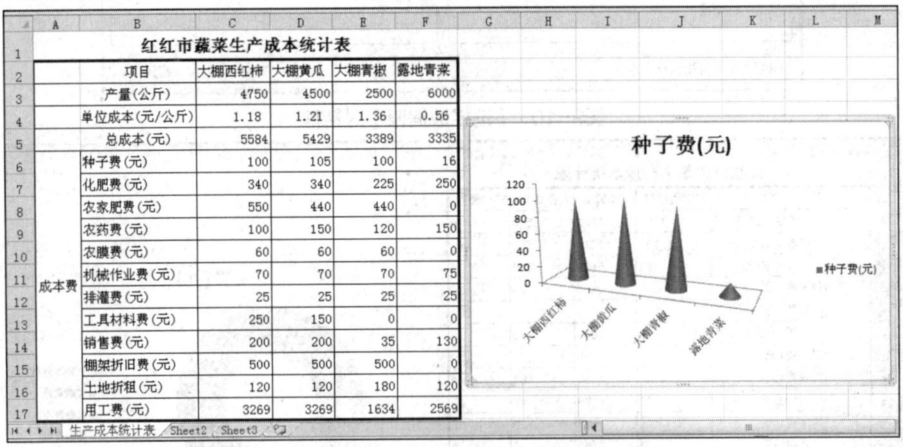

红红市蔬菜生产成本统计表

	项目	大棚西红柿	大棚黄瓜	大棚青椒	露地青菜
	产量(公斤)	4750	4500	2500	6000
	单位成本(元/公斤)	1.18	1.21	1.36	0.56
	总成本(元)	5584	5429	3389	3335
成本费	种子费(元)	100	105	100	16
	化肥费(元)	340	340	225	250
	农家肥费(元)	550	440	440	0
	农药费(元)	100	150	120	150
	农膜费(元)	60	60	60	0
	机械作业费(元)	70	70	70	75
	排灌费(元)	25	25	25	25
	工具材料费(元)	250	150	0	0
	销售费(元)	200	200	35	130
	棚架折旧费(元)	500	500	500	0
	土地折租(元)	120	120	180	120
	用工费(元)	3269	3269	1634	2569

图9-8 使用“项目”和“种子费”创建的簇状圆锥图

（2） 单击选中创建的簇状圆锥图，再单击【设计】/【类型】选项组中的【更改图表类型】按钮，在弹出的【更改图表类型】对话框中，选择“圆环图”中的“圆环图”，单击 确定 按钮。则簇状圆锥图表就变成了圆环图，如图 9-9 所示。

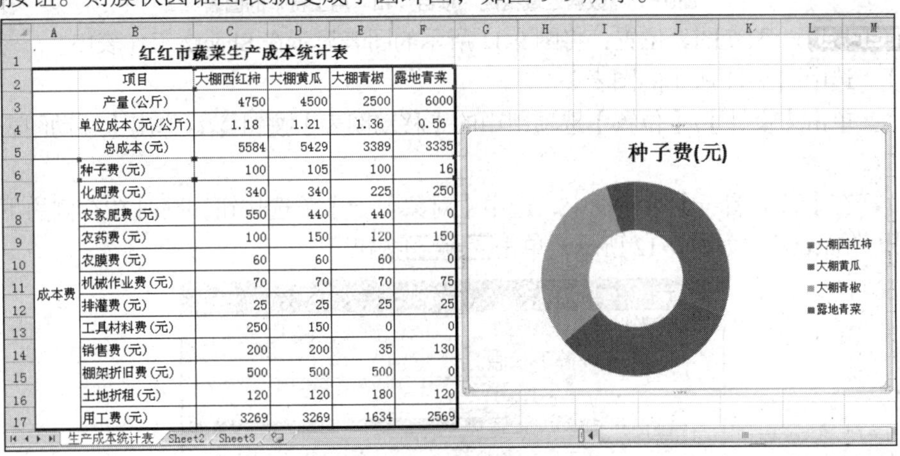

红红市蔬菜生产成本统计表

	项目	大棚西红柿	大棚黄瓜	大棚青椒	露地青菜
	产量(公斤)	4750	4500	2500	6000
	单位成本(元/公斤)	1.18	1.21	1.36	0.56
	总成本(元)	5584	5429	3389	3335
成本费	种子费(元)	100	105	100	16
	化肥费(元)	340	340	225	250
	农家肥费(元)	550	440	440	0
	农药费(元)	100	150	120	150
	农膜费(元)	60	60	60	0
	机械作业费(元)	70	70	70	75
	排灌费(元)	25	25	25	25
	工具材料费(元)	250	150	0	0
	销售费(元)	200	200	35	130
	棚架折旧费(元)	500	500	500	0
	土地折租(元)	120	120	180	120
	用工费(元)	3269	3269	1634	2569

图9-9 将图表类型更改为圆环图

STEP 2 更改数据区域：将数据区域由“项目”和“种子费”更改为“项目”和“用工费”。

（1） 单击图 9-9 所示的圆环图，再单击【设计】/【数据】选项组中的【选择数据】按钮，弹出【选择数据源】对话框。

（2） 在【选择数据源】对话框中，单击【图表数据区域】右侧的按钮，重新选择数据区域“=生产成本统计表!$B$2:$F$2,生产成本统计表!$B$17:$F$17”，如图 9-10 所示。单击确定按钮，这时图表自动更新，图表界面如图 9-11 所示。

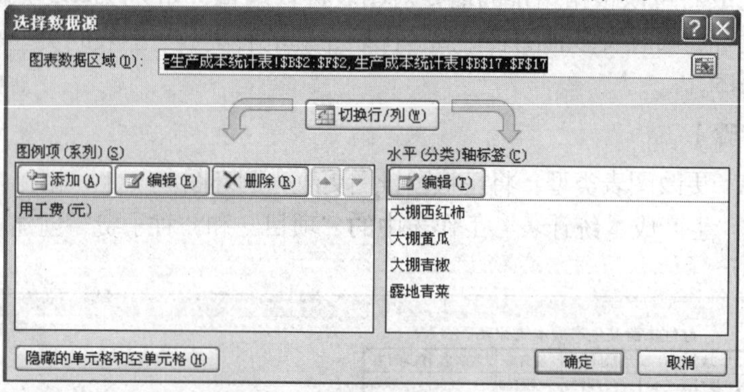

图9-10 【选择数据源】对话框

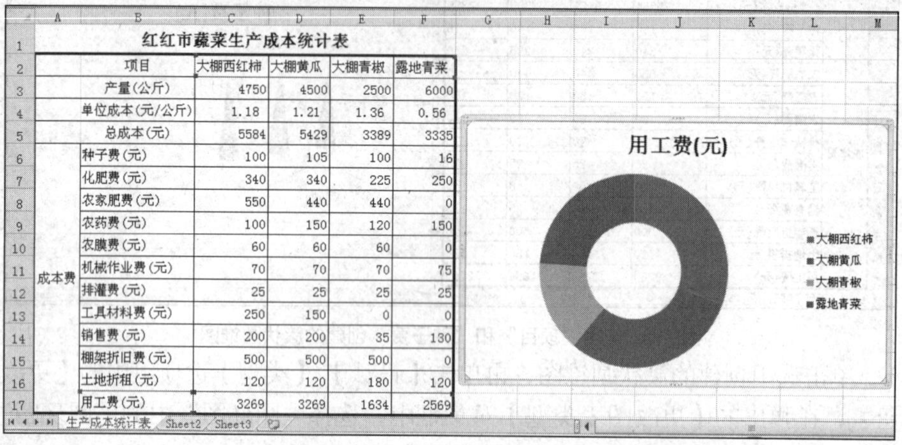

红红市蔬菜生产成本统计表

	项目	大棚西红柿	大棚黄瓜	大棚青椒	露地青菜
	产量(公斤)	4750	4500	2500	6000
	单位成本(元/公斤)	1.18	1.21	1.36	0.56
	总成本(元)	5584	5429	3389	3335
成本费	种子费(元)	100	105	100	16
	化肥费(元)	340	340	225	250
	农家肥费(元)	550	440	440	0
	农药费(元)	100	150	120	150
	农膜费(元)	60	60	60	0
	机械作业费(元)	70	70	70	75
	排灌费(元)	25	25	25	25
	工具材料费(元)	250	150	0	0
	销售费(元)	200	200	35	130
	棚架折旧费(元)	500	500	500	0
	土地折租(元)	120	120	180	120
	用工费(元)	3269	3269	1634	2569

图9-11 数据区域变成“项目”和“用工费”的图表

STEP 3 改变图表位置：将图 9-11 所示的图表显示在 Sheet2 工作表中。

（1） 选中图 9-11 所示的图表。

（2） 单击【设计】/【位置】选项组中的【移动图表】按钮，弹出【移动图表】对话框。

（3） 在【移动图表】对话框中，选中【对象位于】单选按钮，同时在右侧的下拉列表中选择“Sheet2”，如图 9-12 所示，单击确定按钮。

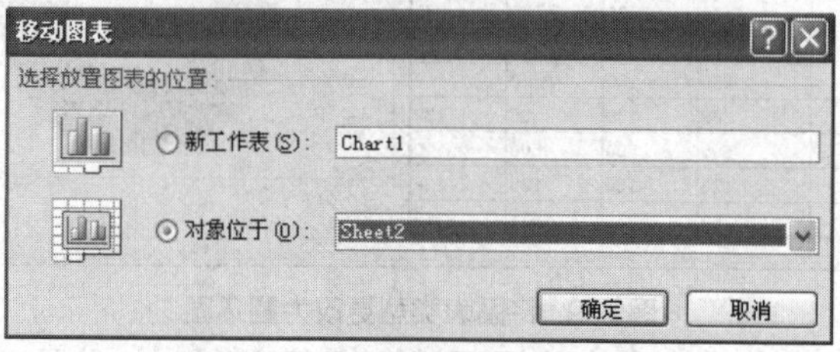

图9-12 【移动图表】对话框

STEP 4 选择图表布局：使用图表布局 6 显示图表。

（1） 将工作表“Sheet2”标签名更改为“编辑图表”

（2） 选中“编辑图表”工作表中的图表。

（3）　单击【设计】/【图表布局】选项组中的按钮，弹出图表布局窗口。

（4）　在图表布局窗口中，单击选择第 2 行第 3 列的布局（布局 6），如图 9-13 所示。图表布局更改为布局 6 的图表，如图 9-14 所示。

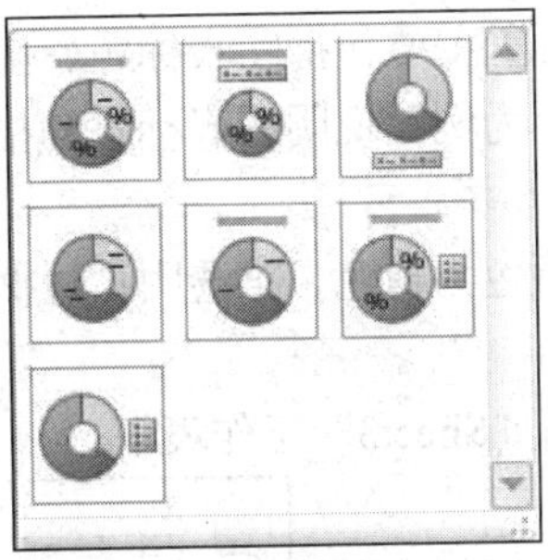

图9-13　图表布局窗口

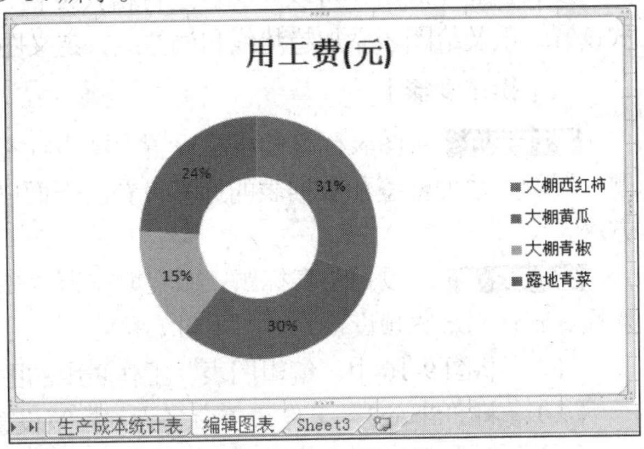

图9-14　图表布局更改为布局 6 后的图表

STEP 5　选择图表样式：使用样式 26 显示图表。

（1）　选中“编辑图表”工作表中的图表。

（2）　单击【设计】/【图表样式】选项组中的按钮，弹出图表样式窗口。

（3）　在图表样式窗口中，单击选择第 4 行第 2 列的样式（样式 26），如图 9-15 所示。图表样式更改为样式 26 的图表，如图 9-16 所示。

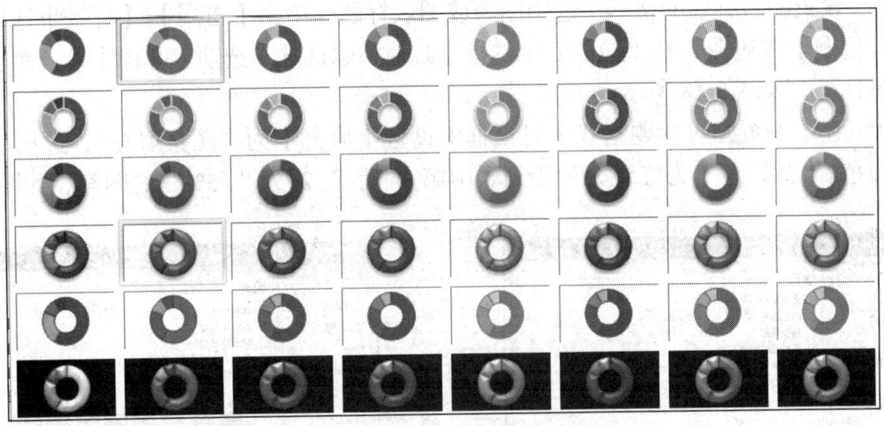

图9-15　图表样式

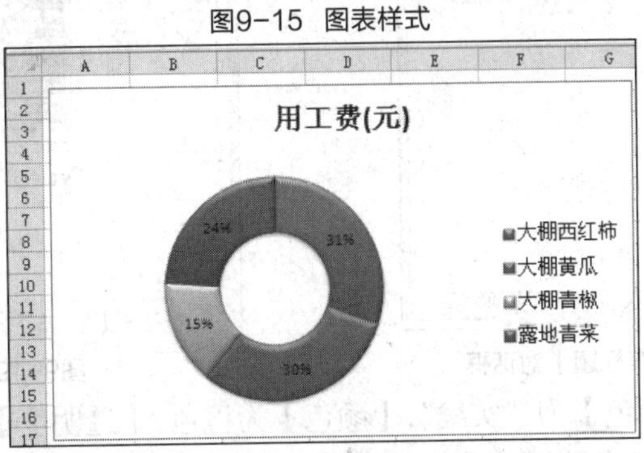

图9-16　图表样式更改为样式 26 后的图表

STEP 6　保存和关闭文件。单击按钮保存文件，单击按钮关闭文件。

项目升级　图表的格式设置

图表创建完成后，可以对图表进行格式设置，如对图表标签、坐标轴、图表背景进行格式设置，以及给图表添加趋势线和误差线，定义图表的名称等。

【操作步骤】

STEP 1 图表标签的格式设置。图表标签的格式设置主要包括图表标题、坐标轴标题、图例、数据标签和数据表的标签设置。下面以图表标题为例，说明图表标签的格式设置方法。

STEP 2 设置图表标题：图案填充为 75%；边框颜色为橙色，半透明；边框样式为双线 6 磅；阴影“预设”为“右下斜偏移”。

（1） 将图 9-16 中“编辑图表”工作表中的图表复制到“Sheet3”工作表中。

（2） 将“Sheet3”工作表重命名为“标签设置”。

（3） 选中“标签设置”工作表中的图表，单击【布局】/【标签】选项组中的【图表标题】按钮，弹出图表标题下拉列表，如图 9-17 所示。

（4） 在图表标题下拉列表中选择选项，这时在图表的上方添加了图表标题，将插入点移到标题中可以修改标题内容。

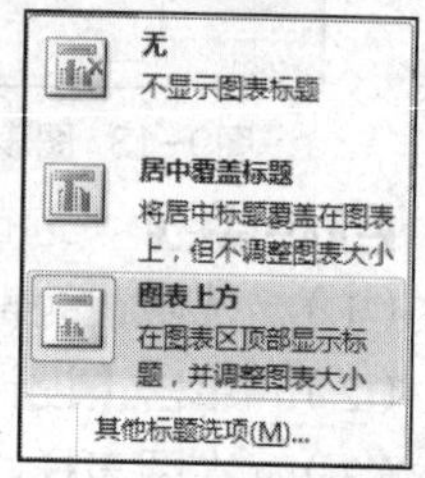

图9-17　图表标题下拉列表

（5） 设置图表标题的格式。选中图表或图表标题，单击【布局】/【标签】选项组中的【图表标题】按钮，在下拉列表中选择【其他标题选项】选项，弹出【设置图表标题格式】对话框，如图 9-18 所示。

（6） 在【设置图表标题格式】对话框中设置【填充】为“图案填充”，选择【前景色】为白色，【背景色】为红色，选用列表中第 4 行第 2 列“75%”的图案，如图 9-19 所示。

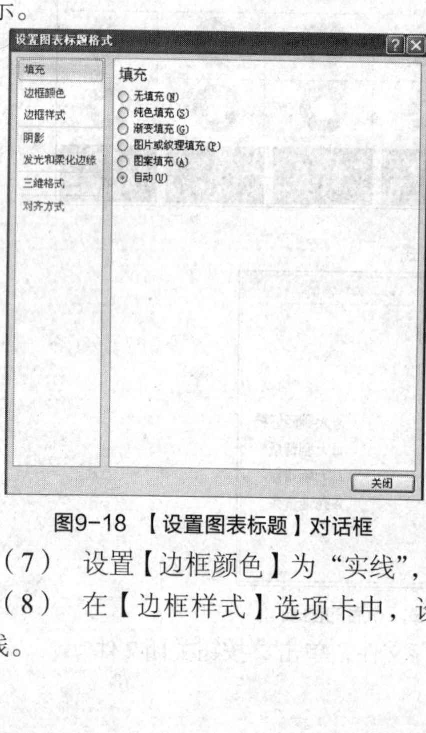

图9-18　【设置图表标题】对话框

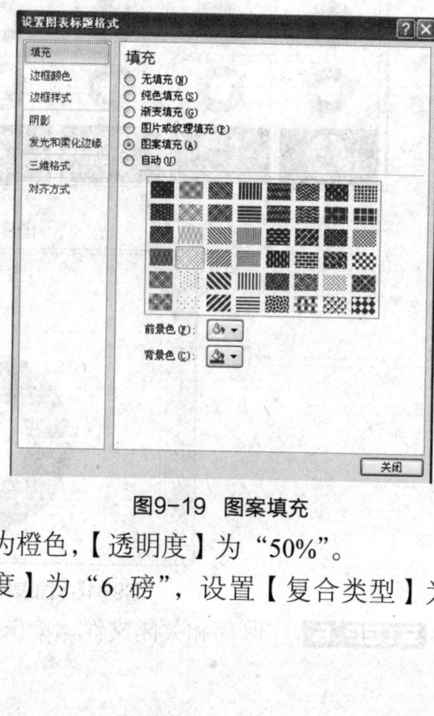

图9-19　图案填充

（7） 设置【边框颜色】为“实线”，【颜色】为橙色，【透明度】为“50%”。

（8） 在【边框样式】选项卡中，设置【宽度】为“6 磅”，设置【复合类型】为双线。

（9） 在【阴影】选项卡中设置【预设】为“外部”组中的“右下斜偏移”，设置【颜色】为紫色，设置【透明度】为“60%”，【大小】为“100%”，【虚化】为“10 磅”，【角度】为“45°”，【距离】为“5 磅”，如图 9-20 所示。

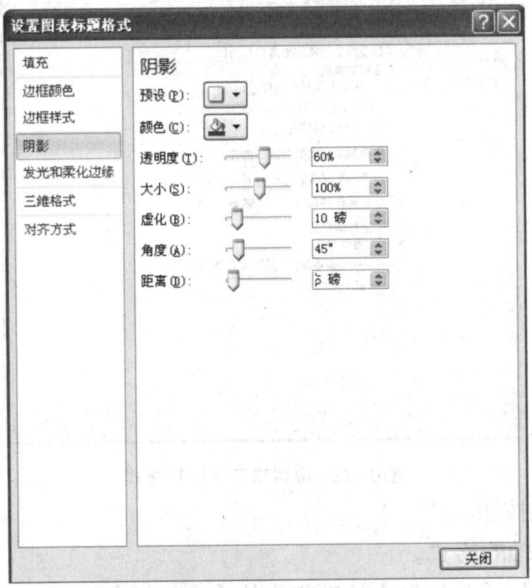

图9-20 设置图表标题格式中的阴影

（10）单击关闭按钮。图表标题发生了改变，如图 9-21 所示。

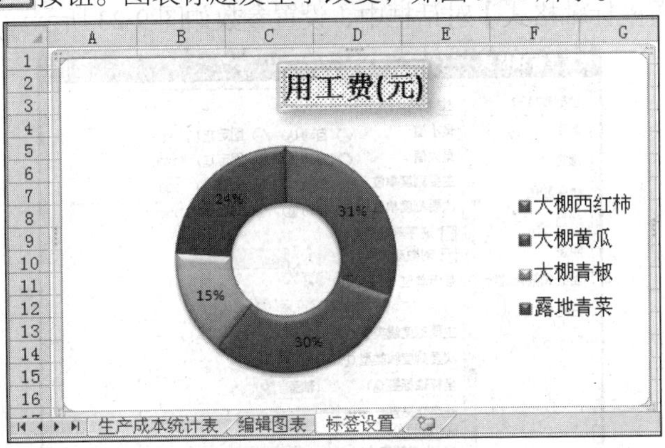

图9-21 图表标题设置完成

STEP 3 坐标轴的格式设置。设置横向坐标轴的标签与坐标轴的距离为 10；设置纵向坐标轴刻度的最小值为 1600，最大值为 3300；添加横向主要网格线和纵向主要网格线。

下面先来设置横坐标轴的格式。

（1） 新建一个工作表“坐标轴设置”，将“标签设置”工作表中的图表复制到“坐标轴设置”工作表中。

（2） 单击【设计】/【类型】选项组中的【更改图表类型】按钮，将图表更改为簇状柱形图。

（3） 单击【布局】/【坐标轴】选项组中的【坐标轴】按钮，在其下拉列表中选择【主要横坐标轴】/【其他主要横坐标轴选项】选项，弹出【设置坐标轴格式】对话框。

（4） 在【设置坐标轴格式】对话框中，设置参数如图 9-22 所示。

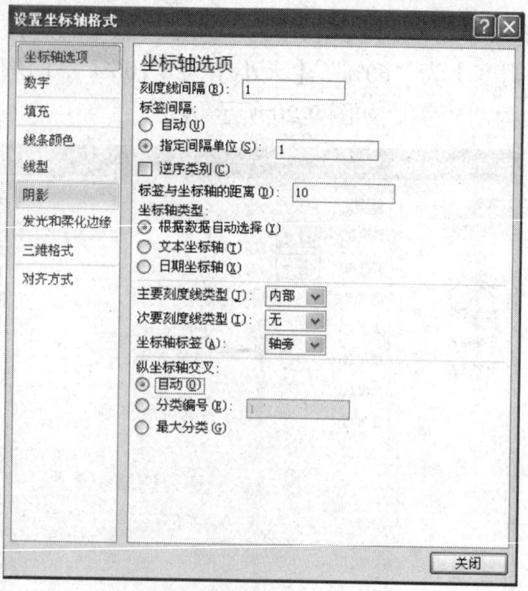

图9-22 设置横向坐标轴格式

（5） 单击关闭按钮。

接下来设置纵坐标轴的格式。

（6） 单击【布局】/【坐标轴】选项组中的【坐标轴】按钮，在其下拉列表中选择【主要纵坐标轴】/【其他主要纵坐标轴选项】选项，弹出【设置坐标轴格式】对话框。

（7） 在【设置坐标轴格式】对话框中，设置参数如图9-23所示。

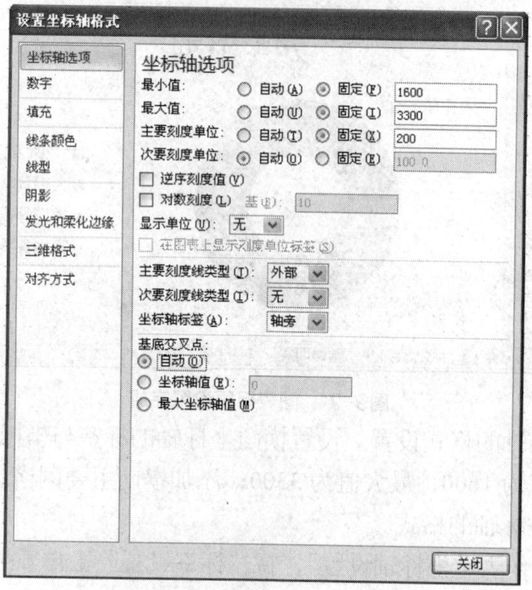

图9-23 设置纵向坐标轴格式

（8） 单击关闭按钮。

STEP 4 添加网格线。网格线包括主要横网格线和主要纵网格线，下面以横网格线为例说明网格线的设置方法。

（1） 单击【布局】/【坐标轴】选项组中的【网格线】按钮，在其下拉列表中选择【主要横网格线】/【主要网格线】选项，则在图表中添加了横向的主要网格线。

（2） 单击【布局】/【坐标轴】选项组中的【网格线】按钮，在其下拉列表中选择【主要纵网格线】/【主要网格线】选项，则在图表中添加了纵向的主要网格线。

（3） 完成后的图表如图 9-24 所示。

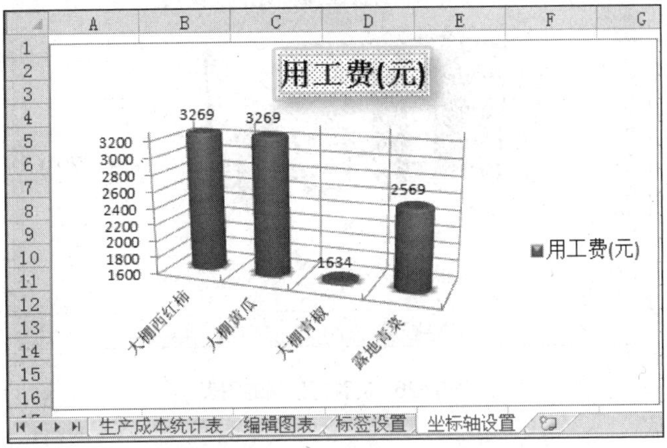

图9-24 设置坐标轴格式后的图表

STEP 5 图表背景的格式设置。设置图表的背景墙和基底，并进行三维旋转。

首先来设置背景墙。

（1） 新建一个工作表“背景设置”。

（2） 将“坐标轴设置”工作表中的图表复制到“背景设置”工作表中。

（3） 选中“背景设置”工作表中的图表，单击【布局】/【背景】选项组中的【图表背景墙】按钮，在弹出的列表中选择【其他背景墙选项】选项，弹出【设置背景墙格式】对话框。

（4） 在【设置背景墙格式】对话框中，设置【填充】为“纯色填充”，【颜色】为橙色，如图 9-25 所示。然后设置【边框颜色】为红色、实线；【边框样式】的【宽度】为“4 磅”。

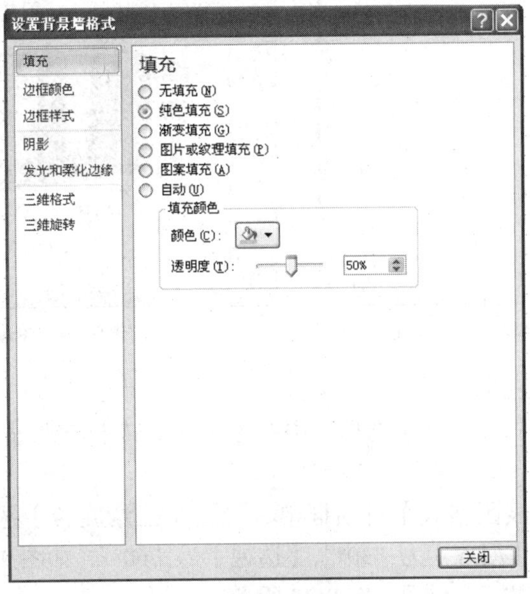

图9-25 【设置背景墙格式】对话框

（5） 单击关闭按钮，完成背景墙的设置，结果如图 9-26 所示。

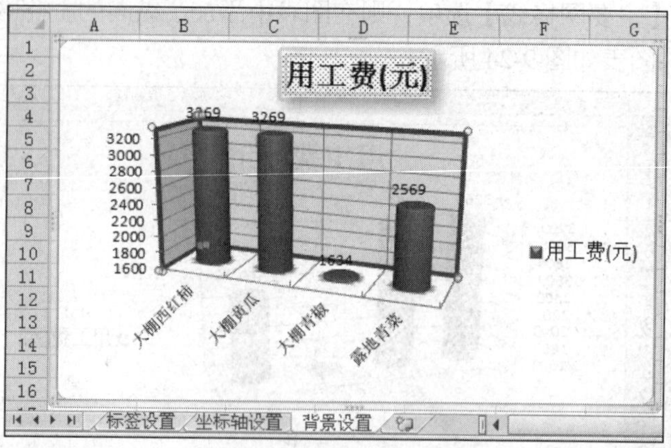

图9-26 设置背景墙的图表

下面来设置基底。

（6） 单击【布局】/【背景】选项组中的【图表基底】按钮，从其下拉列表中选择【其他基底选项】选项，弹出【设置基底格式】对话框。

（7） 在【设置基底格式】对话框中，设置【填充】为“纯色填充”，【颜色】为红色，如图 9-27 所示。然后设置【边框颜色】为绿色、实线；【边框样式】的【宽度】为“5 磅”。

（8） 单击关闭按钮。结果如图 9-28 所示。

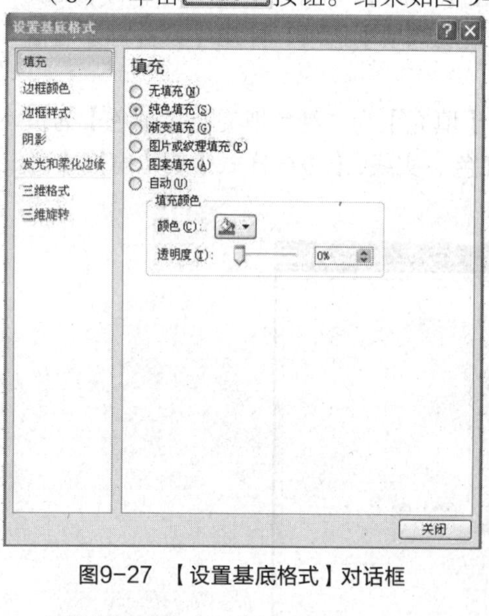

图9-27 【设置基底格式】对话框

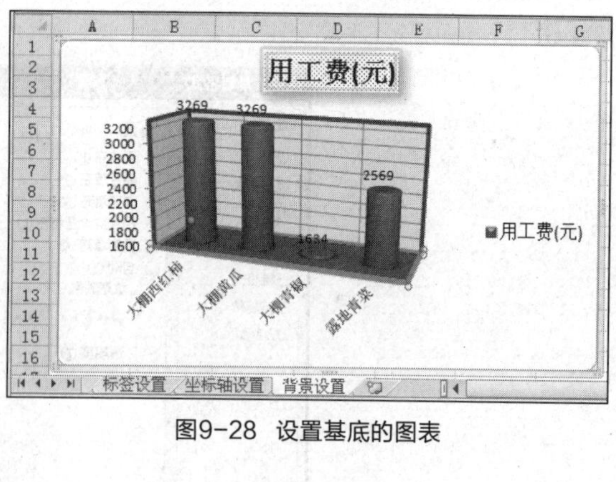

图9-28 设置基底的图表

STEP 6 设置三维旋转。

（1） 单击【布局】/【背景】选项组中的【三维旋转】按钮，弹出【设置图表区格式】对话框。

（2） 在【设置图表区格式】对话框中，设置【三维旋转】选项卡中的【旋转】/【X】为“20°”，【旋转】/【Y】为“30°”，【透视】为“60°”，如图 9-29 所示。

（3） 单击关闭按钮，结果如图 9-30 所示。

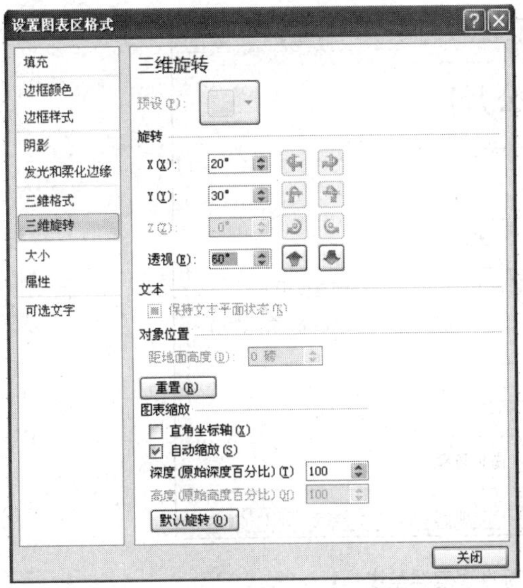

图9-29 三维旋转

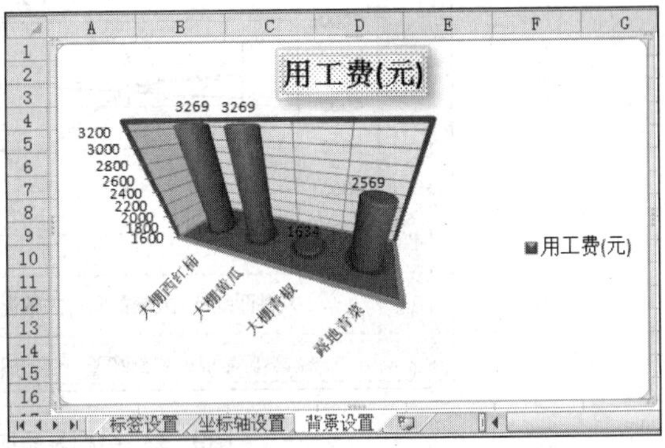

图9-30 三维旋转后的图表

STEP 7 给图表添加趋势线和误差线。使用“项目”和“产量”两列数据新建一个“折线图”，给图表添加趋势线和误差线。

（1） 新建一个工作表并命名为“添加趋势线和误差线”。

（2） 选定“生产成本统计表”工作表中的单元格区域 B2:F3。

（3） 单击【插入】/【图表】选项组中的【折线图】按钮，从其下拉列表中选择【折线图】选项。

（4） 单击【设计】/【位置】选项组中的【移动图表】按钮，在弹出的【移动图表】对话框中选中【对象位于】单选按钮，并在其下拉列表中选择【添加趋势线和误差线】选项，单击确定按钮。

（5） 选中图表，单击【布局】/【分析】选项组中的【趋势线】按钮，从其下拉列表中选择【线性趋势线】选项，则为图表添加了一条线性趋势线，结果如图 9-31 所示。

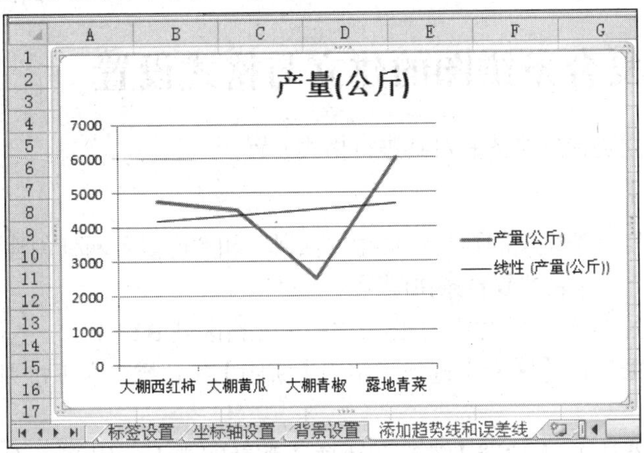

图9-31 给图表添加了趋势线

（6） 选中图表，单击【布局】/【分析】选项组中的【误差线】按钮，从其下拉列表中选择【标准误差误差线】选项，则为图表添加了一条标准误差误差线，结果如图 9-32 所示。

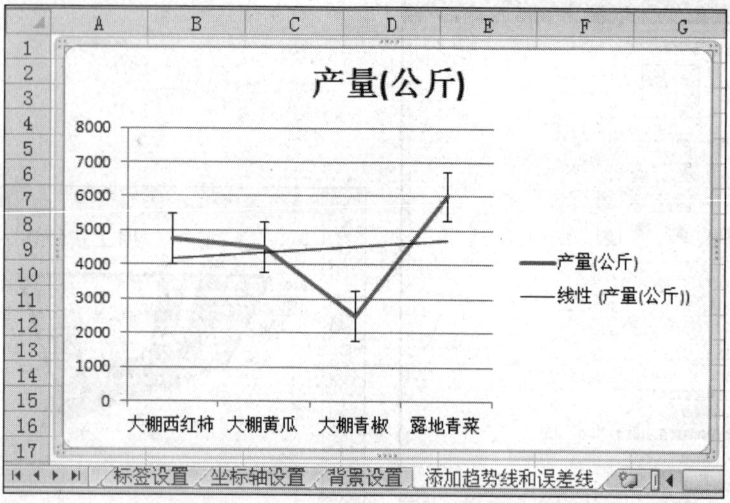

图9-32 给图表添加了标准误差误差线

STEP 8 给图表定义名称。给图 9-32 定义名称为“添加趋势线图表”。

（1） 选中图 9-32 中的图表。

（2） 在【布局】/【属性】选项组中的【图表名称】文本框中直接输入图表的名称“添加趋势线图表”即可，即 。

（3） 保存和关闭文件。单击 按钮保存文件，单击 按钮关闭文件。

项目小结

Excel 可以制作多种图表，图表数据可以根据需要随时改变，图表类型、图表位置也可以方便地进行更改，图表编辑灵活。完成图表后，还可以对标签、坐标轴及背景进行设置，还可以给图表添加趋势线和误差线等。为了区分图表，还可以给图表命名。图表应用简单多样，设置灵活。

课后练习 复合条饼图的建立与格式设置

下面来练习建立复合条饼图并对其进行格式设置。

【步骤提示】

STEP 1 复合条饼图的建立：使用“项目”和“产量”两列创建复合条饼图。

（1） 新建一个工作表“复合条饼图”。

（2） 选定“生产成本统计表”工作表中的单元格区域 B2:F3。

（3） 单击【插入】/【图表】选项组中的【饼图】按钮 ，在下拉列表中单击【复合条饼图】按钮 。

（4） 单击【设计】/【位置】选项组中的【移动图表】按钮 ，在弹出的【移动图表】对话框中，选中【对象位于】单选按钮，并在其下拉列表中选择【复合条饼图】选项，单击 确定 按钮。创建的图表如图 9-33 所示。

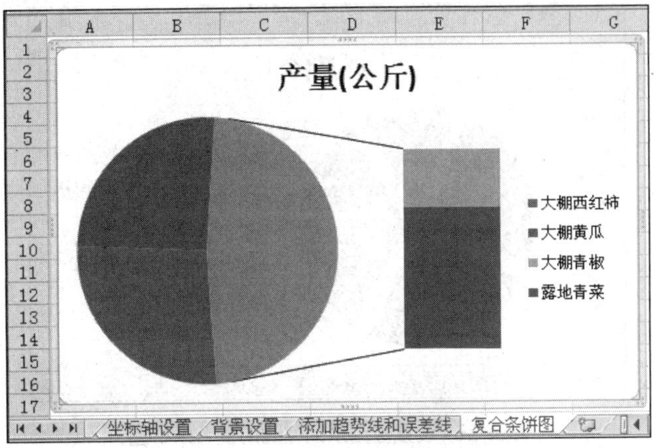

图9-33 复合条饼图

STEP 2 复合条饼图的格式设置：设置第 2 个绘图区包含最后 1 个值，饼图的不分离比例为 10%，两个绘图区的分类间距为 50%，第 2 个绘图区的大小为 70%；在数据标签内显示系列名称、值和百分比。

（1） 新建一个工作表并命名为“格式设置复合条饼图”。

（2） 在“复合条饼图”工作表中选择图 9-33 所示的图表，按 Ctrl+C 组合键复制图表，再单击“格式设置复合条饼图”工作表，按 Ctrl+V 组合键粘贴图表。

（3） 选中“格式设置复合条饼图”工作表中的图表，再单击【格式】/【当前所选内容】选项组最上面的列表框右侧的按钮，从下拉列表中选择【系列“产量(公斤)”】选项，再单击 设置所选内容格式 按钮，这时弹出【设置数据系列格式】对话框。

（4） 在【设置数据系列格式】对话框中，设置第 2 个绘图区包含最后 1 个值，饼图的不分离比例为“10%”，两个绘图区的分类间距为“50%”，第 2 个绘图区的大小为“70%”，如图 9-34 所示。

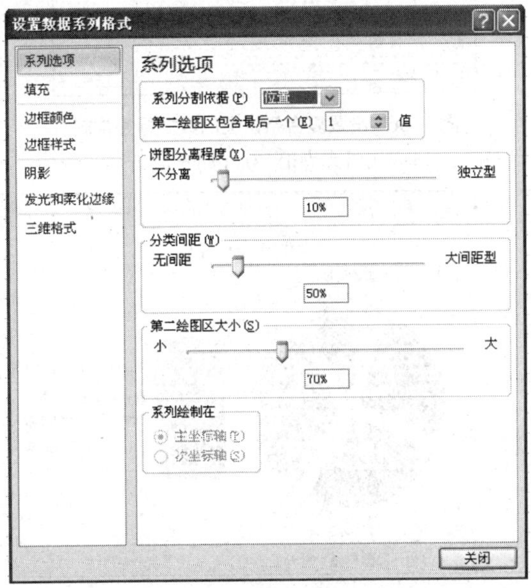

图9-34 复合条饼图的数据系列格式

（5） 单击 关闭 按钮，得到的图表如图 9-35 所示。

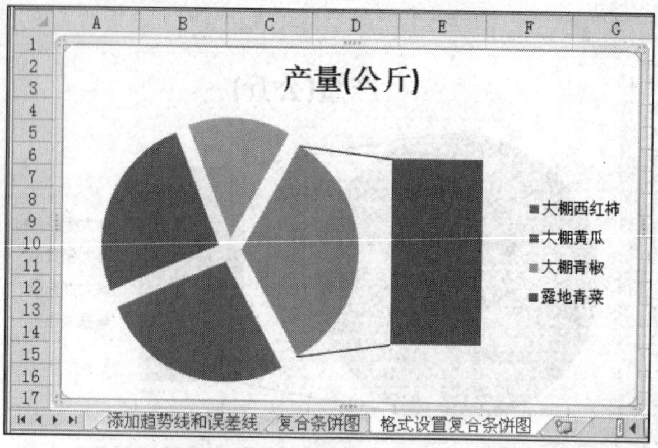

图9-35　设置数据系列格式的复合条饼图

（6）　单击【布局】/【标签】选项组中的【数据标签】按钮，在其下拉列表中单击 其他数据标签选项(M)... 按钮，弹出【设置数据标签格式】对话框。

（7）　在【设置数据标签格式】对话框中，选择标签包含类别名称、值和百分比，如图 9-36 所示。

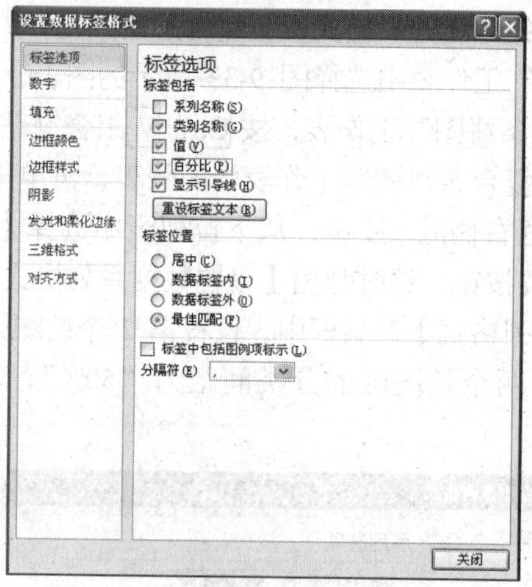

图9-36　设置复合条饼图的数据标签格式

（8）　单击 关闭 按钮，得到的图表如图 9-37 所示。

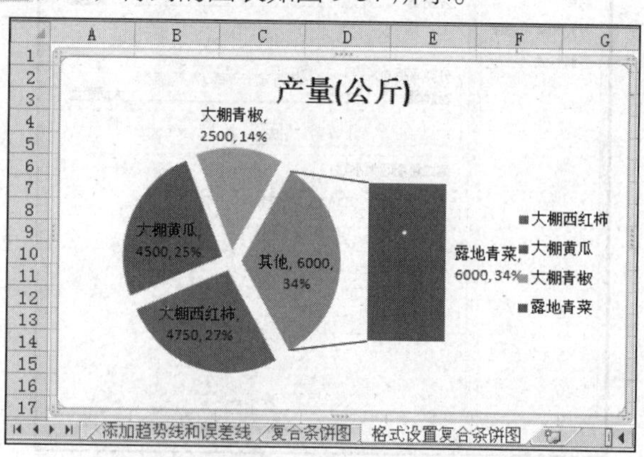

图9-37　设置数据标签格式的复合条饼图

（9）　保存和关闭文件。单击按钮保存文件；单击按钮关闭文件。

PART 10

项目十 制作原材料采购管理——打印与安全管理

项目背景

为了保护 Excel 文件，对于禁止他人查看的文件，可以通过给文件添加密码的方法解决；对于禁止更改工作表中的部分单元格，可以通过锁定单元格和保护工作表的方式完成；对于打印和打印预览可以根据需要添加、删除或调整分页位置，也可以添加页眉页脚，还可以设置打印标题行和打印标题列。通过对工作表和工作簿的保护，保证了 Excel 文件的安全；通过调整分页位置等可以满足打印的要求，以此方便管理和打印工作簿、工作表和单元格区域。

项目分析

Excel 打印设置灵活，可以自己定义分页的位置，如在某行、某列或某个单元格前面添加分页线，对于分页的位置也可以随意调整，分页位置可灵活调整；对于多页的工作表，在打印时可能会因为没有打印表头而无法知晓表格中的内容，为解决这一问题，系统可以设置打印标题行和打印标题列，这样就可以在打印每一页时，都打印出表头等信息，使得信息的阅读一目了然；对于重要的工作簿设置密码，以保护自己的文件不被别人查看，对于文件中的比较重要的单元格区域，可以根据需要设置成只能阅读不能修改，这样可有效地保护数据不被修改。

本项目对食堂配菜材料采购单进行打印设置，并且对工作簿和工作表进行保护。

解决方案

本项目可以通过以下几个任务来完成。

- 任务一　打印设置。
- 任务二　安全管理。

任务一　打印设置

先创建食堂配菜材料采购单，再对表格的页面进行设置，包括设置页边距、纸张方向、纸张大小、打印区域、分隔符和背景；在普通视图和分页预览视图之间进行切换。

【操作步骤】

STEP 1 启动 Excel 2010，将文件保存为“10-1(制作原材料采购管理).xlsx”。

STEP 2 在工作表“Sheet1”中输入数据，并适当设置字体、大小、边框线、对齐方式、行高和列宽，制作的表格如图 10-1 所示。

山山大学食堂配菜材料采购单

名称		鸡	鱼	卷心菜	豆芽	黄瓜	西红柿	青椒	土豆	香菇	萝卜	苹果
2013-7-1	单价	8.00	5.00	1.50	2.00	2.50	2.30	2.00	1.20	6.00	1.00	5.00
2013-7-1	数量	20.00	25.00	33.00	15.00	60.00	50.00	20.00	12.00	16.00	10.00	30.00
2013-7-1	总价	160.00	125.00	49.50	30.00	150.00	115.00	40.00	14.40	96.00	10.00	150.00
2013-7-2	单价	8.00	5.20	1.50	2.00	2.60	2.20	1.80	1.30	6.10	1.10	5.00
2013-7-2	数量	22.00	37.00	49.00	34.00	30.00	25.00	16.00	18.00	17.00	10.00	25.00
2013-7-2	总价	176.00	192.40	73.50	68.00	78.00	55.00	28.80	23.40	103.70	11.00	125.00
2013-7-3	单价	8.10	5.10	1.40	2.10	2.50	2.10	1.90	1.30	6.20	1.10	5.10
2013-7-3	数量	40.00	25.00	16.00	16.00	18.00	70.00	27.00	37.00	18.00	15.00	32.00
2013-7-3	总价	324.00	127.50	22.40	33.60	45.00	147.00	51.30	48.10	111.60	16.50	163.20
2013-7-4	单价	8.00	5.00	1.38	2.00	2.60	2.30	1.98	1.30	6.20	1.10	5.20
2013-7-4	数量	22.00	51.00	24.00	25.00	21.00	24.00	49.00	57.00	10.00	49.00	19.00
2013-7-4	总价	176.00	255.00	33.12	50.00	54.60	55.20	97.02	74.10	62.00	53.90	98.80
2013-7-5	单价	8.10	5.10	1.60	2.10	2.80	2.50	2.10	1.50	6.50	1.20	5.50
2013-7-5	数量	20.00	16.00	24.00	20.00	44.00	30.00	26.00	52.00	14.00	28.00	22.00
2013-7-5	总价	162.00	81.60	38.40	42.00	123.20	75.00	54.60	78.00	91.00	33.60	121.00
价格总计		998.00	781.50	216.92	223.60	450.80	447.20	271.72	238.00	464.30	125.00	658.00

图10-1　食堂配菜材料采购单

STEP 3 设置页边距的【上】为“3 厘米”、【下】为“2 厘米”、【左】为“2.5 厘米”、【右】为“1.5 厘米”、【页眉】为“1 厘米”、【页脚】为“0.8 厘米”。设置整个表格水平居中。单击【页面布局】/【页面设置】选项组中的【页边距】按钮，在弹出的列表中，单击选择 自定义边距(A)... 按钮，弹出【页面设置】对话框，在【页边距】选项卡中设置参数如图 10-2 所示，单击 确定 按钮。

STEP 4 设置纸张方向为“横向”。单击【页面布局】/【页面设置】选项组中的【纸张方向】按钮，在弹出的列表中单击 横向 按钮。

STEP 5 设置纸张大小为 16K，并调整在一页宽和一页高。单击【页面布局】/【页面设置】选项组中的【纸张大小】按钮，在弹出的列表中单击 其他纸张大小(M)... 按钮，弹出【页面设置】对话框，在【页面】选项卡中设置参数如图 10-3 所示，单击 确定 按钮。

STEP 6 设置 A2:D7 单元格区域为打印区域，之后再取消设置的打印区域。选定单元格区域 A2:D7，再单击【页面布局】/【页面设置】选项组中的【打印区域】按钮，在弹出的列表中单击 设置打印区域(S) 按钮，此时就设置了打印区域为单元格区域 A2:D7。单击【页面布局】/【页面设置】选项组右边的按钮，在弹出的【页面设置】对话框中，单击 打印预览(W) 按钮，就能看到设置的打印区域中的内容，其他区域中的内容不显示，单击任一选项卡（如页面布局）返回到编辑状态；若要取消设置的打印区域，只需再单击【页面布局】/【页面设置】选项组中的【打印区域】按钮，在弹出的列表中，单击 取消印区域(C) 按钮即可。

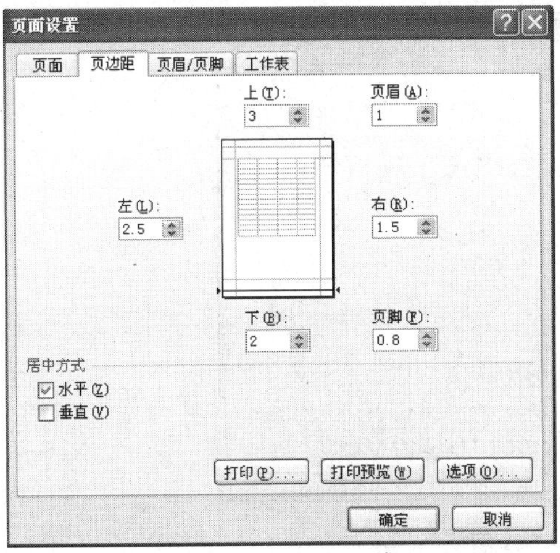

图10-2 设置页边距

图10-3 设置纸张大小

STEP 7 设置分隔符。在图 10-3 所示的【页面设置】对话框的【页面】选项卡中，将【缩放】选项设置为 缩放比例(A): 100 % 正常尺寸，再在第 8 行前面插入分页符，再将分页位置调整到第 9 行。单击选择第 8 行，单击【页面布局】/【页面设置】选项组中的【分隔符】按钮，在弹出的列表中，单击 插入分页符(I) 按钮，这时在第 8 行的前面添加了一条分页线--------；要调整分页位置，需要单击【视图】/【工作簿视图】选项组中的【分页预览】按钮，这时会显示带有页码标识的页面，如图 10-4 所示。在图 10-4 中，将鼠标指针移至第 8 行上方的蓝色线条上，当鼠标指针变成"↕"形状时，将蓝色线条拖动到第 9 行的上方，这时分页位置就调整到了第 9 行的上方。再单击【视图】/【工作簿视图】选项组中的【普通】按钮，返回到普通视图的状态。

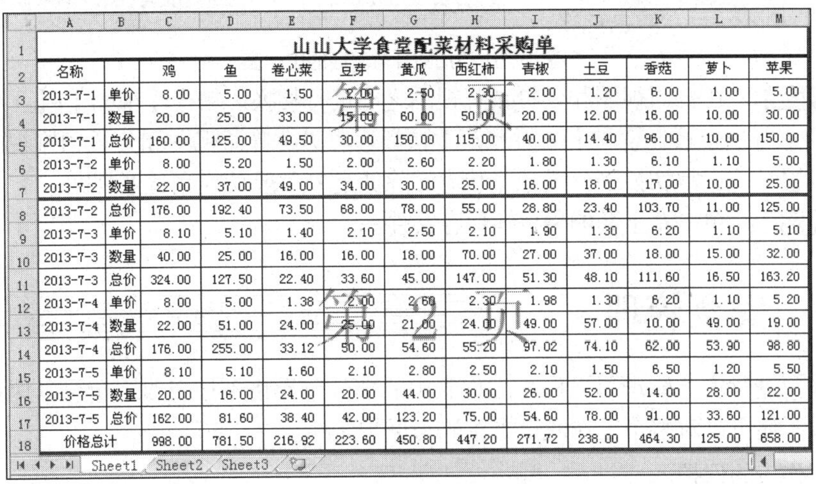

山山大学食堂配菜材料采购单

名称		鸡	鱼	卷心菜	豆芽	黄瓜	西红柿	青椒	土豆	香菇	萝卜	苹果
2013-7-1	单价	8.00	5.00	1.50	2.00	2.50	2.30	2.00	1.20	6.00	1.00	5.00
2013-7-1	数量	20.00	25.00	33.00	15.00	60.00	50.00	20.00	12.00	16.00	10.00	30.00
2013-7-1	总价	160.00	125.00	49.50	30.00	150.00	115.00	40.00	14.40	96.00	10.00	150.00
2013-7-2	单价	8.00	5.20	1.50	2.00	2.60	2.20	1.80	1.30	6.10	1.10	5.00
2013-7-2	数量	22.00	37.00	49.00	34.00	30.00	25.00	16.00	18.00	17.00	10.00	25.00
2013-7-2	总价	176.00	192.40	73.50	68.00	78.00	55.00	28.80	23.40	103.70	11.00	125.00
2013-7-3	单价	8.10	5.10	1.40	2.10	2.50	2.10	1.90	1.30	6.20	1.10	5.10
2013-7-3	数量	40.00	25.00	16.00	16.00	18.00	70.00	27.00	37.00	18.00	15.00	32.00
2013-7-3	总价	324.00	127.50	22.40	33.60	45.00	147.00	51.30	48.10	111.60	16.50	163.20
2013-7-4	单价	8.00	5.00	1.38	2.00	2.60	2.30	1.98	1.30	6.20	1.10	5.20
2013-7-4	数量	22.00	51.00	24.00	25.00	21.00	24.00	49.00	57.00	10.00	49.00	19.00
2013-7-4	总价	176.00	255.00	33.12	50.00	54.60	55.20	97.02	74.10	62.00	53.90	98.80
2013-7-5	单价	8.10	5.10	1.60	2.10	2.80	2.50	2.10	1.50	6.50	1.20	5.50
2013-7-5	数量	20.00	16.00	24.00	20.00	44.00	30.00	26.00	52.00	14.00	28.00	22.00
2013-7-5	总价	162.00	81.60	38.40	42.00	123.20	75.00	54.60	78.00	91.00	33.60	121.00
价格总计		998.00	781.50	216.92	223.60	450.80	447.20	271.72	238.00	464.30	125.00	658.00

图10-4 带有页码标识的页面

STEP 8 设置背景。在"Sheet1"工作表中，将图片文件"项目 10 素材\背景.jpg"添加为背景图片，再将背景图片删除。选定工作表"Sheet1"，单击【页面布局】/【页面设置】选项组中的【背景】按钮，在弹出的【工作表背景】对话框中，单击选择图片文件"项目 10 素材\背景.jpg"，再单击 插入(S) 按钮，如图 10-5 所示。这时在工作表"Sheet1"中就添加了图片背景，如图 10-6 所示。此时原来的【页面布局】/【页面设置】选项组中【背景】按钮变成了【删除背景】按钮；单击【删除背景】按钮，则可删除添加的背景图片。

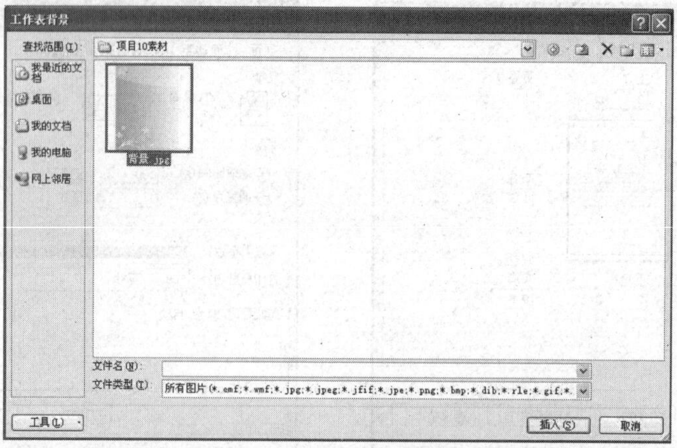

图10-5 【工作表背景】对话框

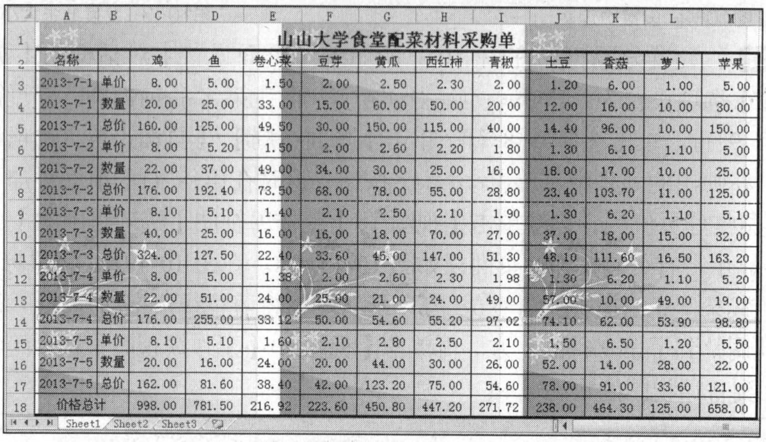

	A	B	C	D	E	F	G	H	I	J	K	L	M
1	山山大学食堂配菜材料采购单												
2	名称		鸡	鱼	卷心菜	豆芽	黄瓜	西红柿	青椒	土豆	香菇	萝卜	苹果
3	2013-7-1	单价	8.00	5.00	1.50	2.00	2.50	2.30	2.00	1.20	6.00	1.00	5.00
4	2013-7-1	数量	20.00	25.00	33.00	15.00	60.00	50.00	20.00	12.00	16.00	10.00	30.00
5	2013-7-1	总价	160.00	125.00	49.50	30.00	150.00	115.00	40.00	14.40	96.00	10.00	150.00
6	2013-7-2	单价	8.00	5.20	1.50	2.00	2.60	2.20	1.80	1.30	6.10	1.10	5.00
7	2013-7-2	数量	22.00	37.00	49.00	34.00	30.00	25.00	16.00	18.00	17.00	10.00	25.00
8	2013-7-2	总价	176.00	192.40	73.50	68.00	78.00	55.00	28.80	23.40	103.70	11.00	125.00
9	2013-7-3	单价	8.10	5.10	1.40	2.10	2.50	2.10	1.90	1.30	6.20	1.10	5.10
10	2013-7-3	数量	40.00	25.00	16.00	16.00	18.00	70.00	27.00	37.00	18.00	15.00	32.00
11	2013-7-3	总价	324.00	127.50	22.40	33.60	45.00	147.00	51.30	48.10	111.60	16.50	163.20
12	2013-7-4	单价	8.00	5.00	1.38	2.00	2.60	2.30	1.98	1.30	6.20	1.10	5.20
13	2013-7-4	数量	22.00	51.00	24.00	25.00	21.00	24.00	49.00	57.00	10.00	49.00	19.00
14	2013-7-4	总价	176.00	255.00	33.12	50.00	54.60	55.20	97.02	74.10	62.00	53.90	98.80
15	2013-7-5	单价	8.10	5.10	1.60	2.10	2.80	2.50	2.10	1.50	6.50	1.20	5.50
16	2013-7-5	数量	20.00	16.00	24.00	20.00	44.00	30.00	26.00	52.00	14.00	28.00	22.00
17	2013-7-5	总价	162.00	81.60	38.40	42.00	123.20	75.00	54.60	78.00	91.00	33.60	121.00
18	价格总计		998.00	781.50	216.92	223.60	450.80	447.20	271.72	238.00	464.30	125.00	658.00

Sheet1 / Sheet2 / Sheet3

图10-6 添加图片背景后的工作表

STEP 9 在普通视图和分页预览视图之间进行切换。单击【视图】/【工作簿视图】选项组中的【普通】按钮和【分页预览】按钮来切换普通视图和分页预览视图。在需要调整分页位置时，通常切换到分页预览状态；除此之外一般切换到普通视图。

STEP 10 单击左上角的按钮保存文件。

任务二 安全管理

对工作簿进行安全管理可以保护工作表中的部分单元格不被更改，也可以保护整个工作表不被修改，还可以对整个工作簿设置密码来保护文件。

1. 工作表的保护

下面介绍对工作表进行保护的方法。

【操作步骤】

STEP 1 将“Sheet1”工作表中的单元格区域 A1:M8 设置为只读。

> **知识提示** 设置单元格为只读的方法：对需要保护的单元格区域设置为“锁定”，对不需要保护的单元格区域设置为解除锁定，默认状态下，单元格都是“锁定”状态，只需对不需要保护的单元格解除锁定。

（1） 解除不需要保护的单元格区域。选择工作表“Sheet1”中的单元格区域 A1:M8 之外的单元格区域，选择第 N 列，按 Ctrl+Shift+→组合键，选择第 N 列以及后面所有列，再拖动水平滚动条至最左方，按 Ctrl 键继续选择第 19 行，按 Ctrl+Shift+↓组合键，选择第 19 行以及后面所有行，拖动垂直滚动条至最上方，单击【开始】/【单元格】选项组中的“格式”按钮，从弹出的列表中选择“设置单元格格式(E)...”按钮，弹出【设置单元格格式】对话框，在对话框的【保护】选项卡中，取消选中【锁定】复选框，如图 10-7 所示，单击“确定”按钮。

知识提示

也可以将工作表中的所有单元格解除锁定，再对需要只读的单元格设置为锁定。

（2） 保护锁定的单元格内容。单击【审阅】/【更改】选项组的【保护工作表】按钮，弹出【保护工作表】对话框，如图 10-8 所示，单击“确定”按钮。

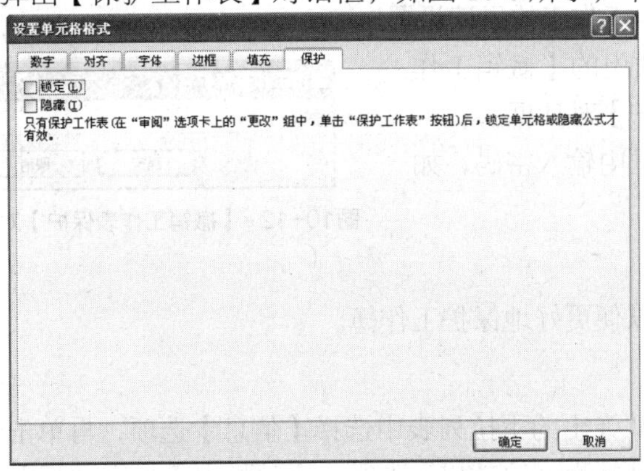

图10-7 【自定义序列】对话框

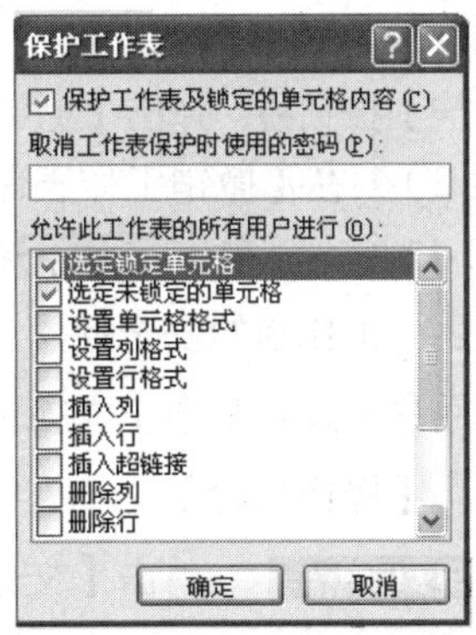

图10-8 【保护工作表】对话框

（3） 这时只要试图修改单元格区域 A1:M8，系统就会弹出提示，提示内容如图 10-9 所示。

图10-9 试图更改保护的单元格的提示

STEP 2 取消对“Sheet1”工作表中的单元格区域 A1:M8 的区域的只读设置。只要单击【审阅】/【更改】选项组的【撤销工作表保护】按钮即可。

STEP 3 将整个“Sheet1”工作表设置为只读（可以设置密码，也可以不设置密码）。

（1） 确定整个“Sheet1”工作表中的所有单元格都被“锁定”。默认情况下，所有单元格都是“锁定”状态。若不确定都是“锁定”的状态，可以选定整个工作表，再单击鼠标右键，从弹出的快捷菜单中选择“设置单元格格式(F)...”选项，弹出【设置单元格格式】对话框，在对话框中的【保护】选项卡中，选中【锁定】复选框，单击“确定”按钮。

（2） 不设置密码。单击【审阅】/【更改】选项组的【保护工作表】按钮，在弹出的【保护工作表】对话框中单击“确定”按钮。

（3） 设置密码。单击【审阅】/【更改】选项组的【保护工作表】按钮，在弹出的

【保护工作表】对话框中输入密码，如图 10-10 所示，单击确定按钮，弹出【确认密码】对话框。

（4） 在【确认密码】对话框中再次输入密码，如图 10-11 所示，单击确定按钮完成密码的设置。

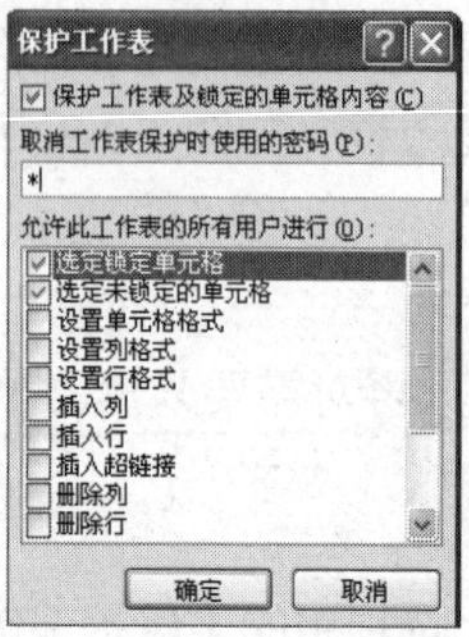

图10-10 在【保护工作表】对话框中输入密码

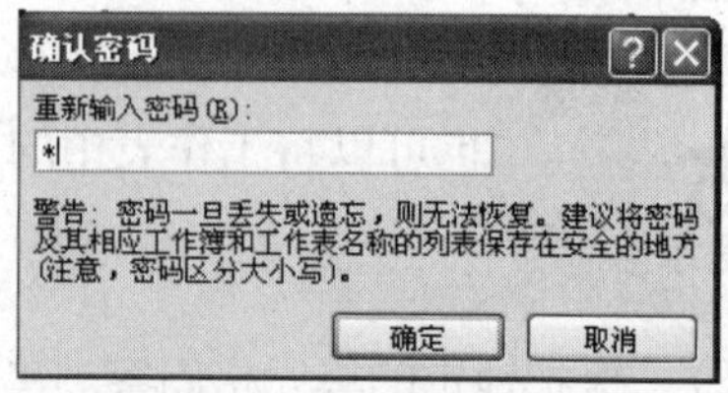

图10-11 【确认密码】对话框

STEP 4 取消对整个“Sheet1”工作表的只读设置。

（1） 单击【审阅】/【更改】选项组的【撤销工作表保护】按钮，弹出【撤销工作表保护】对话框。

（2） 在【撤销工作表保护】对话框中输入密码，如图 10-12 所示，单击确定按钮。

图10-12 【撤销工作表保护】对话框

2. 工作簿的安全性

用户可以对整个工作簿设置密码，以便更好地保护工作簿。

【操作步骤】

STEP 1 单击【文件】菜单，从弹出的下拉列表中选择【信息】选项，再单击【保护工作簿】按钮，从弹出的列表中选择用密码进行加密选项，这时弹出【加密文档】对话框，在对话框中输入密码，如图 10-13 所示。

STEP 2 在【加密文档】对话框中输入密码后，单击确定按钮，弹出【确认密码】对话框。

STEP 3 在【确认密码】对话框中再次输入密码后，单击确定按钮。

STEP 4 保存和关闭文件。单击按钮保存文件，单击按钮关闭文件。

STEP 5 当再次打开加过密码的文件时，系统会弹出【密码】对话框，如图 10-14 所示。

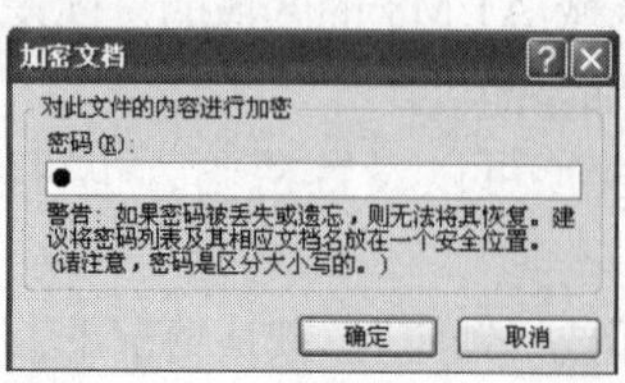

图10-13 【加密文档】对话框

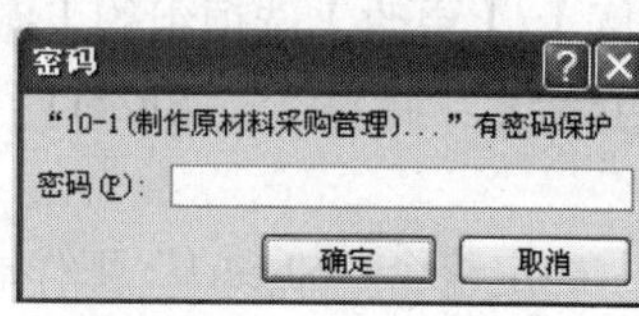

图10-14 【密码】对话框

STEP 6 在【密码】对话框中输入正确的密码后，单击确定按钮，方可打开文件。

STEP 7 撤销文件的密码。打开加密的文件后，重复步骤（1），但是要注意的是，在【加密文档】对话框中，将原来的密码删除掉，再单击确定按钮；然后保存和关闭文件。这样下次打开文件时就不需要输入文档密码了。

项目升级　订货明细表页眉、页脚和标题行的打印设置

对于 Excel 工作表，除了可以对页面进行设置，还可以根据用户的要求，添加页眉页脚，同时对于多页数据的打印或打印预览可以设置打印标题行或打印标题列。

【操作步骤】

STEP 1　设置开关插座与普通灯具明细表的页眉为“明明木木公司”，并设置为居中对齐，字体为黑体，字号为 20 磅，加粗；系统日期为右对齐，其余默认设置。

（1） 启动 Excel 2010，新建文件，将文件保存为“10-2(建筑材料明细表).xlsx”。

（2） 在“Sheet1”工作表中输入数据，如图 10-15 所示。

	A	B	C	D
1	开关插座与普通灯具明细表			
2	品名	规格型号	单位	单价
3	单联单控开关	S81/1D	个	5.26
4	单联单控开关	GKB6B1/2-K	个	5.80
5	双联单控开关	GKB6B2/1-K	个	6.93
6	双联单控开关	GKB6B2/2-K	个	9.50
7	三联单控开关	GKB6B3/1-K	个	10.50
8	四联单控开关	GKB6B4/1-K	个	14.12
9	暗装安全三孔插座	GKB6/10S	个	6.32
10	暗装安全三孔插座	GKB6/16CS	个	7.85
11	暗装安全五孔插座	GKB6/10US	个	5.25
12	暗装安全五孔插座	15A	个	5.45
13	通用防溅盒	S23DV	个	9.20
14	暗装安全三孔插座（带开关）	KG426/10USL 250V 10A	个	9.80
15	暗装安全五孔插座（带开关）	KG426/10USL 250V 10A	个	9.98
16	暗装五孔防溅插座	KG426/10USL 250V 10A	个	14.50
17	电视插座		个	13.79
18	电话插座		个	9.80
19	电脑信息插座		个	20.95
20	红外线延时开关	FRK	个	56.00
21	触摸延时开关	F16TT	个	23.00
22	声光控延时开关	F16CVK	个	29.50

Sheet1　Sheet2　Sheet3

图10-15　开关插座与普通灯具明细表

（3） 单击【页面布局】/【页面设置】选项组右侧的按钮，弹出【页面设置】对话框。

（4） 在【页面设置】对话框中，选择【页眉/页脚】选项卡，单击 自定义页眉(C)... 按钮，弹出【页眉】对话框。

（5） 在【页眉】对话框中，在【中】文本框中输入“明明木木公司”，选中“明明木木公司”，单击 A 按钮，在弹出的【字体】对话框中，设置字体为黑体，字号为 20 磅，加粗，单击 确定 按钮返回到【页眉】对话框中。

（6） 在【页眉】对话框中，将鼠标光标置于【右】文本框中，单击按钮，这时右框中出现了“&[日期]”，如图 10-16 所示。

（7） 单击 确定 按钮，完成页眉的制作。

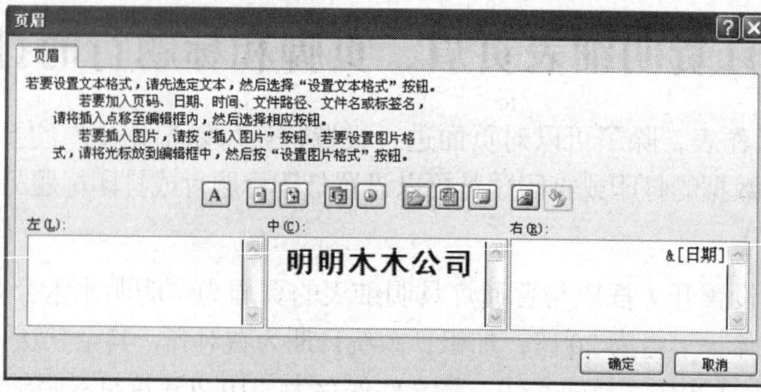

图10-16 【页眉】对话框

STEP 2 设置开关插座与普通灯具明细表的页脚为一幅图片，居中；【当前页码】/【总页码】为右对齐。

（1） 单击【页面布局】/【页面设置】选项组右侧的按钮，弹出【页面设置】对话框。

（2） 在【页面设置】对话框中，选择【页眉】/【页脚】选项卡，单击自定义页脚(U)...按钮，弹出【页脚】对话框。

（3） 在【页脚】对话框中，在【中】文本框中，单击按钮，在弹出的【插入图片】对话框中，选择素材文件“项目 10 素材\页脚小图.png”，单击插入(S)按钮，返回到【页脚】对话框。

（4） 在【页脚】对话框中，在【右】文本框中，单击按钮，输入“/”，再单击按钮，这时右框中出现了“&[页码]/&[总页数]”，如图 10-17 所示。

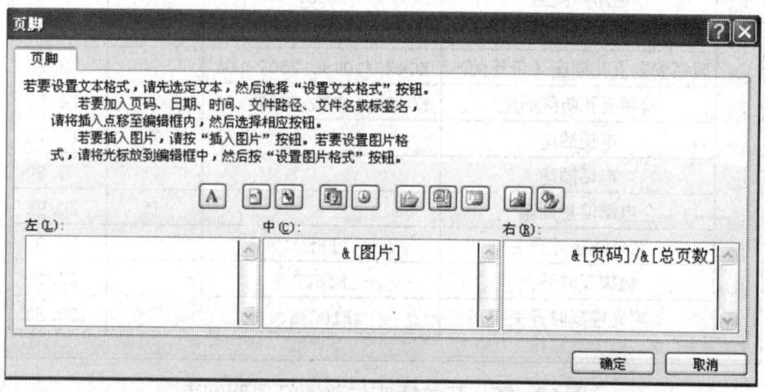

图10-17 【页脚】对话框

（5） 单击确定按钮，完成页脚的制作。

STEP 3 设置开关插座与普通灯具明细表的标题和表头为打印标题行。

（1） 单击【页面布局】/【页面设置】选项组中的【打印标题】按钮，弹出【页面设置】对话框。

（2） 在【页面设置】对话框的【工作表】选项卡中，单击【打印标题】选项组中的顶端标题行(R):右侧的折叠按钮，弹出【页面设置—顶端标题行:】对话框。

（3） 按住鼠标左键从第 1 行拖曳到第 2 行，这时在【页面设置—顶端标题行:】对话框中显示“$1:$2”，如图 10-18 所示。

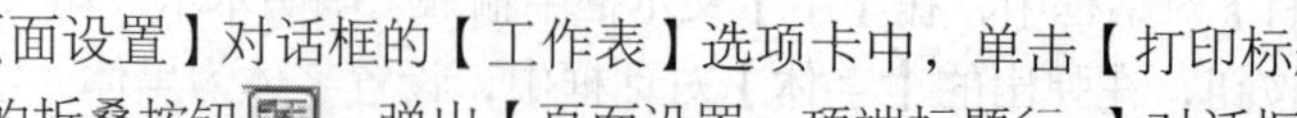

图10-18 【页面设置－顶端标题行:】对话框

（4） 再次单击【页面设置－顶端标题行：】对话框中的按钮，返回到【页面设置】对话框中的【工作表】选项卡中，如图 10-19 所示。

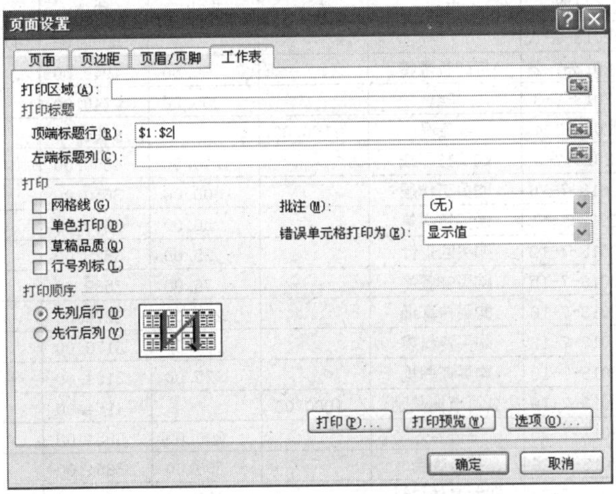

图10-19 设置打印标题行

（5） 单击 确定 按钮，完成打印标题行的设置。

知识提示

页眉页脚和打印标题设置完成后，可在打印预览时看到效果。

（6） 保存和关闭文件。单击按钮保存文件，单击按钮关闭文件。

项目小结

Excel 系统提供了很好的文件保护功能，可以保护工作表中的部分单元格数据不被修改，也可以保护整个工作表的数据不被修改，还可以通过对整个工作簿设置密码的方式进行保护，只有知道工作簿密码才能打开和修改工作簿中的数据。Excel 系统也提供了进行页面设置的功能，一般情况下，Excel 文件在打印或打印预览之前要对页面做一些设置，如设置页边距、添加页眉页脚、设置打印标题行或打印标题列。

课后练习 打印设置

本练习介绍对日常财务管理表的打印进行设置的方法。

设置页边距：【上】为“3 厘米”、【下】为“2 厘米”、【左】为“2 厘米”、【右】为“1 厘米”、【页眉】为“1.2 厘米”、【页脚】为“1.1 厘米”，并将数据显示在页面的水平和垂直方向均为居中方式；纵向打印；在第 11 行的上方和第 E 列的左方分别插入分页符，将表格数据分成 4 页，并将中间的列分页符调整到第 F 列的左方，将中间的行分页符调整到第 10 行的上方。

【步骤提示】

STEP 1 启动 Excel 2010，将文件保存为“10-3(日常财务管理表).xlsx”。

STEP 2 在“Sheet1”工作表中输入数据如图 10-20 所示。

	A	B	C	D	E	F	G
1			日常财务管理表				2013.07.31
2	序号	日期	内容	收入	支出	结余	备注
3	1	2013-7-1				5000.00	以前资金结余
4	2	2013-7-2	打印机灌粉		60.00	4940.00	
5	3	2013-7-3	午餐		200.00	4740.00	
6	4	2013-7-4	卖废品	150.00		4890.00	
7	5	2013-7-5	购买打印纸		240.00	4650.00	
8	6	2013-7-10	购买工作服		1000.00	3650.00	
9	7	2013-7-11	购买签字笔		50.00	3600.00	
10	8	2013-7-12	购买回形针		25.00	3575.00	
11	9	2013-7-15	购买2B签字		36.00	3539.00	
12	10	2013-7-16	购买传真纸		260.00	3279.00	
13	11	2013-7-17	购买资料袋		100.00	3179.00	
14	12	2013-7-18	购买订书机		25.00	3154.00	
15	13	2013-7-19	公司节能奖励	1000.00		4154.00	
16	14	2013-7-25	招待客人		300.00	3854.00	
17	15	2013-7-26	筹办晚会		200.00	3654.00	
18	16	2013-7-29	印发宣传材料		280.00	3374.00	
19	17	2013-7-30	购买礼品		388.00	2986.00	
20	18	2013-7-31	公司立志奖励	1000.00		3986.00	
21		总计				3986.00	
22	单位主管：刘准					制表人：张目	

Sheet1 Sheet2 Sheet3

图10-20 日常财务管理表

STEP 3 单击【页面布局】/【页面设置】选项组右侧的按钮，弹出【页面设置】对话框。

STEP 4 在【页面设置】对话框中，选定【页边距】选项卡，设置【上】为“3”、【下】为“2”、【左】为“2”、【右】为“1”、【页眉】为“1.2”、【页脚】为“1.1”，在【居中方式】选项组中选中【水平】和【垂直】复选框，如图 10-21 所示。

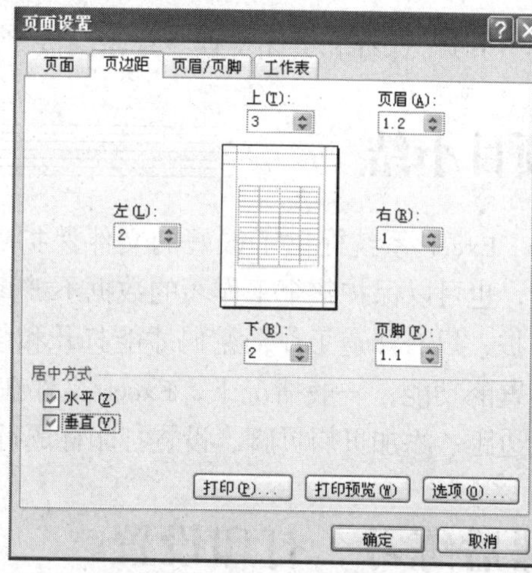

图10-21 设置页边距及居中方式

STEP 5 选定【页面】选项卡，在【方向】选项组中选择“纵向”，设置【缩放比例】为“100%正常尺寸”，单击 确定 按钮，完成页边距和打印方向的设置。

STEP 6 插入分页符。选中第 11 行，单击【页面布局】/【页面设置】选项组中的【分隔符】按钮，从弹出的列表中选择 插入分页符(I) 选项，这时在第 11 行的上方出现了一行短线；选中第 E 列，单击【页面布局】/【页面设置】选项组中的【分隔符】按钮，从弹出的列表中选择 插入分页符(I) 选项，这时在第 E 列的左方出现了一列短线。在 Excel 中显示的短线表示分页符。

STEP 7 将视图方式切换到“页面视图”，在“页面视图”显示方式下，调整分页位置。单击【视图】/【工作簿视图】选项组中的【分页预览】按钮，这时显示的分页位置如图 10-22 所示。

	A	B	C	D	E	F	G
1			日常财务管理表				2013.07.31
2	序号	日期	内容	收入	支出	结余	备注
3	1	2013-7-1				5000.00	以前资金结余
4	2	2013-7-2	打印机灌粉		60.00	4940.00	
5	3	2013-7-3	午餐		200.00	4740.00	
6	4	2013-7-4	卖废品	150.00		4890.00	
7	5	2013-7-5	购买打印纸		240.00	4650.00	
8	6	2013-7-10	购买工作服		1000.00	3650.00	
9	7	2013-7-11	购买签字笔		50.00	3600.00	
10	8	2013-7-12	购买回形针		25.00	3575.00	
11	9	2013-7-15	购买2B签字		36.00	3539.00	
12	10	2013-7-16	购买传真纸		260.00	3279.00	
13	11	2013-7-17	购买资料袋		100.00	3179.00	
14	12	2013-7-18	购买订书机		25.00	3154.00	
15	13	2013-7-19	公司节能奖励	1000.00		4154.00	
16	14	2013-7-25	招待客人		300.00	3854.00	
17	15	2013-7-26	筹办晚会		200.00	3654.00	
18	16	2013-7-29	印发宣传材料		280.00	3374.00	
19	17	2013-7-30	购买礼品		388.00	2986.00	
20	18	2013-7-31	公司立志奖励	1000.00		3986.00	
21		总计				3986.00	
22	单位主管：刘准					制表人：张目	

图10-22 显示分页位置

STEP 8 将鼠标指针移到中间水平方向的蓝色线条上，当鼠标指针变成"↕"形状时，按住鼠标左键并拖曳至第 10 行上方后松开鼠标；再将鼠标指针移到中间垂直方向的蓝色线条上，当鼠标指针变成"↕"形状时，按住鼠标左键并拖曳至第 F 列的左侧后松开鼠标。这样就完成了将中间的列分页符调整到第 F 列的左方，将中间的行分页符调整到第 10 行的上方。

STEP 9 将视图方式切换到"普通"视图方式。单击【视图】/【工作簿视图】选项组中的【普通】按钮。

STEP 10 设置页眉：在【中】文本框中输入"大理电器公司"，并适当设置字体字号，右边设置为系统日期。

（1） 单击【页面布局】/【页面设置】选项组右侧的按钮，弹出【页面设置】对话框。

（2） 在【页面设置】对话框中，选定【页眉】/【页脚】选项卡，单击自定义页眉(C)...按钮，弹出【页眉】对话框。

（3） 在【页眉】对话框中，在【中】文本框中输入"大理电器公司"，选中"大理电器公司"，单击A按钮，在弹出的【字体】对话框中设置适当的字体、字号等，这里设置字号为 16 磅，其余使用默认值，单击确定按钮返回到【页眉】对话框中。

（4） 在【页眉】对话框中，将鼠标光标置于【右】文本框中，单击按钮，则文本框中显示为"&[日期]"，如图 10-23 所示。

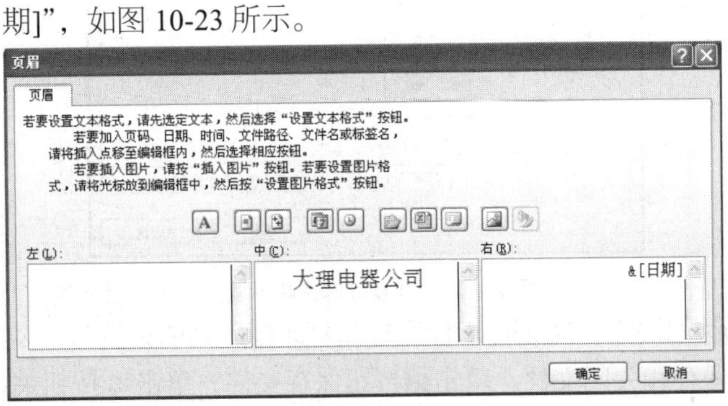

图10-23 给"日常财务管理表"设置页眉

（5） 单击 确定 按钮，返回到【页面设置】对话框。

STEP 11 设置页脚：在页脚右侧添加当前页码/总页码。

（1） 在【页面设置】对话框中，选定【页眉】/【页脚】选项卡，单击 自定义页脚(U)... 按钮，弹出【页脚】对话框。

（2） 在【页脚】对话框中，在【右】文本框中单击按钮，输入“/”，再单击按钮，这时右侧显示“&[页码]/&[总页数]”，如图 10-24 所示。

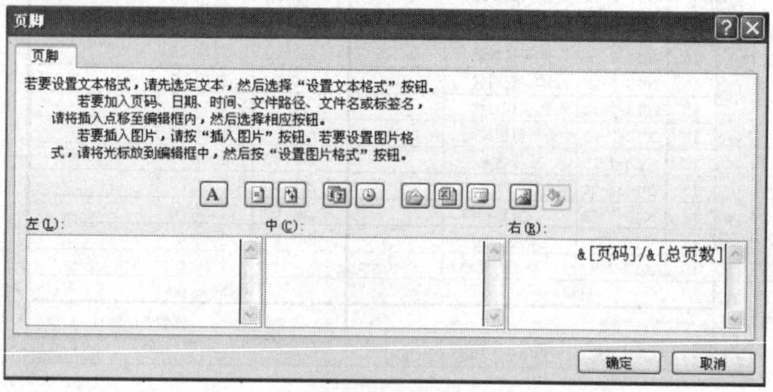

图10-24 给“日常财务管理表”设置页脚

（3） 单击 确定 按钮，返回到【页面设置】对话框。

（4） 单击 确定 按钮，完成页眉页脚的设置。

STEP 12 设置打印标题行和表头列。

（1） 打印标题行：将表头设置为打印标题行。

（2） 打印标题列：将“序号”“日期”和“内容”3 列设置为打印标题列。

（3） 单击【页面布局】/【页面设置】选项组中的【打印标题】按钮，弹出【页面设置】对话框，并指向了【工作表】选项卡。

（4） 在【工作表】选项卡中，在【打印标题】选项组的【顶端标题行】文本框中输入“$2:$2”；在【左端标题行】文本框中输入“$A:$C”，如图 10-25 所示。

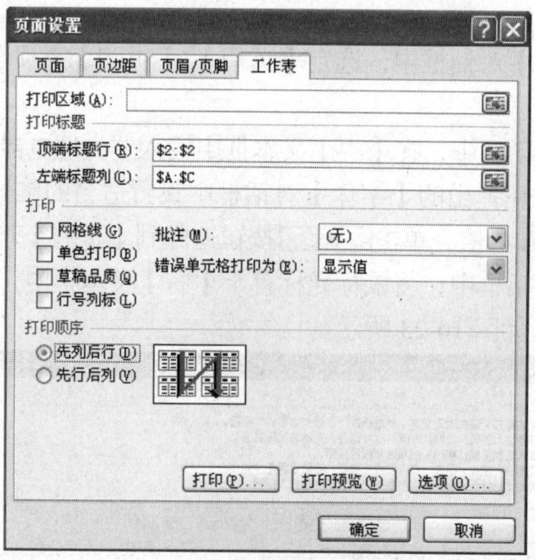

图10-25 设置标题行和标题列

（5） 单击 确定 按钮，完成打印标题行和打印标题列的设置。

STEP 13 保存和关闭文件。单击按钮保存文件，单击按钮关闭文件。

第三篇

PowerPoint 2010 应 用 集 合

本篇介绍 Office 2010 的另一个重要组件 —— PowerPoint 2010 的应用实例，主要介绍 PowerPoint 2010 中演示文稿制作、数据图表制作、多媒体与动画应用以及 Web 演示文稿等内容。本篇包括以下几个项目。

项目十一　制作旅游宣传报告书——演示文稿的制作
项目十二　制作工资分析报告——数据图表的制作
项目十三　制作学校动感相册——多媒体与动画的应用
项目十四　制作美食主页——Web 演示文稿的制作

项目十一 PART 11
制作旅游宣传报告书——演示文稿的制作

项目背景

演示文稿是指通常意义上的 PowerPoint 文件，演示文稿中可以包含多张幻灯片，每张幻灯片相当于一张独立的画面，演示文稿的播放过程相当于一张张幻灯片的展示过程，所以要制作一个好的演示文稿，就需要做好一张张的幻灯片。

演示文稿通常用于开会的发言稿演示，也用于课堂内容讲解。在演示文稿中可以根据自己的需要设计个性化的母版，根据母版来创建自己的幻灯片，在母版中可以定义不同类型的占位符，也可以添加固定的对象，如图片、文字或按钮等。

项 目 分 析

幻灯片母版的设计需要在幻灯片母版视图下完成，为此需要先将默认的普通视图切换到幻灯片母版视图，在编辑幻灯片母版时，根据自己的需要，添加需要的占位符，改变占位符的字体、字号、字体颜色、背景颜色等，改变项目符号的设置，添加图片等。制作幻灯片时，使用幻灯片母版来定义格式，可统一幻灯片的风格。

本项目以制作旅游宣传报告书为例说明如何创建和设置幻灯片母版，如何在幻灯片中导入图片及插入自选图形，并说明如何应用幻灯片标题母版和艺术字。

解 决 方 案

本项目可以通过以下几个任务来完成。

- 任务一　创建幻灯片母版。
- 任务二　设置幻灯片母版。
- 任务三　导入图片。
- 任务四　插入自选图形。
- 任务五　应用幻灯片标题母版及艺术字。

任务一　创建幻灯片母版

通过幻灯片母版，可以统一修改应用母版的幻灯片中的字体格式以及布局。通过在母版中进行适当修改，无论是演示文稿中已有的幻灯片还是新建幻灯片，都将具有统一的字体、格式和布局。

首先新建一个演示文稿，即制作旅游宣传报告书，在演示文稿中创建 3 个母版，分别用于演示文稿的首页、中间页和尾页。

【操作步骤】

STEP 1　启动 PowerPoint 2010，将文件保存为“11-1(制作旅游宣传报告书).pptx”。

STEP 2　单击【视图】/【母版视图】选项组中的【幻灯片母版】按钮，这时左边窗口中显示出“Office 主题 幻灯片母版”及母版中的多种版式，删除第 3 张及以后的所有的版式，只留下前两张版式，如图 11-1 所示。将鼠标指针移动到母版版式上，分别显示“Office 主题 幻灯片母版：由幻灯片 1 使用”和“标题幻灯片 版式：由幻灯片 1 使用”。

STEP 3　选中第 2 张幻灯片版式，单击【幻灯片母版】/【编辑母版】选项组中的重命名按钮，在弹出的【重命名版式】对话框中输入“首页母版”，如图 11-2 所示，单击重命名(R)按钮。

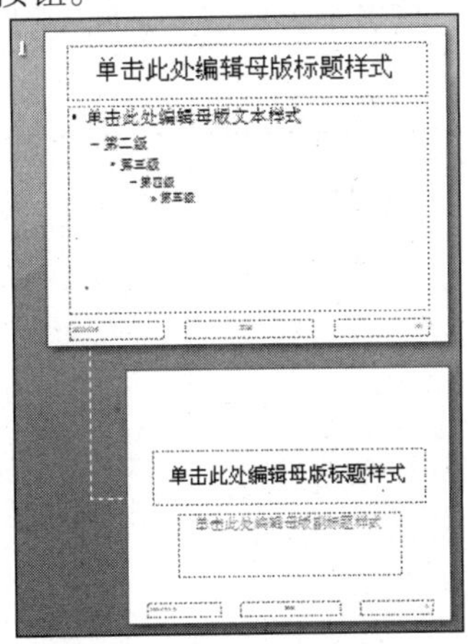

图11-1　母版中最上面的两张版式

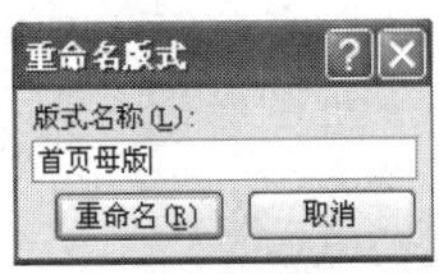

图11-2　【重命名版式】对话框

下面来编辑首页母版。

STEP 4　单击“标题样式”占位符，单击【开始】/【段落】选项组中的文本左对齐按钮，在【字体】选项组中将字号设置为“32 磅”，将字体颜色设置为蓝色、加粗。

STEP 5　单击“副标题样式”占位符，单击【开始】/【段落】选项组中的文本左对齐按钮，在【字体】选项中将字号设置为“24 磅”，将字体颜色设置为绿色、加粗。

STEP 6　单击“标题样式”占位符，再按住 Shift 键，将鼠标指针移到“副标题样式”占位符外框边线上，当鼠标指针变成“✥”形状时单击鼠标左键，这时两个占位符全都选中了，单击【格式】/【排列】选项组中的对齐按钮，从下拉列表中选择左对齐(L)选项，使得两个占位符左对齐。同时将两个占位符适当向下移动，以便留出上面位置添加图片占位符。

STEP 7　单击【幻灯片母版】/【母版版式】选项组中的【插入占位符】按钮，从下拉列表中选择图片(P)选项，在母版的右上角按住鼠标左键并拖曳出一个方框，这时系统就在右上角添加了一个“图片”占位符。

STEP 8 给母版添加图片作为背景。单击【插入】/【图像】选项组中的【图片】按钮，在弹出的【插入图片】对话框中，选择“项目 11 素材\首页背景图.jpg”，单击 插入(S) 按钮，将图片插入到母版中。

STEP 9 调整图片文件至整个母版，这时图片将母版完全覆盖。单击【格式】/【排列】选项组中的 下移一层 / 置于底层(K) 按钮，将图片放在母版的最底层。

STEP 10 在母版中添加 3 个十字星和 3 个云形图案，十字星边线为绿色内部填充橙色，云形边线为蓝色内部填充黄色，适当调整十字星和云形的大小和位置，使之摆放在母版的左上角。

（1） 绘制十字星的方法为：单击【插入】/【插图】选项组中的【形状】按钮，从弹出的下拉列表中单击【星与旗帜】组中的✧按钮，这时鼠标指针变成“+”形状，在母版的左上角按住鼠标左键并拖曳，画出一个十字星，若画正十字星则需要按住 Shift 键并按住鼠标左键拖曳。

（2） 改变十字星的填充及边线颜色的方法：单击十字星，再单击【格式】/【形状样式】选项组中的 形状填充 按钮，从弹出的列表中选择橙色，这样内部就填充了橙色，再单击 形状轮廓 按钮，从下拉框中单击绿色，则边线变为绿色。再复制 2 个十字星，适当调整十字星的大小和位置。

插入云形的方法类同于十字星，云形在基本形状中，这里不再赘述。完成后的效果如图 11-3 所示。

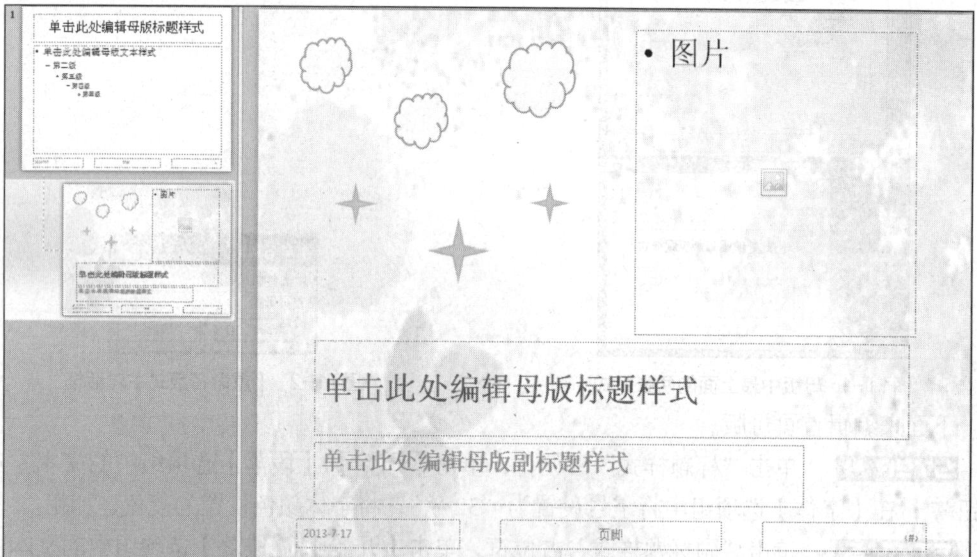

图11-3 首页母版

下面来创建中间页母版。

STEP 11 单击【幻灯片母版】/【编辑母版】选项组中的【插入幻灯片母版】按钮，留下“自定义设计方案”和“比较 版式”，将其余的版式删除。

STEP 12 重命名“比较 版式”为“中间页版式”。单击【幻灯片母版】/【编辑母版】选项组中的 重命名 按钮，在弹出的【重命名版式】对话框中输入“中间页母版”，单击 重命名(R) 按钮。

STEP 13 将“标题样式”占位符调整为左对齐。单击“标题样式”占位符，单击【开始】/【段落】选项组中的文本左对齐按钮。

STEP 14 将“标题样式”字号调整为 32 磅。单击“标题样式”占位符，在【开始】/【字体】选项组中将字号设置为 32 磅。

STEP 15 设置中间的两个“文本样式”占位符的字体颜色为橙色，背景色为紫色。单击选中一个“文本样式”占位符，再按住 Shift 键，将鼠标指针移到另外一个占位符外框边线上，当鼠标指针变成“✥”形状时单击鼠标左键，这时两个占位符全都选中了，单击【格式】/【艺术字样式】选项组中的 A 文本填充 按钮，从弹出的列表框中单击选择橙色；再单击【格式】/【形状样式】选项组中的形状填充按钮，从弹出的列表中选择紫色。

STEP 16 设置中间的两个“文本样式”占位符的对齐方式为居中。选中中间的两个“文本样式”占位符，单击【开始】/【段落】选项组中的按钮。

STEP 17 在右下角添加 3 个内部填充为橙色，边线颜色为蓝色的十字星。

STEP 18 在右上角添加按钮。单击【插入】/【插图】选项组中的【形状】按钮，从弹出的下拉列表中单击动作按钮，这时鼠标指针变成了“+”形状，在母版的右上角按住鼠标并拖曳，在弹出的【动作设置】对话框中使用默认设置，即设置【单击鼠标时的动作】为“超链接到上一张幻灯片”，如图 11-4 所示。单击 确定 按钮画出按钮。

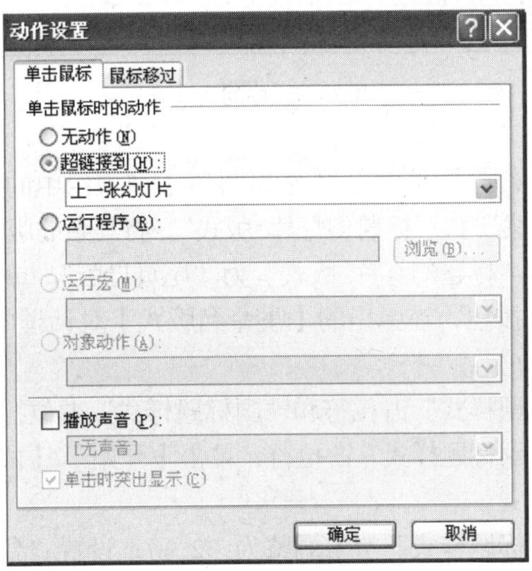

图11-4 【动作设置】对话框

STEP 19 设置按钮的填充及边线颜色的方法：单击按钮，再单击【格式】/【形状样式】选项组中的形状填充按钮，从弹出的列表中选择浅绿色，这样内部就填充了浅绿色，再单击形状轮廓按钮，从弹出的列表中选择蓝色。

STEP 20 按第(18) 和 (19)步的方法再画出一个▶按钮，在弹出【动作设置】对话框中，使用默认设置“单击鼠标时的动作超链接到下一张幻灯片”，并设置与相同的填充颜色和边线颜色。

STEP 21 给母版添加图片作为背景。单击【插入】/【插图】选项组中的【图片】按钮，在弹出的【插入图片】对话框中，选择“项目 11 素材\中间页背景图.jpg”，单击 插入(S) 按钮将图片插入到母版中。

STEP 22 调整图片文件至整个母版，这时图片将母版完全覆盖。

STEP 23 单击【格式】/【排列】选项组中的置于底层按钮，将图片放在母版的最底层。创建的中间页母版如图 11-5 所示。

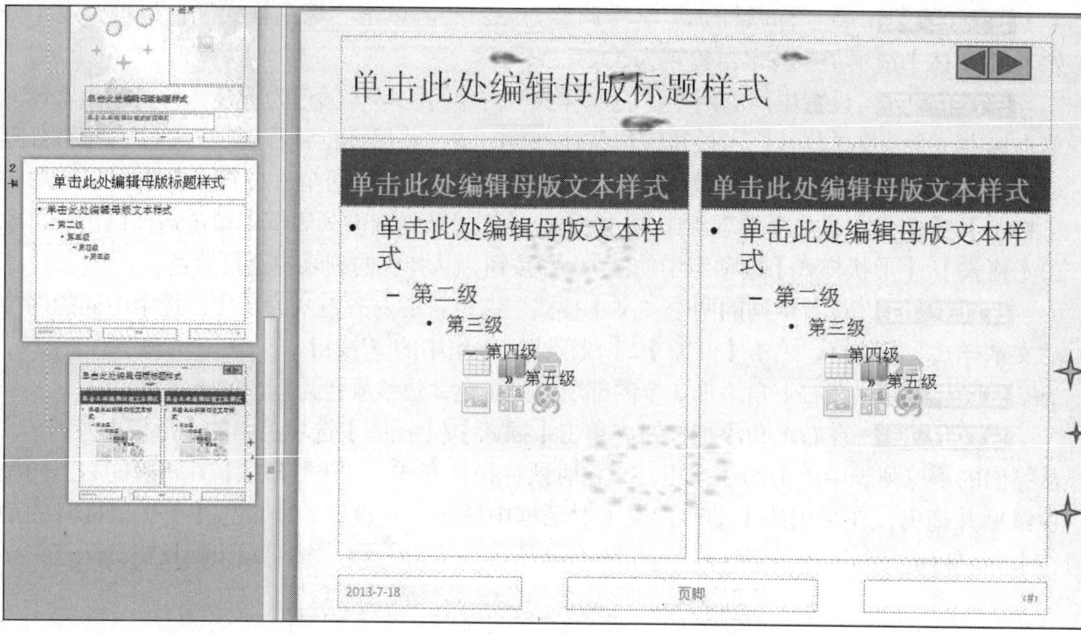

图11-5 中间页母版

下面来创建尾页母版。

STEP 24 单击【幻灯片母版】/【编辑母版】选项组中的【插入幻灯片母版】按钮，留下“自定义设计方案”和“标题幻灯片 版式”，将其余的版式删除。

STEP 25 重命名“标题幻灯片 版式”为“尾页母版”。单击【幻灯片母版】/【编辑母版】选项组中的重命名按钮，在弹出的【重命名版式】对话框中输入“尾页母版”，单击重命名(R)按钮。

STEP 26 将“标题样式”占位符和“副标题样式”占位符调整为左对齐。分别单击“标题样式”占位符和“副标题样式”占位符，单击【开始】/【段落】选项组中的文本左对齐按钮。

STEP 27 设置“标题样式”字号调整为 32 磅；设置“副标题样式”占位符字体颜色为黑色，字号为 24 磅。单击“标题样式”占位符，在【开始】/【字体】选项组中，将字号设置为 32 磅；单击“副标题样式”占位符，将字号设置为 24 磅，同时在【字体】选项组中将字体颜色设置为黑色。

STEP 28 将“标题样式”和“副标题样式”占位符左对齐。选中“标题样式”和“副标题样式”占位符，单击【开始】/【段落】选项组中的按钮，再单击【格式】/【排列】选项组中的对齐中的左对齐(L)按钮。

STEP 29 给“副标题样式”占位符添加项目符号□，要求项目符号为紫色。右键单击“副标题样式”占位符，从弹出的快捷菜单中选择【项目符号】/【项目符号和编号】命令，在弹出的【项目符号和编号】对话框中选择“加粗空心方形项目符号”，单击按钮，选择紫色，如图 11-6 所示，单击确定按钮。

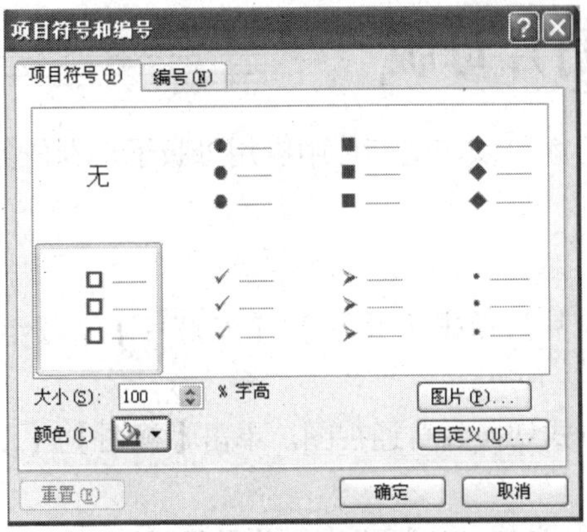

图11-6 【项目符号和编号】对话框

STEP 30 复制“中间页母版”中右上角的两个按钮到“尾页母版”的相同位置。单击选中“中间页母版”右上角的一个按钮，再按住 Shift 键单击选择另外一个按钮，按 Ctrl+C 组合键复制，再单击选择“尾页母版”，按 Ctrl+V 组合键粘贴。

STEP 31 复制“中间页母版”中右下角的十字星到“尾页母版”的相同位置。选中“中间页母版”右下角的 3 个十字星，按 Ctrl+C 组合键复制，再选择“尾页母版”，按 Ctrl+V 组合键粘贴。

STEP 32 给母版添加图片作为背景。单击【插入】/【图像】选项组中的【图片】按钮，在弹出的【插入图片】对话框中，选择“项目 11 素材\尾页背景图.jpg”，单击 插入(S) 按钮将图片插入到母版中。

STEP 33 调整图片文件至整个母版，这时图片将母版完全覆盖。

STEP 34 单击【格式】/【排列】选项组中的 置于底层 按钮，将图片放在母版的最底层。创建的尾页母版如图 11-7 所示。

图11-7 尾页母版

STEP 35 单击【幻灯片母版】/【关闭】选项组中的【关闭母版视图】按钮，返回到“普通视图”状态。

STEP 36 单击按钮保存文件。

任务二　设置幻灯片母版

幻灯片母版创建完成，就可以在幻灯片中应用母版了。本任务来介绍设置幻灯片母版的方法。

【操作步骤】

STEP 1 新建幻灯片。单击【开始】/【幻灯片】选项组中的【新建幻灯片】按钮5次，新建5张幻灯片。

STEP 2 将视图方式切换到普通视图。单击【视图】/【演示文稿视图】选项组中的【普通视图】按钮。

STEP 3 设置第1张幻灯片版式为“首页母版”，第2张至第5张幻灯片版式为“中间页母版”，第6张幻灯片版式为“尾页母版。在左边窗口“幻灯片”模式下，单击第1张幻灯片，单击【开始】/【幻灯片】选项组中的版式按钮，在下拉列表中选择“首页母版”；单击第2张幻灯片，再按住Shift键单击第5张幻灯片，选择第2张至第5张幻灯片，再单击【开始】/【幻灯片】选项组中的版式按钮，在下拉列表中选择“中间页母版”；单击第6张幻灯片，单击【开始】/【幻灯片】选项组中的版式按钮，在弹出的列表中选择“尾页母版”。

STEP 4 将视图方式切换到幻灯片浏览视图，6张幻灯片浏览视图如图11-8所示。视图切换方式为：单击【视图】/【演示文稿视图】选项中的【幻灯片浏览】按钮。

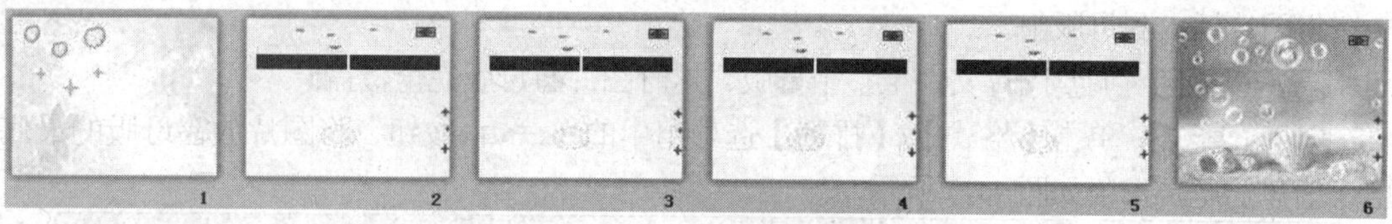

图11-8　6张幻灯片浏览视图

STEP 5 单击按钮保存文件。

任务三　导入图片

母版只是定义了占位符，应用母版的幻灯片要在占位符中添加适当的对象。例如，在标题占位符中输入标题，在图片占位符中添加图片。

【操作步骤】

STEP 1 将视图方式切换到普通视图。单击【视图】/【演示文稿视图】选项中的【普通视图】按钮。

STEP 2 在第1张幻灯片中，单击“图片”占位符中的按钮，在弹出的【插入图片】对话框中，选择“项目11素材\首页图.png”，单击插入(S)按钮。

STEP 3 选中图片并适当调整图片的大小和位置。

STEP 4 设置图片的总体外观样式。选中图片，选中【格式】/【图片样式】选项组中的图片总体外观样式，弹出如图11-9所示的图片总体外观样式列表，选择第3行第5列的“松散透视　白色”样式，如图11-9所示。

STEP 5 设置图片的图片效果。单击【格式】/【图片样式】选项组中的图片效果按钮，从弹出的列表中选择映像(R)选项，从弹出的列表中选择第 1 行第 3 列的“全映像，接触”，如图 11-10 所示。

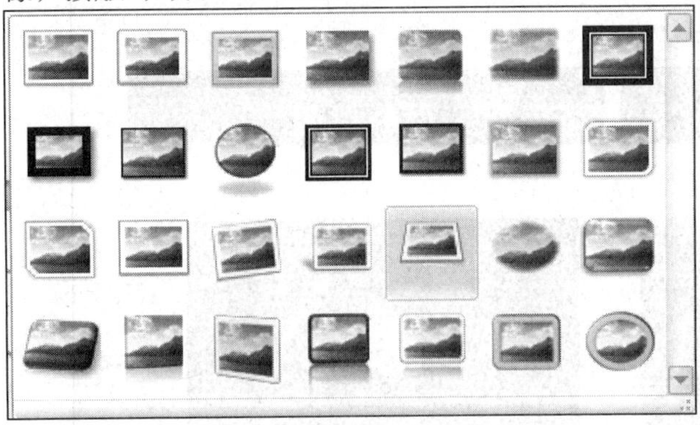

图11-9 图片总体外观样式

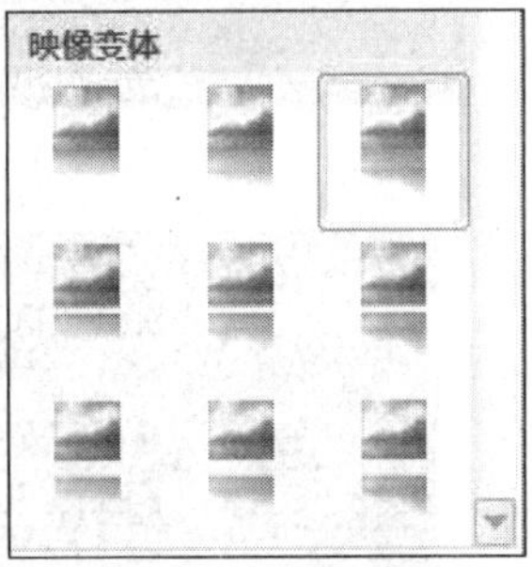

图11-10 “映像”列表

STEP 6 设置图片边线颜色为无轮廓。单击【格式】/【图片样式】选项组中的图片边框按钮，从下拉列表框中选择无轮廓(N)选项。

STEP 7 在“标题”占位符中输入“旅游资源展示”。

STEP 8 在“副标题”占位符中输入“木木公司部分旅游资源展示”。第 1 张幻灯片样式如图 11-11 所示。

图11-11 第 1 张幻灯片样式

STEP 9 按同样方法选定第 2 张至第 6 张幻灯片，在占位符中添加相应文本和图片，并设置图片的格式。最后完成的第 2 张至第 6 张幻灯片样式如图 11-12 至图 11-16 所示。

图11-12 第 2 张幻灯片样式

图11-13 第 3 张幻灯片样式

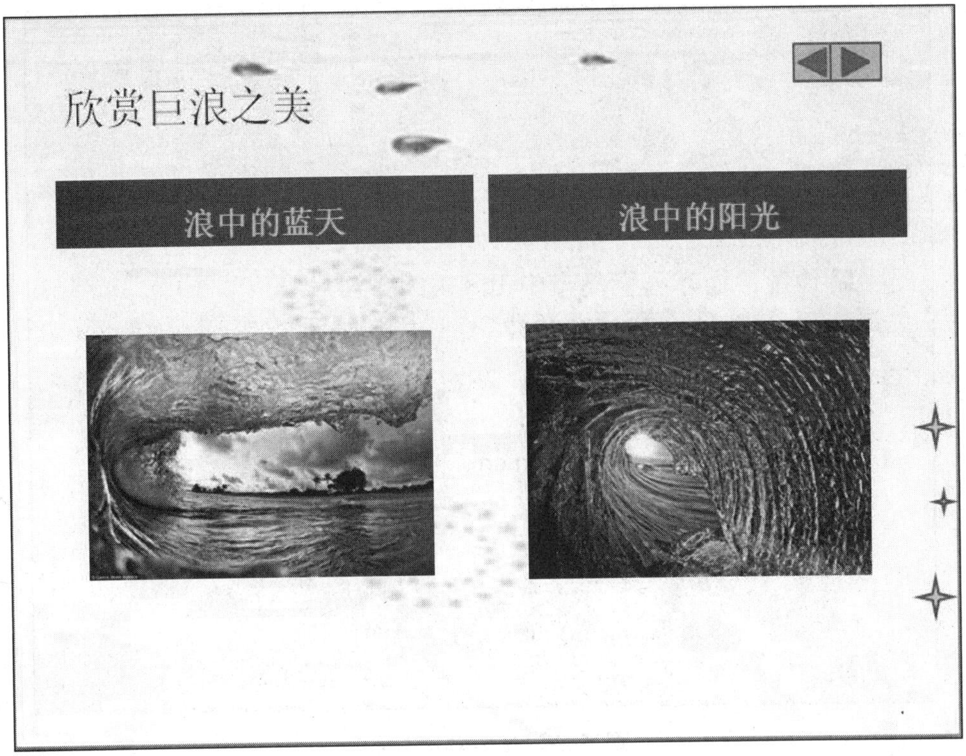

图11-14 第 4 张幻灯片样式

图11-15 第 5 张幻灯片样式

图11-16 第 6 张幻灯片样式

STEP 10 单击按钮保存文件。

任务四 插入自选图形

用户可以通过插入形状来添加自选图形，还可以对自选图形设置格式，如设置填充颜色、边线颜色和效果等。可以设置的效果有预设、阴影、映射、发光、柔化边缘、棱台和三维旋转等。下面以在第 6 张幻灯片中添加一个笑脸为例，说明添加自选图形的方法，并对笑脸设置格式。

【操作步骤】

STEP 1 在第 6 张幻灯片中插入自选图形笑脸。单击选择第 6 张幻灯片，单击【插入】/【插图】选项组中的【形状】按钮，从弹出的下拉列表中选择形状按钮☺，这时鼠标指针变成了“+”形状，在右下角按住鼠标左键并拖曳出一个笑脸。

STEP 2 设置自选图形笑脸的填充颜色和边线颜色。单击笑脸，再单击【格式】/【形状样式】选项组中的形状填充按钮，从弹出的列表中选择紫色，再单击形状轮廓按钮，从弹出的列表中选择白色。

STEP 3 给笑脸设置预设效果为预设 10。单击【格式】/【形状样式】选项组中的形状效果按钮，从弹出的列表中选择预设(P)选项，在弹出的预设列表中选择第 3 行第 2 列的预设 10，如图 11-17 所示。

STEP 4 给笑脸设置阴影效果为“透视”“右上对角透视”。单击【格式】/【形状样式】选项组中的形状效果按钮，从弹出的列表中选择阴影(S)选项，在弹出的阴影列表中选择“透视”组中的第 1 行第 2 列的“右上对角透视”，如图 11-18 所示。

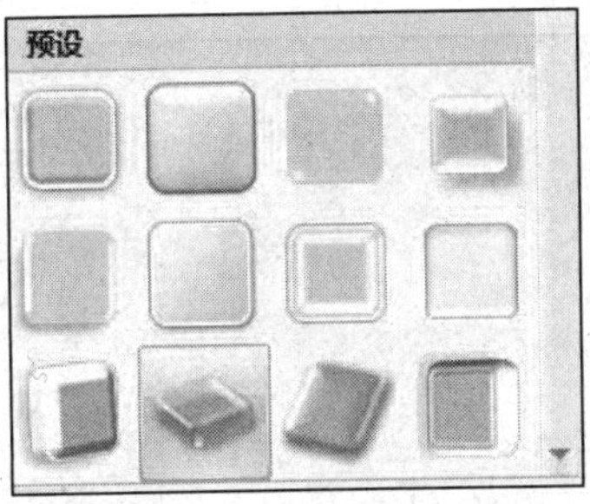

图11-17 “预设”列表

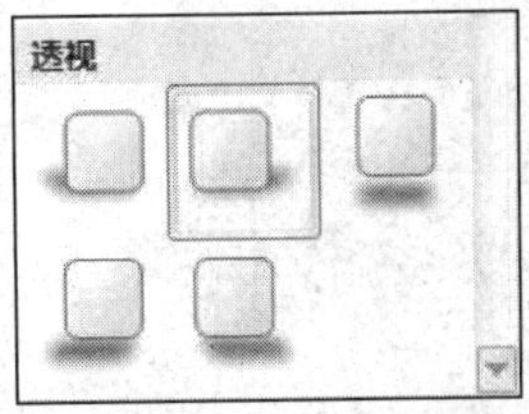

图11-18 “阴影”中的“透视”列表

STEP 5 给笑脸设置映像效果为“全影像”。单击【格式】/【形状样式】选项组中的“形状效果”按钮，从弹出的列表中选择“映像(R)”选项，在弹出的映像列表中选择第 2 行第 3 列的“全影像”，如图 11-19 所示。

STEP 6 给笑脸设置发光效果为“强调文字颜色 6”。单击【格式】/【形状样式】选项组中的“形状效果”按钮，从弹出的列表中选择“发光(G)”选项，在弹出的发光列表中选择“发光变体”组中的第 3 行第 6 列“强调文字颜色 6”，如图 11-20 所示。

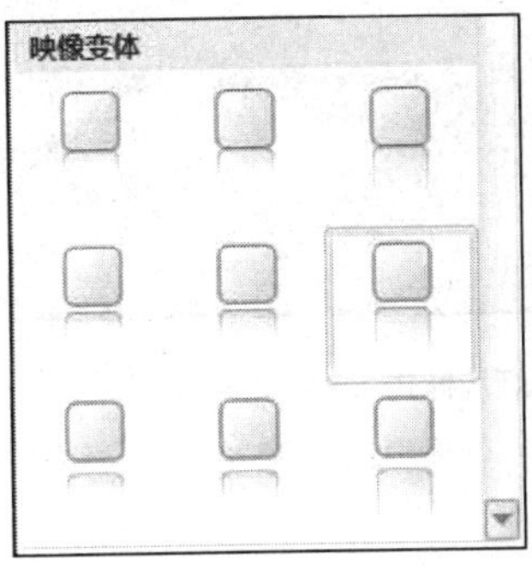

图11-19 “映像”列表

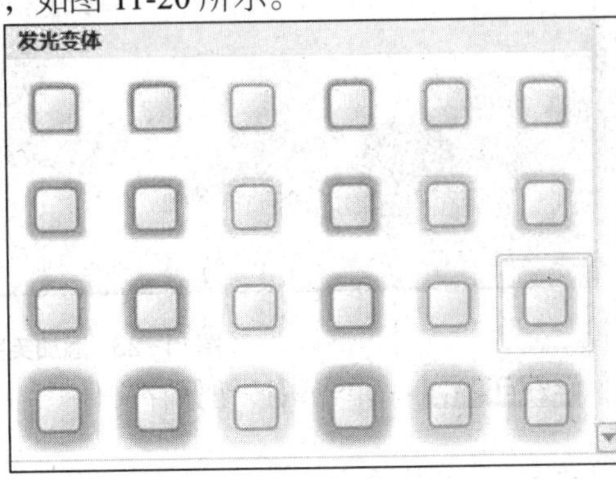

图11-20 “发光”列表

STEP 7 给笑脸设置柔化边缘为 25 磅。单击【格式】/【形状样式】选项组中的“形状效果”按钮，从弹出的列表中选择“柔化边缘(E)”选项，在弹出的发光列表中选择“25 磅”。

STEP 8 给笑脸设置棱台效果为“柔圆”。单击【格式】/【形状样式】选项组中的“形状效果”按钮，从弹出的列表中选择“棱台(B)”选项，在弹出的棱台列表中选择第 2 行第 2 列“柔圆”，如图 11-21 所示。

STEP 9 给笑脸设置三维旋转效果为“等长顶部朝上”。单击【格式】/【形状样式】选项组中的“形状效果”按钮，从弹出的列表中选择“三维旋转(D)”选项，在弹出的三维效果列表中选择“平行”组中的第 1 行第 3 列“等长顶部朝上”，如图 11-22 所示。

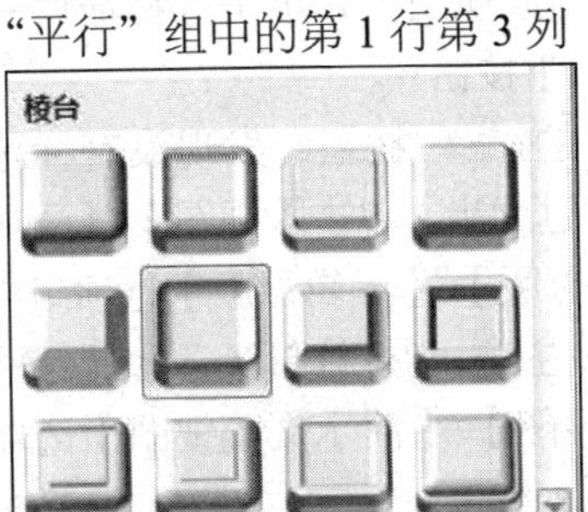

图11-21 “棱台”列表

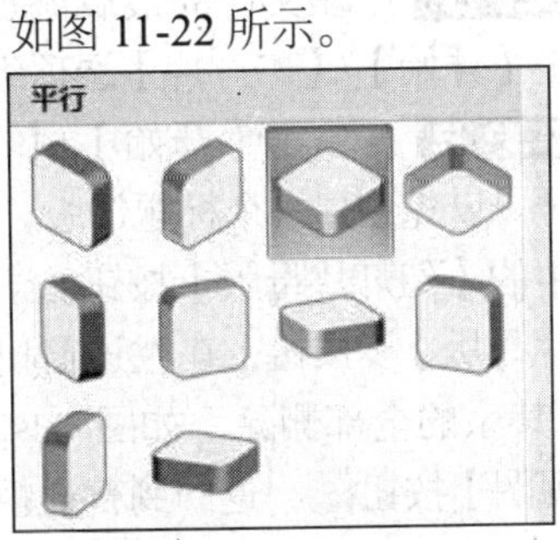

图11-22 “平行”列表

STEP 10 添加和设置笑脸后的第 6 张幻灯片样式如图 11-23 所示。

图11-23 添加笑脸后的第 6 张幻灯片样式

STEP 11 单击按钮保存文件。

任务五 应用幻灯片标题母版及艺术字

幻灯片可以应用多种母版，不同母版具有不同的默认占位符。例如，标题母版中包含标题占位符和副标题占位符，要使用标题母版，首先要确定文件中有标题母版，然后使用标题母版创建幻灯片，在幻灯片占位符中输入相应内容，在幻灯片母版或幻灯片中都可以输入艺术字，也可以设置艺术字的格式，以便更好地美化幻灯片。

【操作步骤】

STEP 1 在文件的最后添加一张幻灯片。在普通视图下，单击选择最后一张幻灯片，单击【开始】/【幻灯片】选项组中的【新建幻灯片】按钮。

STEP 2 单击【开始】/【幻灯片】选项组中的版式按钮，发现没有标题母版可用，这时可以先创建一个标题母版。若有标题母版则跳过此步。单击【视图】/【母版视图】选项组中的【幻灯片母版】按钮，再单击【幻灯片母版】/【编辑母版】选项组中的【插入幻灯片母版】按钮；在左边窗口中只保留“Office 主题 幻灯片母版”和“标题幻灯片版式”，其余的全部删除，如图 11-24 所示。单击【视图】/【演示文稿视图】选项组中的【普通视图】按钮，返回到普通视图。

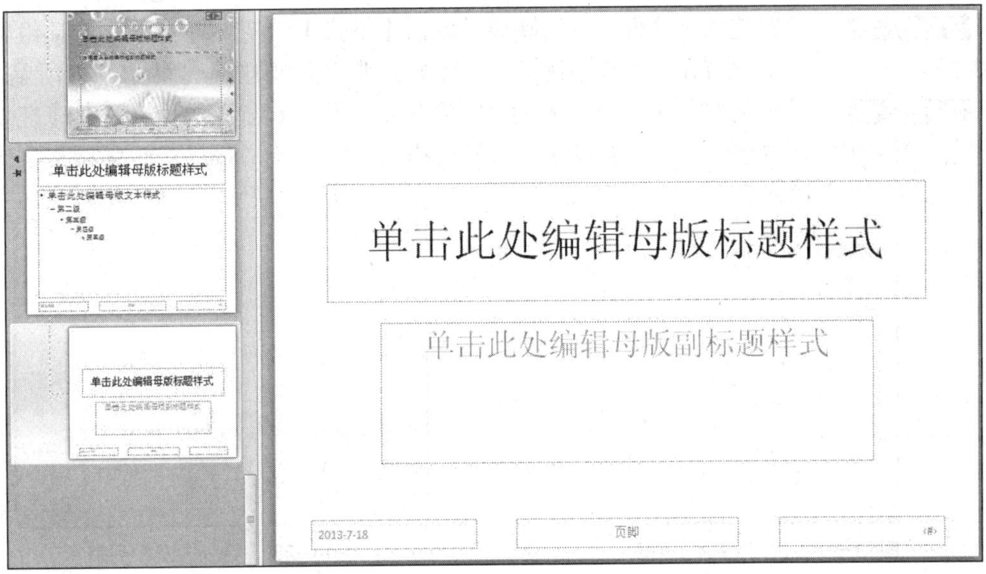

图11-24 标题母版

STEP 3 单击【开始】/【幻灯片】选项组中的版式按钮，从下拉列表中选择“标题幻灯片”，将其设置为标题幻灯片版式。

STEP 4 在“标题样式”占位符中输入“心动不如行动”，在“副标题样式”占位符中输入“来享受阳光的海滩吧！”。选定“标题”和“副标题”，在【开始】/【字体】选项组中，将字体颜色设置为紫色，加粗。

STEP 5 添加艺术字“欢迎参加旅游”。单击【插入】/【文本】选项组中的【艺术字】按钮，从列表中选择第 5 行第 5 列“强调文字颜色 1 塑料棱台 映像”填充方式，如图 11-25 所示。再输入文字“欢迎参加旅游”。

STEP 6 设置艺术字的格式。文本颜色和填充颜色都为紫色。单击选定艺术字，再分别单击【格式】/【艺术字样式】选项组中的文本填充按钮和文本轮廓按钮，从列表框中选择紫色。

STEP 7 设置艺术字阴影为外部右下斜偏移。单击【格式】/【艺术字样式】选项组中的文本效果/阴影(S)按钮，从弹出的列表中选择【外部】选项组中的第 1 行第 1 列“右下斜偏移”，如图 11-26 所示。

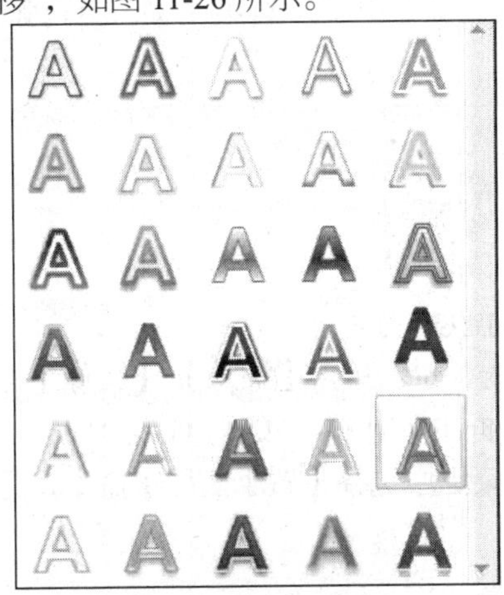

图11-25 艺术字的填充方式

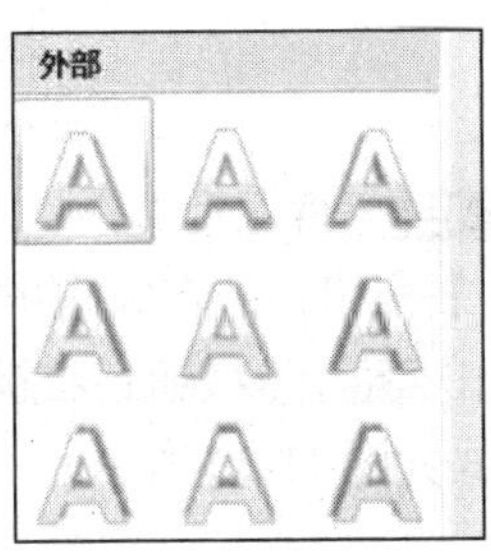

图11-26 【外部】列表

STEP 8 设置艺术字映像为紧密映像。单击【格式】/【艺术字样式】选项组中的 文本效果 / 映像(R) 按钮，从弹出的列表中选择第 1 行第 1 列“紧密映像”，如图 11-27 所示。

STEP 9 设置艺术字发光为“8pt 发光 强调文字颜色 6”。单击【格式】/【艺术字样式】选项组中的 文本效果 / 发光(G) 按钮，从弹出的列表中选择“8pt 发光 强调文字颜色 6”，如图 11-28 所示。

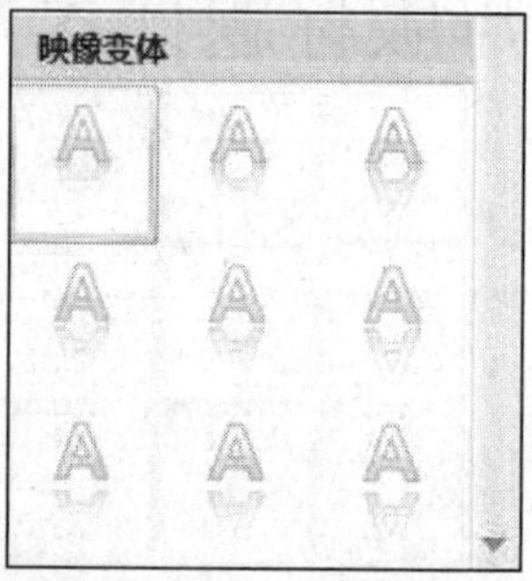

图11-27 【映像变体】列表

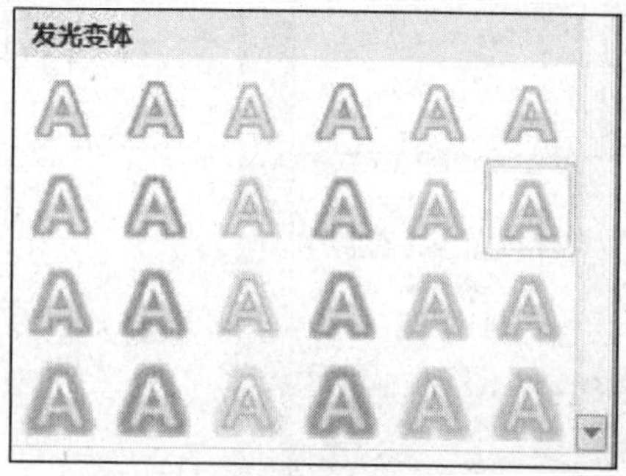

图11-28 “发光变体”列表

STEP 10 设置艺术字棱台为松散嵌入。单击【格式】/【艺术字样式】选项组中的 文本效果 / 棱台(B) 按钮，从弹出的列表中选择第 1 行第 2 列的“松散嵌入”，如图 11-29 所示。

STEP 11 设置艺术字三维旋转为倾斜右上。单击【格式】/【艺术字样式】选项组中的 文本效果 / 三维旋转(D) 按钮，从弹出的列表中选择“倾斜”组第 1 行第 2 列“右上”，如图 11-30 所示。

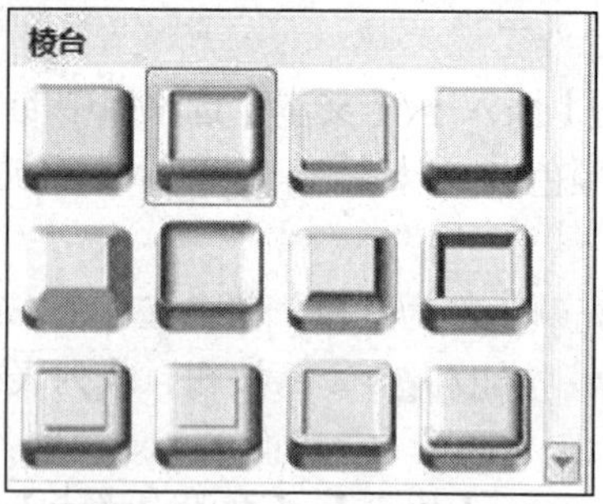

图11-29 “棱台”列表

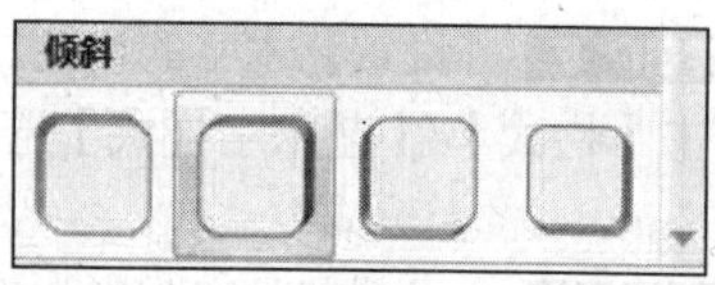

图11-30 “三维旋转 倾斜”列表

STEP 12 设置艺术字转换为上弯弧。单击【格式】/【艺术字样式】选项组中的 文本效果 / 转换(T) 按钮，从弹出的列表中选择“跟随路径”组第 1 行第 1 列“上弯弧”，如图 11-31 所示。

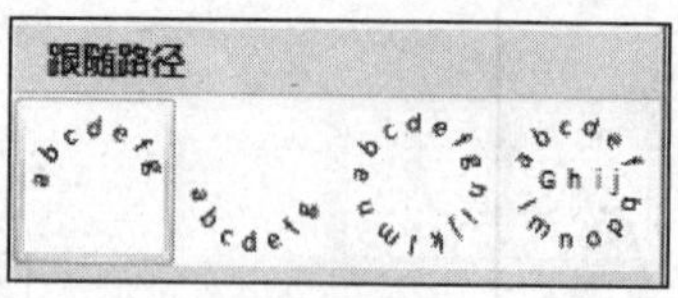

图11-31 “艺术字转换 跟随路径”列表

STEP 13 将图片文件“背景图素材.jpg”作为背景。单击【插入】/【图像】选项组中的【图片】按钮，在弹出的【插入图片】对话框中，选择“项目 11 素材\背景图素材.jpg”，单击 插入(S) 按钮；右键单击图片，从快捷菜单中选择【置于底层】命令，完成后的幻灯片样式如图 11-32 所示。

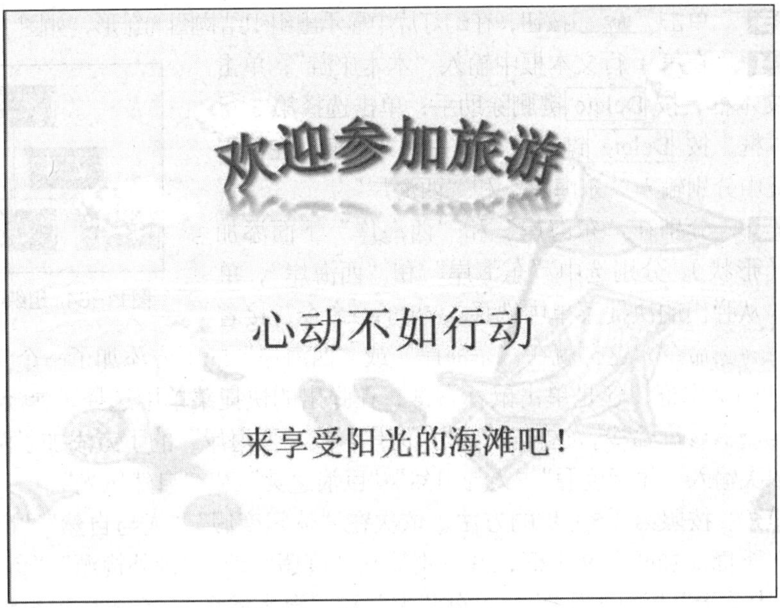

图11-32 艺术字样式

STEP 14 单击按钮保存文件。

项目升级 插入组织结构图

演示文稿中可以插入多种类型的结构图，如列表、流程、循环、层次结构、关系、矩阵和棱锥图；每种结构图中又包含多种子结构图，如层次结构图中包含组织结构图、层次结构、标记的层次结构、表层次结构、水平层次结构、水平标记的层次结构、层次结构列表等。

下面以插入组织结构图为例说明插入结构图的方法。

【操作步骤】

STEP 1 在文件的最后添加一张幻灯片。在普通视图下，单击选择最后一张幻灯片，单击【开始】/【幻灯片】选项组中的【新建幻灯片】按钮。

STEP 2 单击【插入】/【插图】选项组中的按钮，在弹出的【选择 SmartArt 图形】对话框中，在左边列表中选择【层次结构】选项，在中间列表中选择第一个组织结构图，如图 11-33 所示。

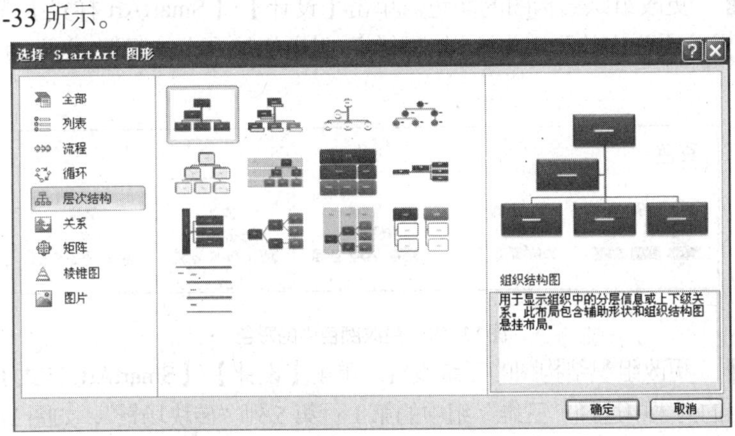

图11-33 【选择 SmartArt 图形】对话框

STEP 3 单击 确定 按钮，在幻灯片中显示出组织结构图的雏形，如图 11-34 所示。

STEP 4 在第 1 行文本框中输入“木木旅游”；单击选择第 2 行文本框，按 Delete 键删除助手；单击选择第 3 行中的一个文本框，按 Delete 键删除其中一个文本框，在留下的两个文本框中分别输入“东海岸”和“西海岸”。

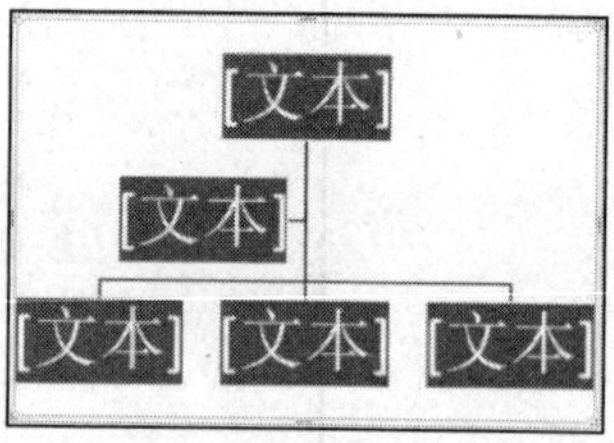

图11-34 组织结构图的雏形

STEP 5 分别在“东海岸”和“西海岸”下面添加两个文本框（形状）。分别选中“东海岸”和“西海岸”，单击鼠标右键，从弹出的快捷菜单中选择 添加形状(A) 命令，接着再选择 在下方添加形状(W) 命令，这样就在“东海岸”或“西海岸”的下方添加了一个文本框，接着选中刚刚添加的文本框，还是单击鼠标右键，在弹出的快捷菜单中选择 添加形状(A) 命令，接着再选择 在后面添加形状(A) 命令，这样就在“东海岸”或“西海岸”的下方添加了两个文本框。在文本框中依次输入“休闲度假”“人与自然”“巨浪之美”和“自然风光”。

STEP 6 按照第（5）步的方法，依次在“休闲度假”“人与自然”“巨浪之美”和“自然风光”下面添加两个文本框，并分别输入“度假胜地”“世外桃源”“鱼儿世界”“帆船驶者”“浪中蓝天”“浪中阳光”“碧海蓝天”和“海水浴场”。完成后的组织结构图如图 11-35 所示。

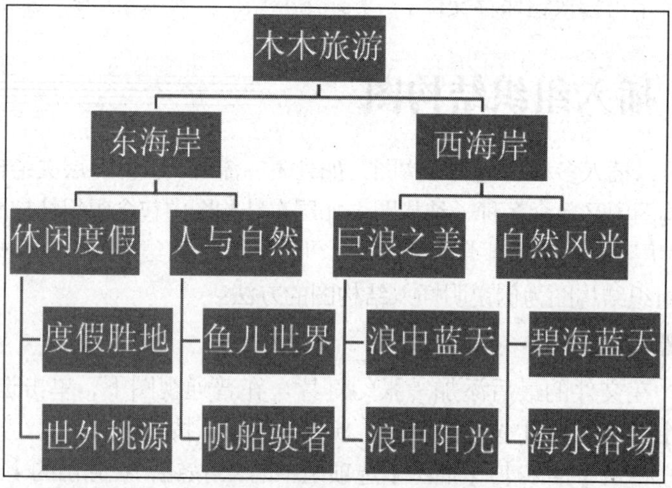

图11-35 木木木旅游组织结构图

STEP 7 更改组织结构图的颜色。单击【设计】/【SmartArt 样式】选项组中的【更改颜色】按钮，在弹出的列表中选择“彩色”组中的第 4 个“强调 文字颜色 4 至 5”，如图 11-36 所示。

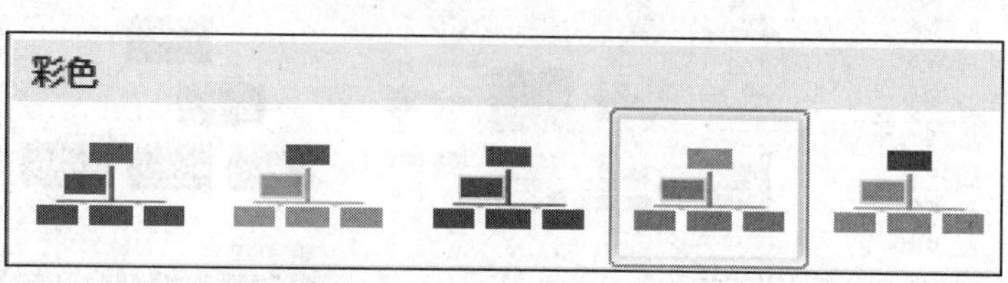

图11-36 更改颜色中的彩色

STEP 8 更改组织结构图的三维设置。单击【设计】/【SmartArt 样式】选项组中的样式列表，从弹出的列表中选择“三维”组中的第 1 行第 5 列“砖块场景”，如图 11-37 所示。

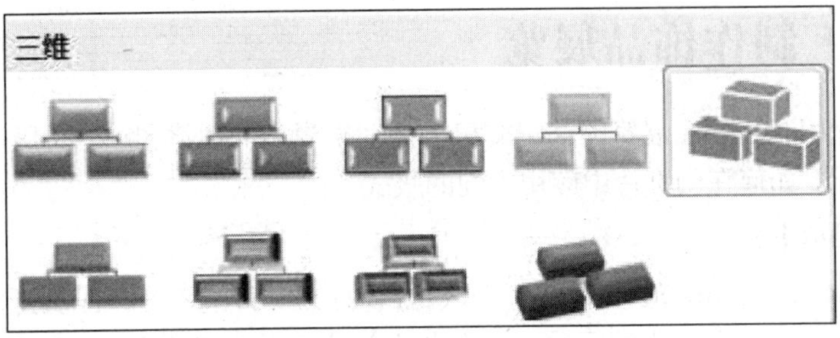

图11-37 三维列表

完成后的组织结构图如图 11-38 所示。

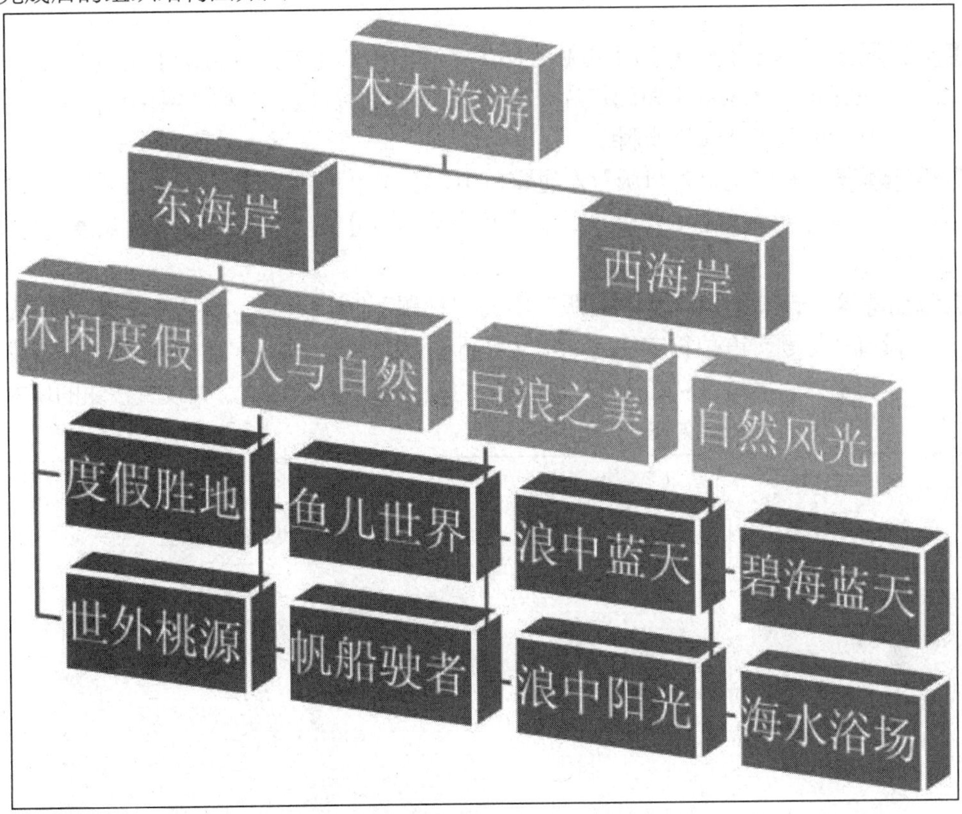

图11-38 完成后的组织结构图效果图

STEP 9 保存和关闭文件。单击按钮保存文件，单击按钮关闭文件。

项目小结

幻灯片要统一风格，可以通过使用母版完成，根据自己的设计风格，新建自己的母版。在母版中可以插入多种占位符，调整占位符的位置，也可以添加固定的内容，如固定文本和按钮等，也可以在母版中添加图片，并可以将图片放在最底层，将图片设置为母版背景；母版定义完成后，应用相同母版的幻灯片最初具有相同的风格，在幻灯片中可以添加自定义图形，如线条、矩形和动作按钮等；也可以在幻灯片中添加艺术字，设置艺术字的格式；还可以在幻灯片中添加 SmartArt 图形，如添加组织结构图等。幻灯片和母版可以灵活设计，可以根据需要添加、删除和移动占位符和对象，并可以对对象进行格式设置。

课后练习 制作饰品展览

本练习以介绍制作饰品展览的演示文稿为例，说明如何创建和应用母版，如何在演示文稿中应用剪贴画，如何在幻灯片中应用不同的版式。

【步骤提示】

STEP 1 启动 PowerPoint 2010，将文件保存为“11-2(制作饰品展览).pptx”。

STEP 2 选中第 1 张幻灯片，在【设计】/【主题】选项组中选择外观列表中的第 3 行第 4 列的“气流”。在“标题”和“副标题”占位符中输入“饰品展览”和“木木公司饰品展览”。

STEP 3 单击【视图】/【母版视图】选项组中的【幻灯片母版】按钮，在幻灯片母版中，只保留“Office 主题幻灯片母版”“标题幻灯片 版式”和“图片与标题 版式”3 个版式，将其余的按 Delete 键删除。

STEP 4 在“幻灯片母版”左边窗口中，右键单击“图片与标题 版式”，在弹出的快捷菜单中选择【重命名版式】命令，在【重命名版式】对话框中输入“饰品展览母版”，单击 重命名(R) 按钮。

STEP 5 改变“饰品展览母版”中的“标题”“文本”和“图片”占位符的大小和位置，并设置“标题”占位符字体为“华文楷体”，字号 28 磅，字体颜色为蓝色；“文本”占位符字体为楷体，字号 18 磅，字体颜色为紫色；添加 4 个按钮，并设置按钮的填充颜色为橙色，边线颜色为紫色。如图 11-39 所示。

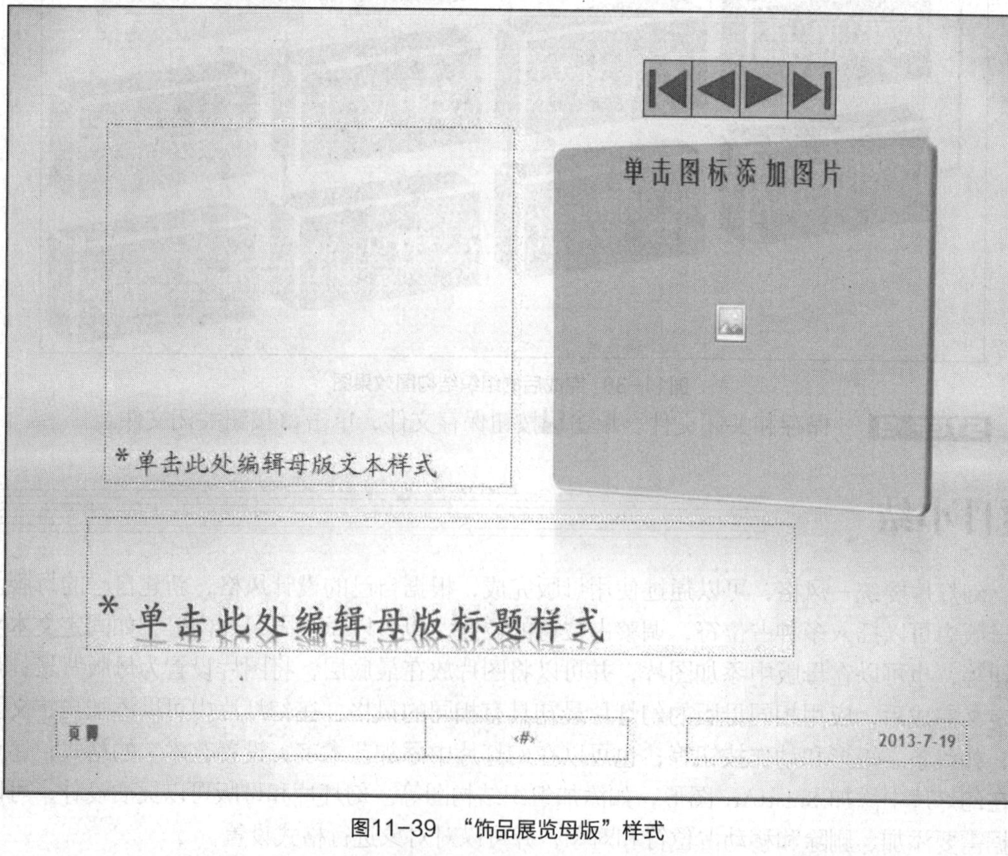

图11-39 “饰品展览母版”样式

知识提示 改变“标题”“文本”和“图片”占位符的大小和位置：单击选择占位符，将鼠标指针移至边框上，当指针变成 4 个方向箭头时拖动鼠标就能改变位置，当指针变成两个方向箭头时拖动鼠标就能改变大小。

添加 4 个按钮的方法：单击【插入】/【插图】选项组中的【形状】按钮，从弹出的列表中分别单击按钮，再按住鼠标左键并拖曳出一个合适大小的按钮；选中按钮，再在【格式】/【形状样式】选项组中设置填充颜色和边线颜色。

STEP 6 单击【视图】/【演示文稿视图】选项组中的【普通视图】按钮，返回到普通视图。

STEP 7 新建幻灯片。在左边窗口中，单击【幻灯片】选项卡，单击第 1 张幻灯片，再按 Enter 键新建一张幻灯片。

STEP 8 设置第 2 张幻灯片的版式为“饰品展览母版”。右键单击第 2 张幻灯片，从弹出的快捷菜单中选择【版式】命令，从弹出的列表中选择【饰品展览母版】选项。

STEP 9 在第 2 张的“标题”和“文本”占位符中输入相应文字，再通过单击占位符插入图片，适当调整图片的位置和大小，再将插入的图片在【格式】/【图片格式】选项组中设置相应的图片样式。

STEP 10 重复第（7）至第（9）步，新建 4 张幻灯片，并添加相应内容和图片。

完成后的演示文稿如图 11-40 至图 11-45 所示。

图11-40 饰品展览首页

图11-41 饰品展览第 2 页

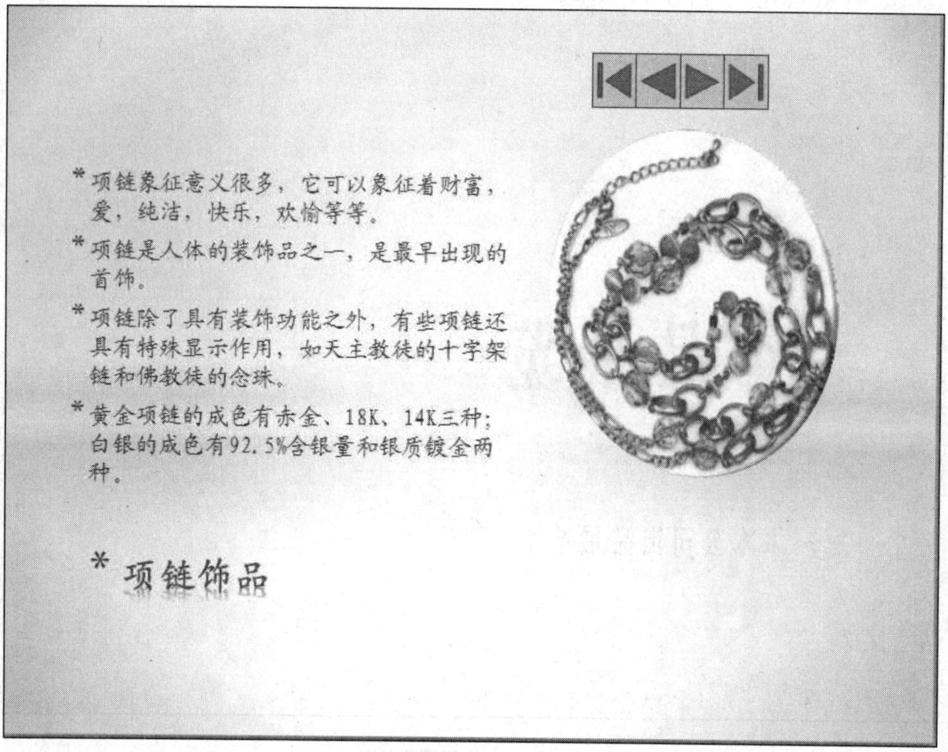

图11-42 饰品展览第 3 页

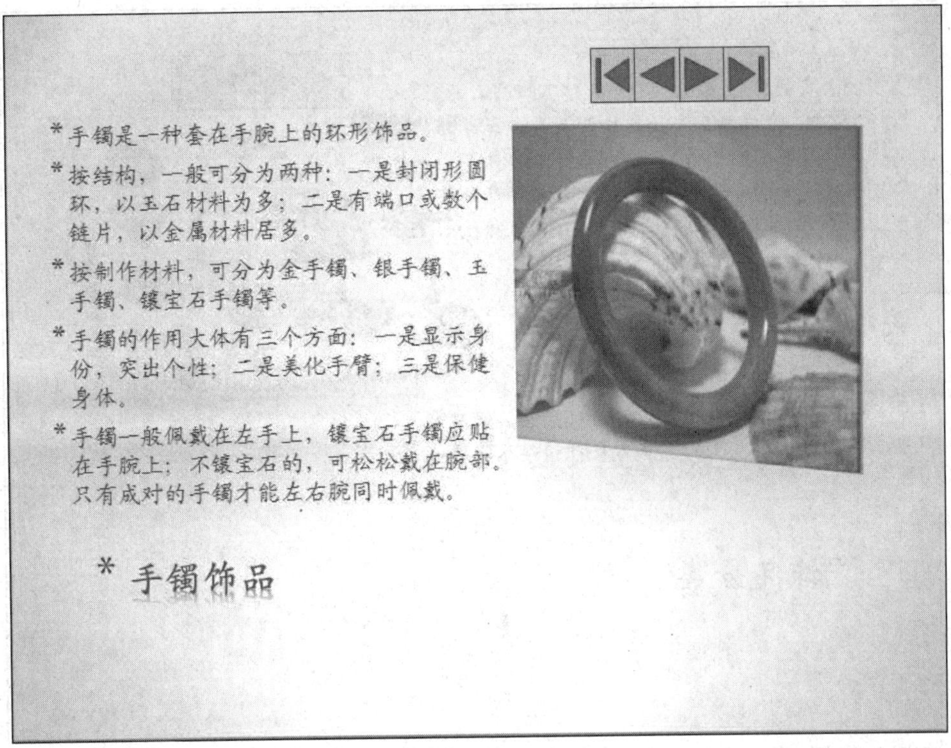

图11-43 饰品展览第 4 页

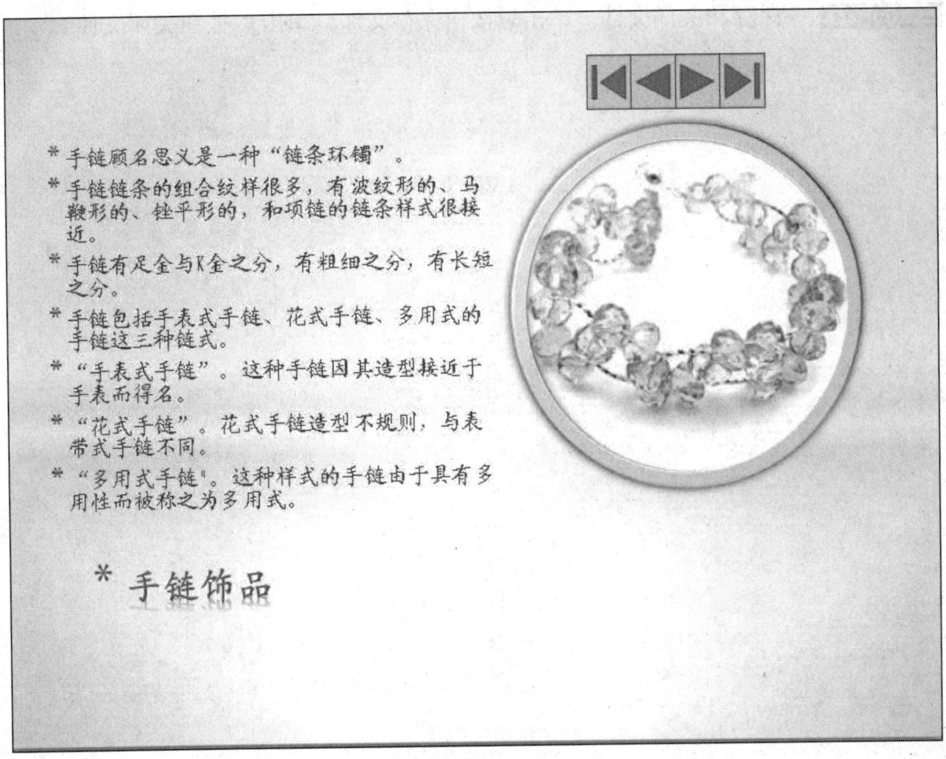

图11-44 饰品展览第 5 页

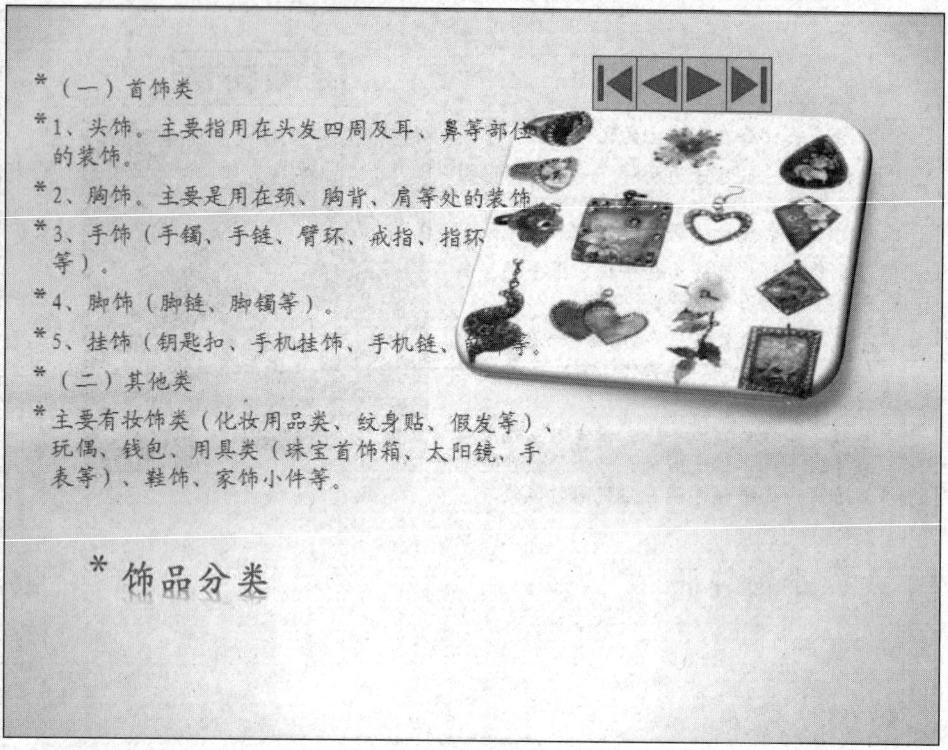

图11-45 饰品展览第 6 页

STEP 11 保存和关闭文件。单击按钮保存文件，单击按钮关闭文件。

PART 12 项目十二 制作工资分析报告——数据图表的制作

项目背景

演示文稿中可以应用不同的版式，不同的版式定义了不同的布局和不同的默认占位符；在演示文稿中还可以根据数据表创建不同类型的图表，用图表直观地表现数据；创建完成的图表也可以根据需要改变数据区域或图表类型；在演示文稿中还可以插入新的 Excel 表格或是已存在的 Excel 文件。

项 目 分 析

数据图表的制作可以通过版式中的默认占位符来插入图表，也可以通过插入插图的方式插入图表，图表的类型类似于 Excel 的图表类型，修改图表的方式也类似于 Excel 的图表的修改方式。

本项目以制作房地产调查分析报告为例说明如何应用幻灯片版式，如何在幻灯片中创建图表以及如何修改图表。

解 决 方 案

本项目可以通过以下几个任务来完成。

- 任务一　应用幻灯片版式。
- 任务二　创建饼形图表。
- 任务三　创建并修改图表。

任务一　应用幻灯片版式

PowerPoint 提供了多种系统母版，应用不同母版相当于应用不同的版式。

本节新建一个演示文稿来制作工资分析报告，在演示文稿中新建 4 张幻灯片，并应用不同的版式。

【操作步骤】

STEP 1　启动 PowerPoint 2010，将文件保存为“12-1(制作工资分析报告).pptx”。

STEP 2　选定第 1 张幻灯片，单击【开始】/【幻灯片】选项组中的 版式 按钮，从弹出的版式列表中选择“标题幻灯片”版式；再选择【设计】选项卡中【主题】列表中的第 2 行第 7 列的“角度”主题。

STEP 3　新建 4 张幻灯片。在“幻灯片”页面，单击选择第 1 张幻灯片，再连续按 Enter 键 4 次，新建 4 张幻灯片。

STEP 4　单击选择第 2 张幻灯片，单击【开始】/【幻灯片】选项组中的 版式 按钮，从弹出的版式列表中选择“节标题”版式。

STEP 5　单击选择第 3 张幻灯片，单击【开始】/【幻灯片】选项组中的 版式 按钮，从弹出的版式列表中选择“内容与标题”版式。

STEP 6　单击选择第 4 张幻灯片，单击【开始】/【幻灯片】选项组中的 版式 按钮，从弹出的版式列表中选择“两栏内容”版式。

STEP 7　单击选择第 5 张幻灯片，单击【开始】/【幻灯片】选项组中的 版式 按钮，从弹出的版式列表中选择“标题和内容”版式。

STEP 8　在幻灯片中输入相应的内容。5 张幻灯片样式如图 12-1 至图 12-5 所示。

图12-1　第 1 张幻灯片样式

图12-2 第 2 张幻灯片样式

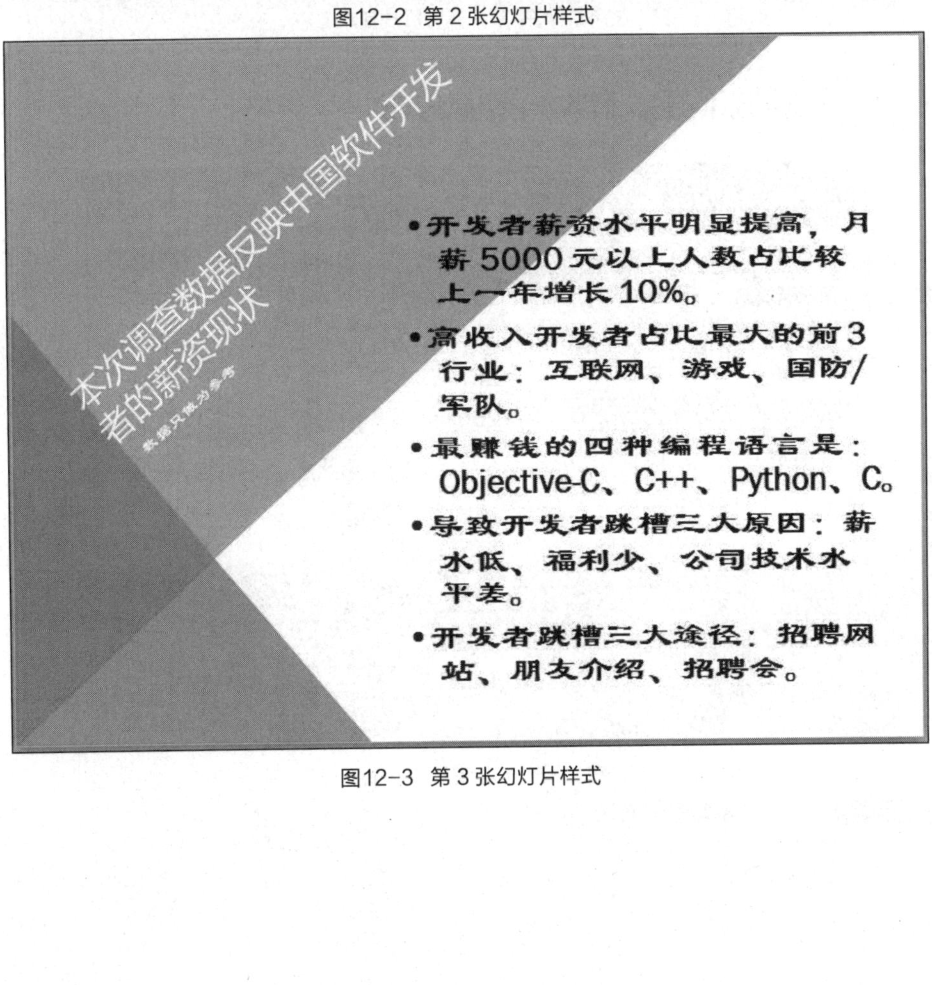

图12-3 第 3 张幻灯片样式

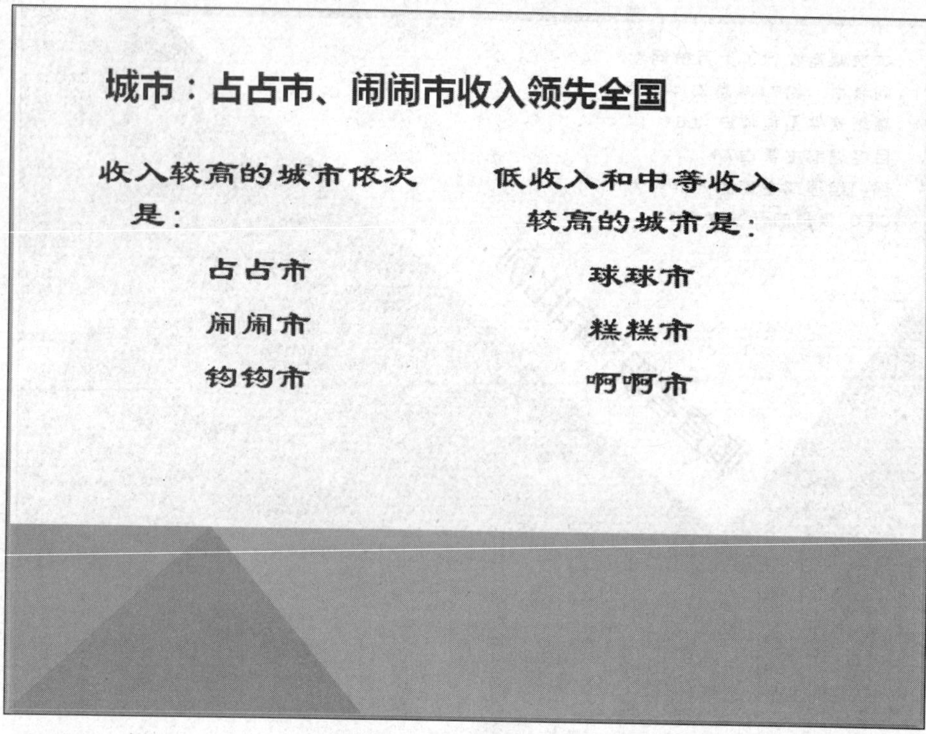

图12-4　第 4 张幻灯片样式

不同城市开发者收入范围分布

城市	3000元以下（低收入）	3000~5000元（中等收入）	5000~1万元（较高收入）	1万元以上（高收入）
占占市	5	20	45	30
闹闹市	6	21	48	25
钧钧市	6	22	49	23
啊啊市	8	25	50	17
糕糕市	10	26	51	13
球球市	11	26	52	11

图12-5　第 5 张幻灯片样式

STEP 9　单击按钮保存文件。

任务二　创建饼形图表

在幻灯片中可以创建 11 种类型的图表，每种图表类型中又分为多种子类型。可以通过【插入】/【插图】选项组来创建图表。

【操作步骤】

STEP 1　新建一张幻灯片。在“幻灯片”页面，单击选择第 5 张幻灯片，再按 Enter 键，新建一张幻灯片。

STEP 2　单击【插入】/【插图】选项组中的【图表】按钮，弹出【插入图表】对话框。

STEP 3　在【插入图表】对话框中，选择【饼图】模板组/【饼图】选项组中的第一个饼图，如图 12-6 所示。

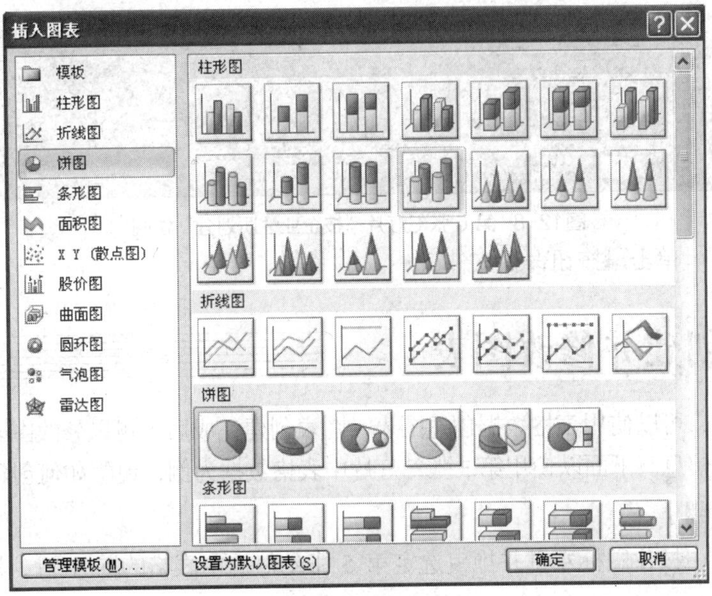

图12-6 【插入图表】对话框

STEP 4　单击 确定 按钮，这时弹出【Microsoft Office PowerPoint 中的图表－Microsoft Excel】窗口，在窗口中输入内容。选中第 5 行，按 Delete 键，如图 12-7 所示。

	A	B	C	D	E	F
1	行业	百分比				
2	私企	75%				
3	外企	15%				
4	国企	10%				
5						
6						
7		若要调整图表数据区域的大小，请拖拽区域的右下角。				

图12-7 在【Microsoft PowerPoint 中的图表－Microsoft Excel】窗口中输入的内容

STEP 5　单击【Microsoft PowerPoint 中的图表－Microsoft Excel】窗口右上角上的 × 按钮，关闭窗口，返回到 PowerPoint 窗口中。

STEP 6　这时在 PowerPoint 窗口中就创建了一个饼图，在“标题”占位符中输入“按企业性质划分”，如图 12-8 所示。

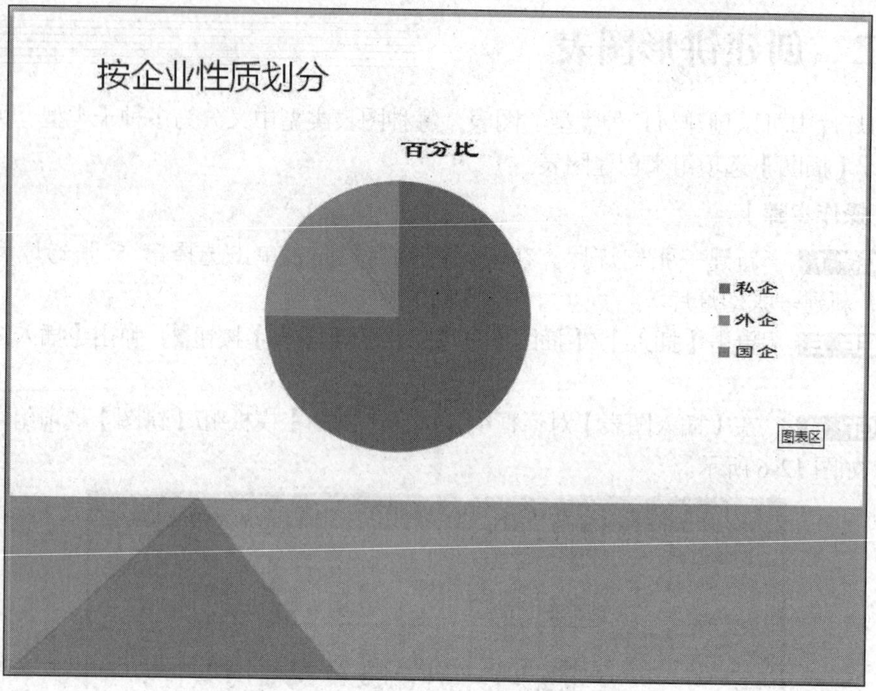

图12-8 第 6 张幻灯片“按企业性质划分”饼图

STEP 7 单击按钮保存文件。

任务三 创建并修改图表

创建图表时，可以使用表格数据创建图表，图表创建完成后，可以修改图表类型、数据来源、数据格式等信息。下面以使用第 5 张幻灯片中表格数据为例，说明如何创建和修改图表。

【操作步骤】

STEP 1 按住鼠标左键并拖曳选定第 5 张幻灯片中表格的前 4 行，按 Ctrl+C 组合键进行复制。

STEP 2 在左边窗口单击“幻灯片”，再单击选定最后一张幻灯片，按 Enter 键，在最后新建一张幻灯片。

STEP 3 单击选定第 7 张幻灯片，单击【插入】/【插图】选项组中的【图表】按钮 图表，弹出【插入图表】对话框。

STEP 4 在【插入图表】对话框中，选择右边“折线图”组中的“折线图”。

STEP 5 单击 确定 按钮，在弹出的【Microsoft PowerPoint 中的图表－Microsoft Excel】窗口中，单击 A1 单元格，按 Ctrl+V 组合键进行粘贴。

STEP 6 选中单元格区域 A1:A2，单击鼠标右键，从弹出的快捷菜单中选择 设置单元格格式(F)... 选项，在弹出的【设置单元格格式】对话框中选择【对齐】选项卡，在【文本控制】选项组中取消选中【自动换行】复选框，单击 确定 按钮。

STEP 7 适当调整字体的大小，并将右下角的边线从单元格 D5 拖动到单元格 E5，如图 12-9 所示。

	A	B	C	D	E
1 2	城市	3000元以下 （低收入）	3000~5000元 （中等收入）	5000~1万元 （较高收入）	1万元以上 （高收入）
3	占占市	5	20	45	30
4	闹闹市	6	21	48	25
5	钩钩市	6	22	49	23
6					
7					
8		若要调整图表数据区域的大小，请拖拽区域的右下角。			

图12-9 粘贴和调整后的表格

STEP 8 单击【Microsoft PowerPoint 中的图表—Microsoft Excel】窗口右上角上的 按钮，关闭窗口，返回到 PowerPoint 窗口中。此时在 PowerPoint 窗口中就创建了一个折线图，如图 12-10 所示。

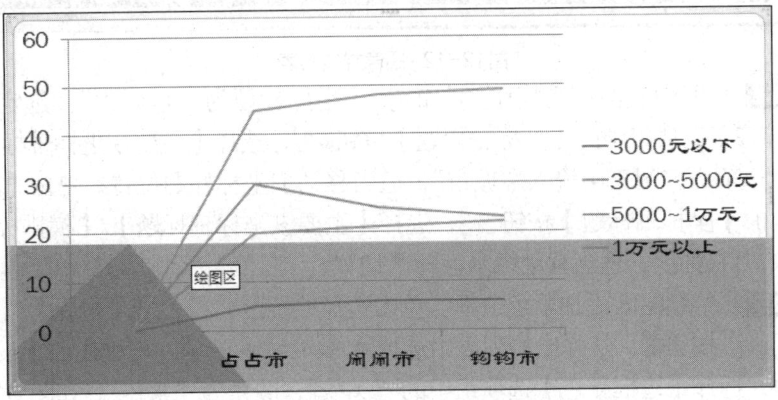

图12-10 第 7 张幻灯片“折线图”

STEP 9 在左边窗口中单击“幻灯片”，再单击选定第 7 张幻灯片，按 Ctrl+C 组合键复制幻灯片，再按 Ctrl+V 组合键粘贴幻灯片。

STEP 10 改变图表类型为“簇状柱形图”。选中第 8 张幻灯片，再选中图表，单击【设计】/【类型】选项组中的【更改图表类型】按钮，在弹出的【更改图表类型】对话框中，选择【柱形图】选项组中的“簇状柱形图”，单击 确定 按钮，图表类型就更改为“簇状柱形图”，如图 12-11 所示。

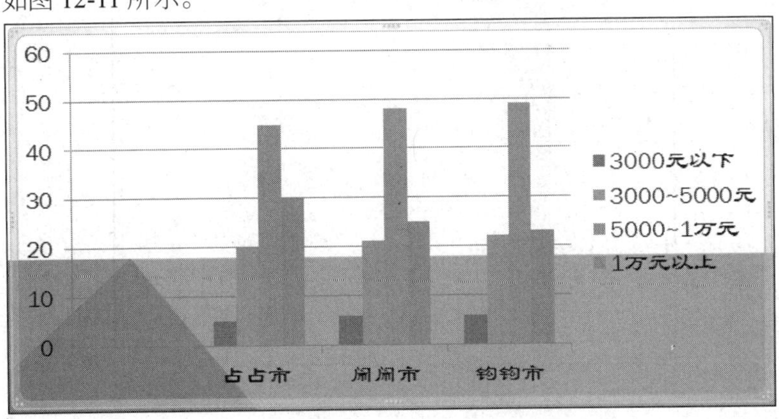

图12-11 图表类型更改为“簇状柱形图”

STEP 11 改变图表样式为“样式 6”。选定图表，再单击【设计】/【图表样式】选项组中的其他按钮，从弹出的图表样式列表中选择第 6 行第 2 列“样式 42”，如图 12-12 所示。

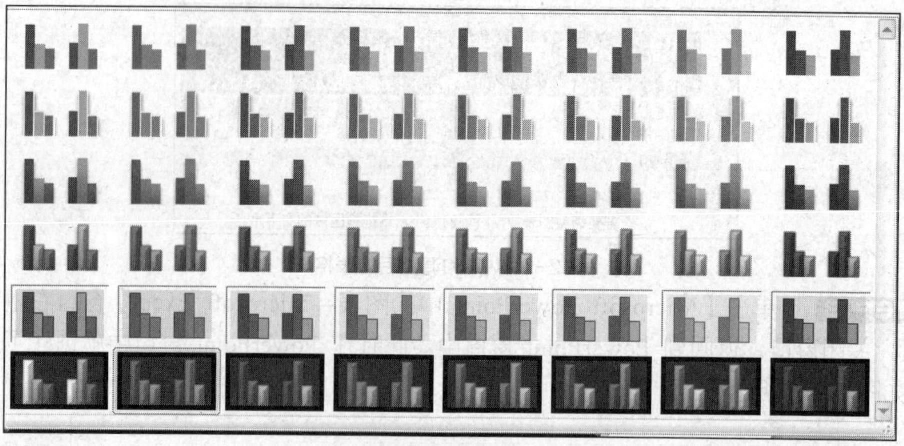

图12-12　图表样式列表

STEP 12 设置横坐标标题为“城市”，纵坐标标题为“百分比”。选定图表，单击【布局】/【标签】选项组中的【坐标轴标题】按钮，选择【主要横坐标轴标题】/【坐标轴下方标题】选项，在图表中输入“城市”，适当移动横坐标标题位置；单击【布局】/【标签】选项组中的【坐标轴标题】按钮，选择【主要纵坐标轴标题】/【横排标题】选项，在图表中输入“百分比”，适当移动纵坐标标题位置。

STEP 13 给绘图区添加紫色边框。单击选择绘图区，再单击【布局】/【背景】选项组中的【绘图区】按钮，从弹出的列表中选择 其他绘图区选项(M)... 选项，在弹出的【设置绘图区格式】对话框中，选择【边框颜色】选项组中的“实线”，颜色为“紫色”，如图 12-13 所示；再设置【边框样式】/【宽度】为“5 磅”，单击 关闭 按钮。

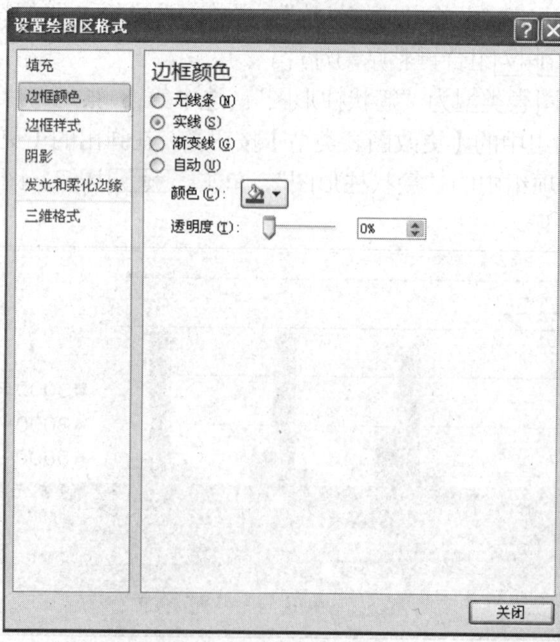

图12-13　【设置绘图区格式】对话框

STEP 14 在第 8 张幻灯片的“标题”占位符中输入“收入最高的前三个城市”，第 8 张幻灯片样式如图 12-14 所示。

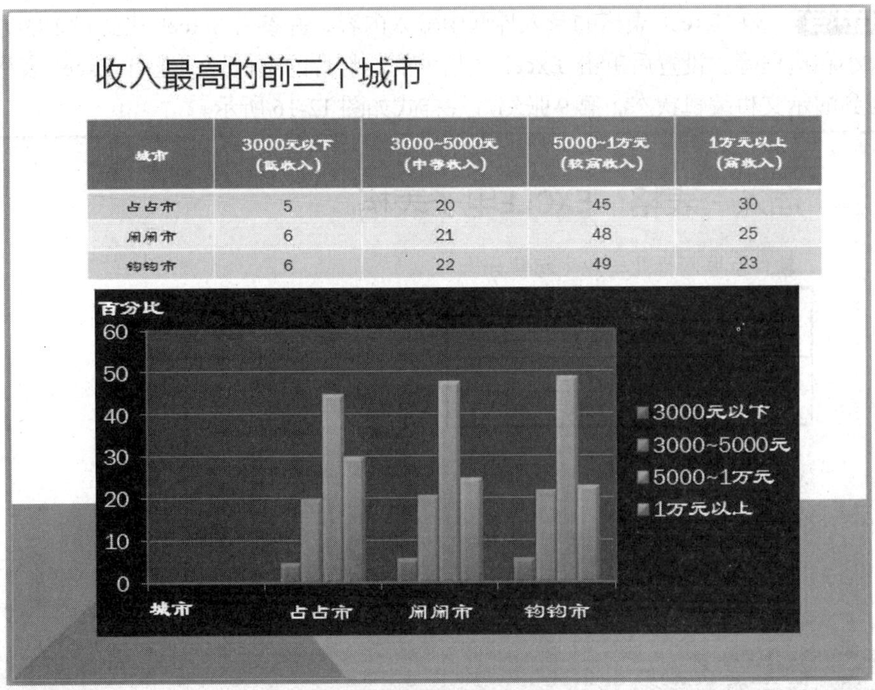

图12-14 第 8 张幻灯片样式

STEP 15 单击按钮保存文件。

项目升级 插入 Excel 表格

在演示文稿中插入 Excel 表格有 3 种方式，一是通过插入表格的方式，二是通过插入对象后新建 Excel 工作表，三是通过插入对象后打开 Excel 工作表的方式。

1. 通过插入表格的方式来插入 Excel 表格

【操作步骤】

STEP 1 在左边窗口单击“幻灯片”，再选定最后一张幻灯片，按Enter键，在最后新建一张幻灯片。

STEP 2 单击选择第 9 张幻灯片，再单击【插入】/【表格】选项组中的【表格】按钮，从列表中选择 Excel 电子表格(X) 选项，这时弹出 Excel 表格的录入界面，如图 12-15 所示。

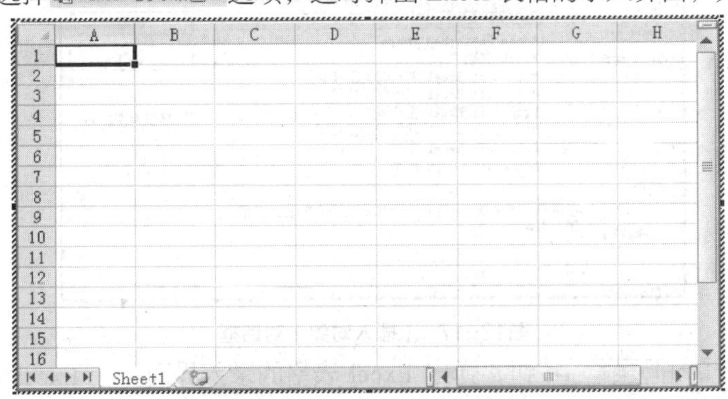

图12-15 Excel 表格的录入界面

STEP 3 在 Excel 表格的录入界面中输入内容，并参考 Excel 格式设置的方法，设置字体大小和边框等。设置后单击 Excel 表格外的幻灯片的空白处，退出 Excel 表格编辑状态，返回到演示文稿编辑状态。第 9 张幻灯片样式如图 12-16 所示。

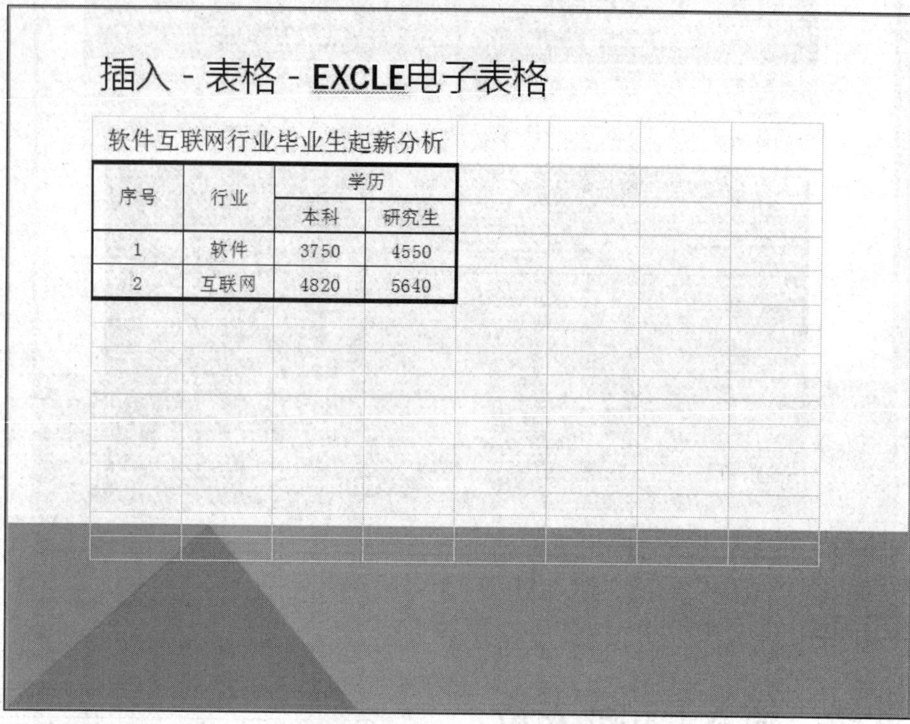

图12-16 第 9 张幻灯片样式

2. 通过插入对象后新建 Excel 工作表来插入 Excel 表格

【操作步骤】

STEP 1 在左边窗口单击“幻灯片”，再单击选定最后一张幻灯片，按 Enter 键，在最后新建一张幻灯片。

STEP 2 单击选择第 10 张幻灯片，再单击【插入】/【文本】选项组中的【对象】按钮，在弹出的【插入对象】对话框中，选中【新建】单选按钮，设置【对象类型】为“Microsoft Excel 工作表”，如图 12-17 所示。

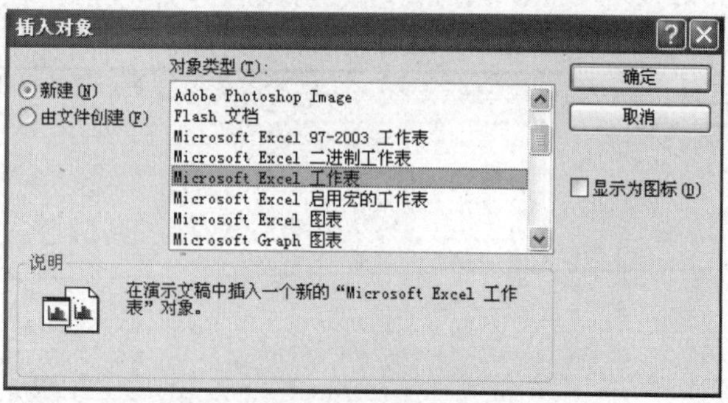

图12-17 【插入对象】对话框

STEP 3 单击 确定 按钮，弹出 Excel 表格的录入界面。在 Excel 表格的录入界面中输入内容，并参考 Excel 格式设置的方法，设置字体大小和边框等。设置后单击 Excel 表格外的幻灯片的空白处，退出 Excel 表格编辑状态，返回到演示文稿编辑状态。第 10 张幻灯片样式如图 12-18 所示。

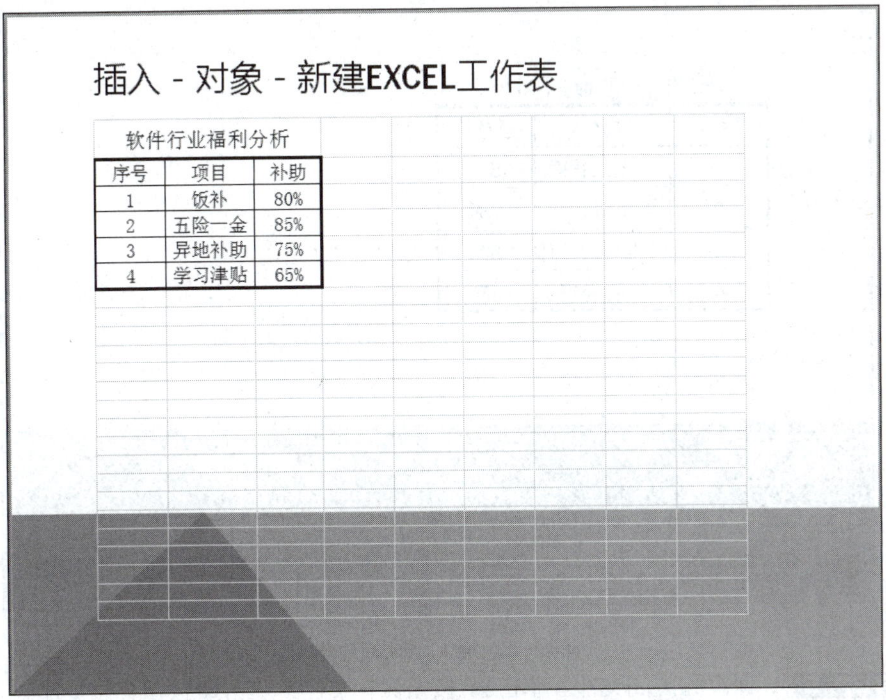

图12-18　第 10 张幻灯片样式

3.　通过插入对象后打开 Excel 工作表来插入 Excel 表格

【操作步骤】

STEP 1　在左边窗口单击“幻灯片”，再选定最后一张幻灯片，按 Enter 键，在最后新建一张幻灯片。

STEP 2　单击选择第 11 张幻灯片，再单击【插入】/【文本】选项组中的【对象】按钮，在弹出的【插入对象】对话框中，选中【由文件创建】单选按钮，如图 12-19 所示。

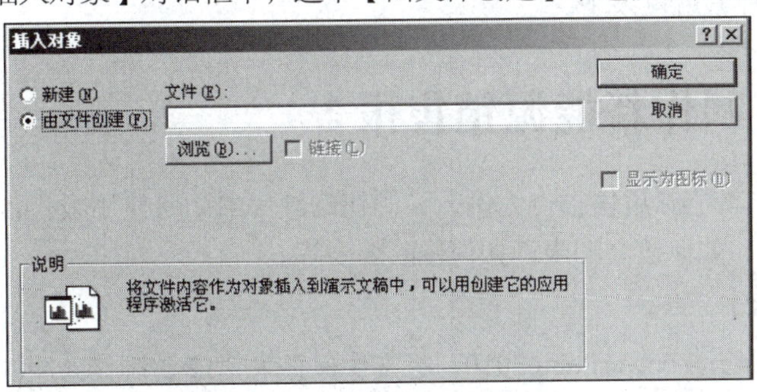

图12-19　“插入对象”由文件创建

STEP 3　单击 浏览(B)... 按钮，在弹出的【浏览】对话框中选择“项目 12 素材\软件行业难招岗位.xlsx”文件，单击 确定 按钮。

STEP 4　返回到演示文稿编辑状态，第 11 张幻灯片样式如图 12-20 所示。

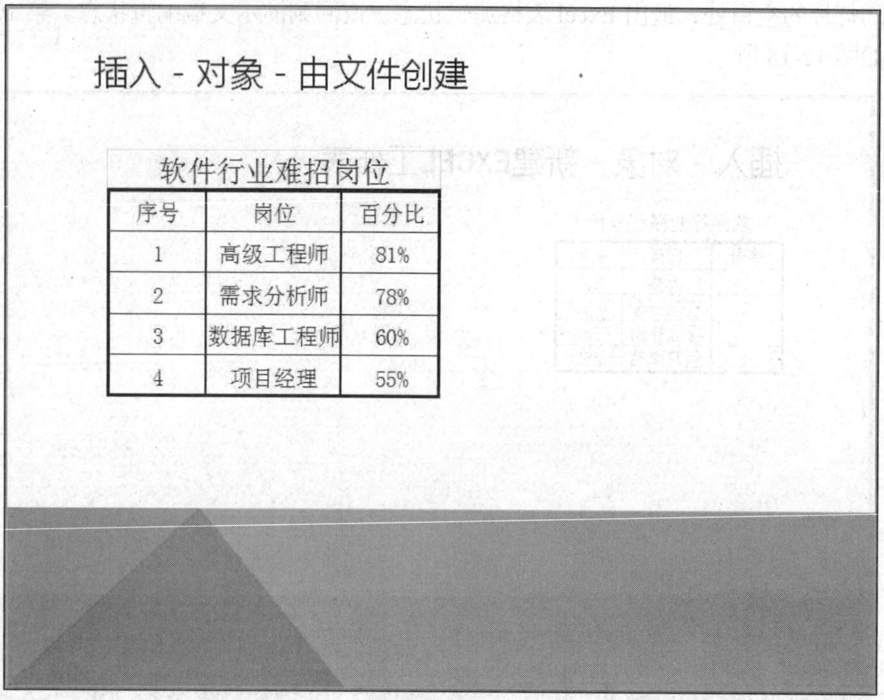

图12-20 第 11 张幻灯片样式

STEP 5 保存和关闭文件。单击 按钮保存文件，单击 按钮关闭文件。

项目小结

幻灯片要使用不同的默认占位符，可以通过使用不同的版式来完成；在幻灯片中可以插入图表，插入的图表还可以更改图表类型、更改图表样式、更改图表标签、更改数据来源等；可以插入 Excel 表格或 Word 表格，要修改 Excel 表格内容，需要双击 Excel 表格进入 Excel 界面，在 Excel 界面中可以修改数据，也可以设置单元格格式等，修改完成后，单击 Excel 界面之外的地方就可以了。

课后练习　制作新能源销售报告

本练习以制作新能源销售报告为例，说明在幻灯片中如何使用版式，如何设置行距，如何插入 Excel 表格，如何建立图表，如何修改图表等。

【步骤提示】

STEP 1 启动 PowerPoint 2010，将文件保存为“12-2(制作新能源销售报告).pptx”。

STEP 2 设置主题为“波形”。单击【设计】/【主题】选项组中的 按钮，从弹出的列表中选择第 1 行第 5 列的“波形”。

STEP 3 选定第 1 张幻灯片，设置版式为“标题幻灯片”。单击【开始】/【幻灯片】选项组中的 版式 按钮，从弹出的版式列表中选择“标题幻灯片”版式，如图 12-21 所示。

STEP 4 在第 1 张幻灯片占位符中输入相应内容，并通过单击【插入】/【插图】选项组中的【剪贴画】按钮 剪贴画，从弹出的剪贴画窗口中单击 搜索 按钮，再双击选中的剪贴画将其插入。第 1 张幻灯片样式如图 12-22 所示。

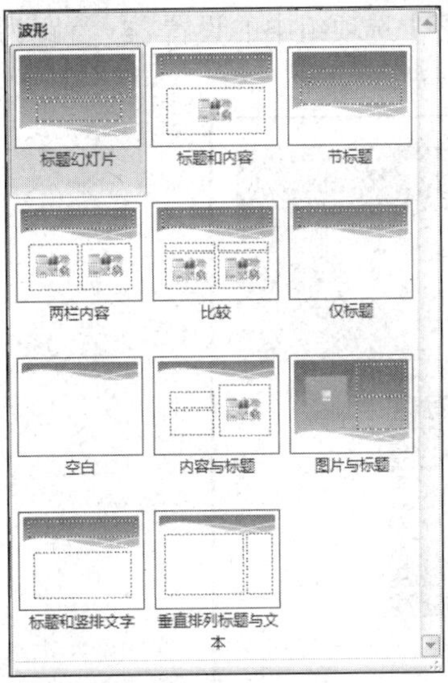

图12-21 版式列表

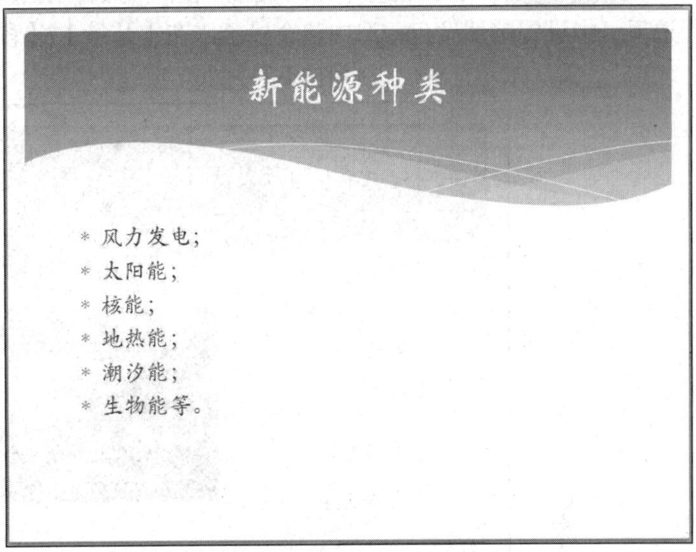

图12-22 第 1 张幻灯片样式

STEP 5 新建 10 张幻灯片。在左边窗口中单击“幻灯片”，再选定第 1 张幻灯片，连续按 10 次 Enter 键，新建 10 张幻灯片。

STEP 6 选定第 2 张幻灯片，设置版式为“节标题”。单击【开始】/【幻灯片】选项组中的 版式 按钮，从弹出的版式列表中选择“标题和内容”版式。

STEP 7 在占位符中输入相应内容；插入剪贴画；选择文本，在【开始】/【字体】选项组中设置字体颜色；选中整个段落，在【开始】/【段落】选项组中设置 行距为“1.5”。第 2 张幻灯片样式如图 12-23 所示。

图12-23 第 2 张幻灯片样式

STEP 8 选定第 3 张幻灯片，设置版式为“标题和内容”。单击【开始】/【幻灯片】选项组中的版式按钮，从弹出的版式列表中选择“标题和内容”版式。

STEP 9 在占位符中输入相应内容；插入剪贴画；选择文本，在【开始】/【字体】选项组中设置字体颜色；选中整个段落，在【开始】/【段落】选项组中的设置行距为“1.5”。第 3 张幻灯片样式如图 12-24 所示。

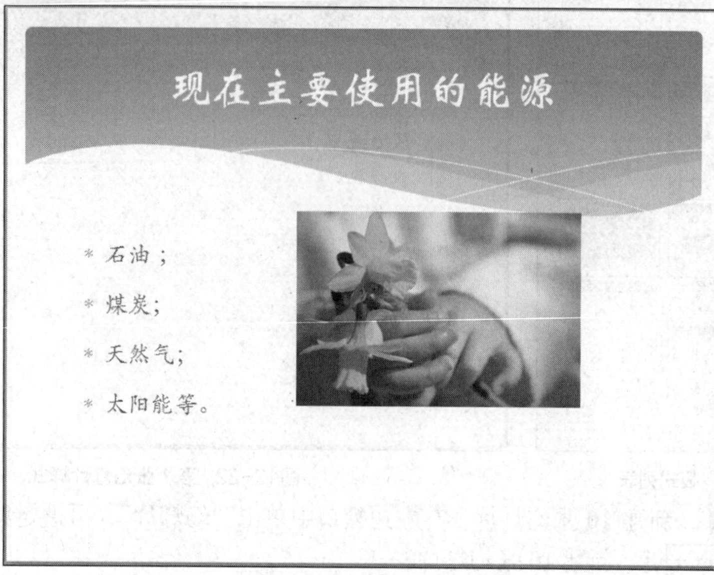

图12-24 第 3 张幻灯片样式

STEP 10 选定第 4 张幻灯片，设置版式为“标题和内容”。单击【开始】/【幻灯片】选项组中的版式按钮，从弹出的版式列表中选择“比较”版式。

STEP 11 在占位符中输入相应内容；插入剪贴画；选择文本，在【开始】/【字体】选项组中设置字体颜色；选中整个段落，在【开始】/【段落】选项组中的设置行距为“1.5”。第 4 张幻灯片样式如图 12-25 所示。

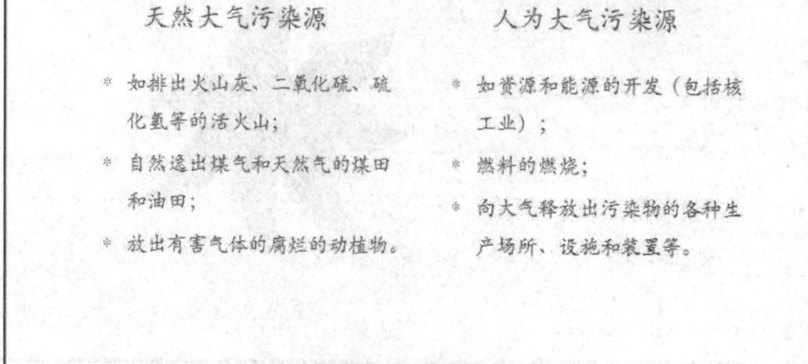

图12-25 第 4 张幻灯片样式

STEP 12 选定第 5 张幻灯片，设置版式为“标题和内容”。单击【开始】/【幻灯片】选项组中的版式按钮，从弹出的版式列表中选择“标题和内容”版式。

STEP 13 在占位符中输入相应内容；插入剪贴画；选择文本，在【开始】/【字体】选项组中设置字体颜色；选中整个段落，在【开始】/【段落】选项组中的设置行距为“2.0”。第 5 张幻灯片样式如图 12-26 所示。

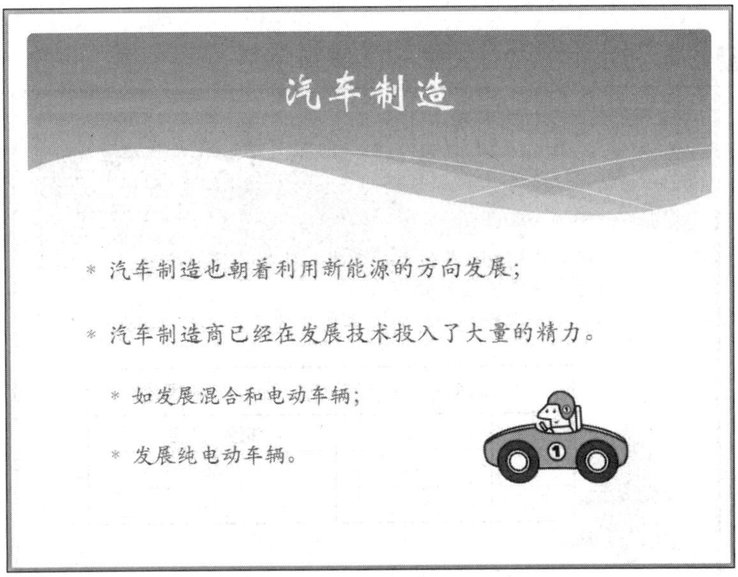

图12-26 第 5 张幻灯片样式

STEP 14 选定第 6 张幻灯片，设置版式为“标题和内容”。单击【开始】/【幻灯片】选项组中的版式按钮，从弹出的版式列表中选择“标题和内容”版式。

STEP 15 在占位符中输入相应内容；插入剪贴画；选择文本，在【开始】/【字体】选项组中设置字体颜色；选中整个段落，在【开始】/【段落】选项组中的设置行距为“1.0”。第 6 张幻灯片样式如图 12-27 所示。

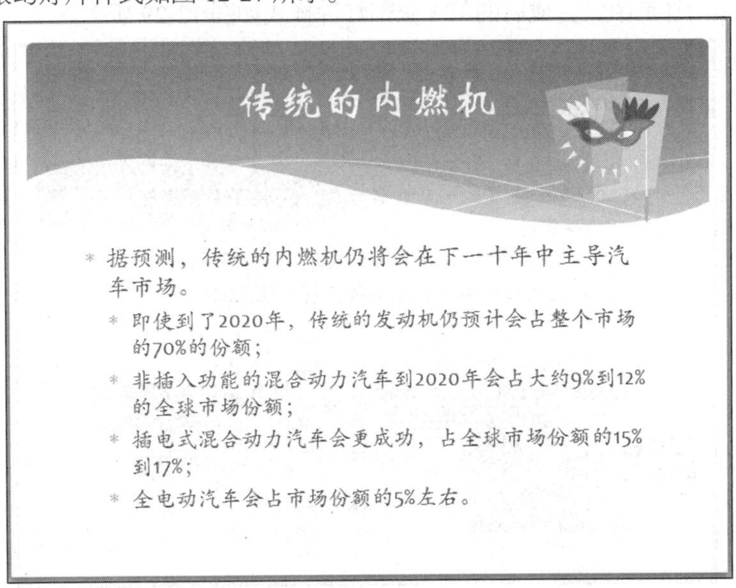

图12-27 第 6 张幻灯片样式

STEP 16 选定第 7 张幻灯片，在占位符中输入相应内容；单击【插入】/【文本】选项组中的【对象】按钮，从弹出的【插入对象】对话框中，切换到【由文件创建】选项卡，单击 浏览(B)... 按钮，从弹出的【浏览】对话框中选择“项目 12 素材\预测未来节能和新能源汽车的产销量.xlsx”文件，单击 确定 按钮返回到【插入对象】对话框，再单击 确定 按钮，将 Excel 表格插入到幻灯片中。选中 Excel 表格，拖动边线适当调整表格的大小和位置。

STEP 17 插入剪贴画后的样式如图 12-28 所示。

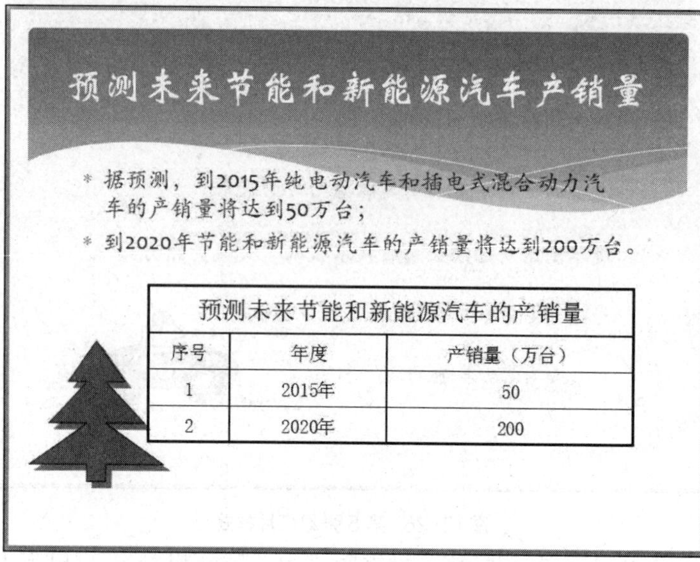

图12-28 第 7 张幻灯片样式

STEP 18 选定第 8 张幻灯片，设置版式为“标题和内容”。单击【开始】/【幻灯片】选项组中的 版式 按钮，从弹出的版式列表中选择“标题和内容”版式。参照第 7 张幻灯片的制作方法，将“项目 12 素材\2012 年一季度纯电动和混合动力汽车的销售量.xlsx”文件插入到第 8 张幻灯片中，完成后的第 8 张幻灯片样式如图 12-29 所示。

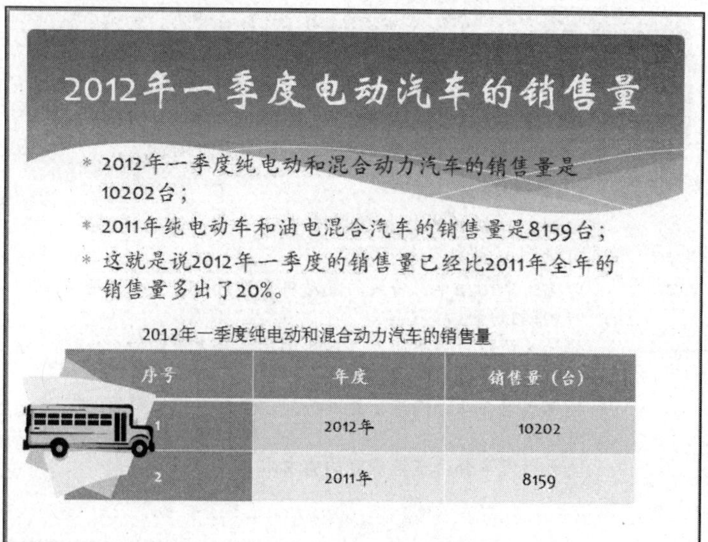

图12-29 第 8 张幻灯片样式

STEP 19 在演示文稿中选中第 9 张幻灯片，设置版式为“仅标题”。

STEP 20 在第 9 张幻灯片中创建图表。单击【插入】/【插图】选项组中的按钮插入图表，在弹出的【插入图表】对话框中单击选择【折线图】选项组中的“带数据标记的折线图”，单击确定按钮，弹出【Microsoft PowerPoint 中的图表 — Microsoft Excel】窗口，选择【文件】/【打开】命令，打开“项目 12 素材\2012 年一季度纯电动和混合动力汽车的销售量.xlsx”文件，选定单元格区域 A1:C4，按 Ctrl+C 组合键复制后关闭 Excel 文件；选中窗口中的 A1 单元格，按 Ctrl+V 组合键粘贴，选择单元格区域 B1:D1、A5:D5 和 D2:D4，按 Delete 键删除多余数据；拖动数据区域至单元格 C4。

STEP 21 回到演示文稿中，单击【设计】/【数据】选项组中的【选择数据】按钮，再选择 Excel 表格中的数据区域 B2:C4，选择结果如图 12-30 所示。

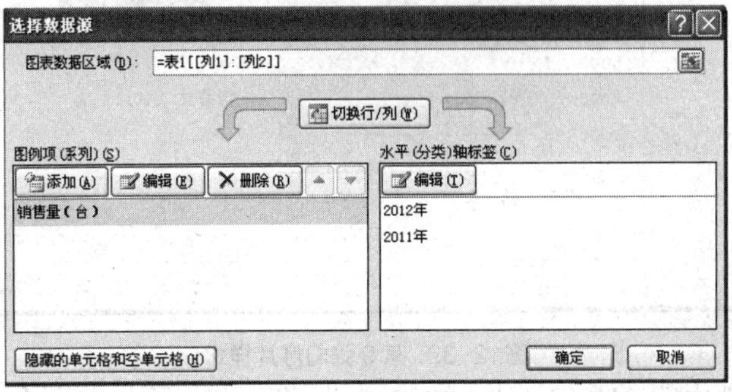

图12-30 【选择数据源】对话框

STEP 22 单击确定按钮，关闭 Excel 窗口，返回到幻灯片窗口。生成的折线图图表如图 12-31 所示。

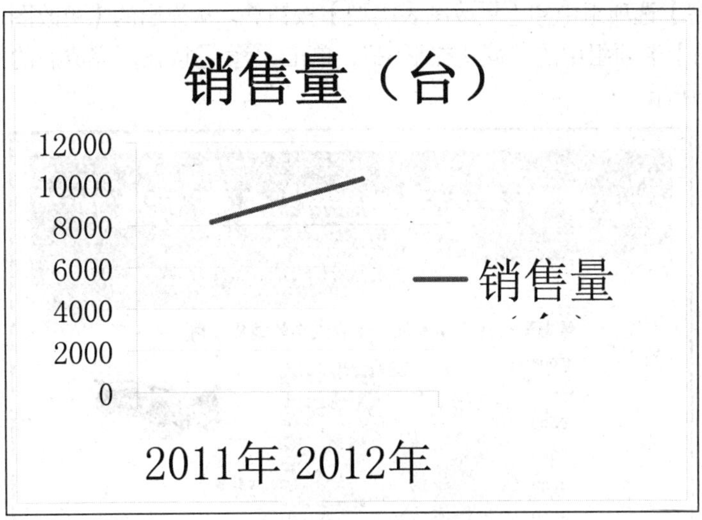

图12-31 生成的折线图图表

STEP 23 选择【设计】/【图表布局】选项组中的第 3 行第 3 列“布局 9”，再选择图表样式列表中的第 5 行第 5 列图表样式 37。

STEP 24 选择【布局】/【标签】选项组中的【坐标轴标题】按钮，添加横坐标轴标题“年度”和纵坐标轴标题“销售量”，并适当调整标题位置，将图表标题更改为“纯电动和混合动力汽车的销售量图”。

STEP 25 单击【布局】/【背景】选项组中的【绘图区】按钮，设置为渐变填充。

STEP 26 选择【布局】/【坐标轴】选项组中的【网格线】按钮，设置【主要横网格线】为“主要网格线”，设置【主要纵网格线】为“次要网格线”，完成后的第 9 张幻灯片样式如图 12-32 所示。

图12-32 第 9 张幻灯片样式

STEP 27 选中第 9 张幻灯片，按 Ctrl+C 组合键，再按 Ctrl+V 组合键复制粘贴幻灯片。

STEP 28 选中第 10 张幻灯片，将图表类型更改为“簇状条形图”。选中图表，单击【设计】/【类型】选项组中的【更改图表类型】按钮，从弹出的【更改图表类型】对话框中选择【柱形图】选项组中的“簇状柱形图”，单击 确定 按钮。完成后的第 10 张幻灯片样式如图 12-33 所示。

图12-33 第 10 张幻灯片样式

STEP 29 第 11 张和第 12 张幻灯片的版式都采用“标题和内容”，完成的幻灯片如图 12-34 和图 12-35 所示。

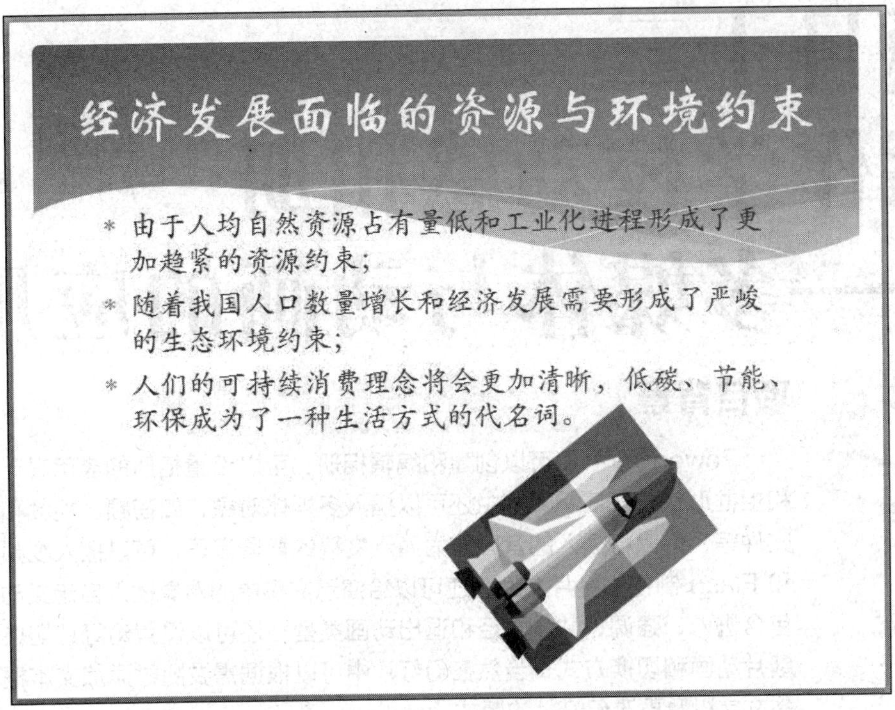

图12-34 第 11 张幻灯片样式

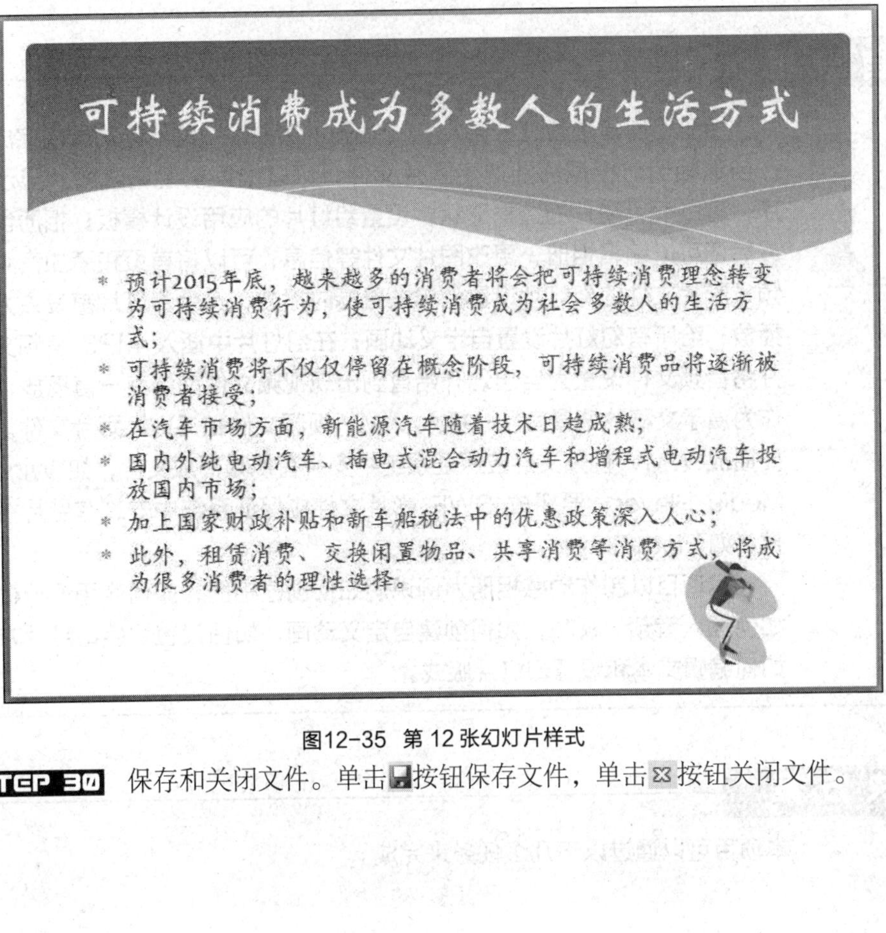

图12-35 第 12 张幻灯片样式

STEP 30 保存和关闭文件。单击按钮保存文件，单击按钮关闭文件。

项目十三 制作学校动感相册——多媒体与动画的应用

PART 13

项目背景

PowerPoint 中可以创建和编辑相册，可以设置相册的应用设计模板和相框形状；在演示文稿中还可以插入多媒体对象，如音频、视频和影片文件等，可以将插入的音频作为演示文稿的背景音乐，可以插入视频文件和 Flash 制作的影片文件；还可以给演示文稿中的对象插入自定义动画，包含进入、强调、动作路径和退出动画类型；还可以设置幻灯片切换时的翻片动画和切换方式；当然在幻灯片中可以根据需要随时添加文本框、编辑文字以及更改幻灯片的版式。

项目分析

相册的创建是通过【插入】/【插图】选项组中的相册功能来完成的，在创建相册时根据需要选定图片文件，可以根据需要调整图片显示的顺序，可以设置图片的边框形状，设置幻灯片的应用设计模板；相册创建完成后还可以编辑相册，更改图片文件等信息；可以将首页和添加音频、视频、影片文件的幻灯片设置为单击鼠标时播放，其余幻灯片都设置为自动播放；给所有幻灯片设置自定义动画；在幻灯片中插入 MP3 音频文件，并将音频文件设置为自出现开始直到出现视频文件前结束一直播放，使之作为演示文稿的背景音乐；插入 WMV 视频文件和 SWF 影片文件。当然要播放 WMV 视频文件应保证系统中安装有视频播放文件，如 Windows Media Player；要播放 SWF 影片文件应保证系统中安装有影片播放文件，如 FlashPlayer。

本项目以制作动感相册为例说明如何创建相册，如何应用设计模板，如何插入音频、视频，如何创建自定义动画，如何设置切换幻灯片方式，如何编辑文本和设置幻灯片版式。

解决方案

本项目可以通过以下几个任务来完成。

- 任务一 应用设计模板。
- 任务二 插入多媒体对象。
- 任务三 添加动画。
- 任务四 编辑文字和设置版式。

任务一 应用设计模板

首先创建一个相册，并对相册设置一种应用设计模板，之后设置应用设计模板的字体、颜色和效果。

【操作步骤】

STEP 1 启动 PowerPoint 2010，将文件保存为“13-1(制作学校动感相册).pptx”。

STEP 2 单击【插入】/【插图】选项组中的【相册】按钮，从弹出的列表中选择 新建相册(A)... 选项，此时弹出【相册】对话框。

STEP 3 在【相册】对话框中，单击 文件/磁盘(F)... 按钮，在弹出的【插入新图片】对话框中选择“项目 13 素材”文件夹中的“学校 1.jpg”至“学校 7.jpg”图片文件，单击 插入(S) 按钮返回到【相册】对话框。

STEP 4 在【相册】对话框中，在【相册中的图片】框中可以选择图片“学校 5”单击 ↑ 按钮，使“学校 5”调整到列表中的第 5 项，选择相应图片，单击 ↑ 和 ↓ 按钮，调整图片顺序，结果如图 13-1 所示。

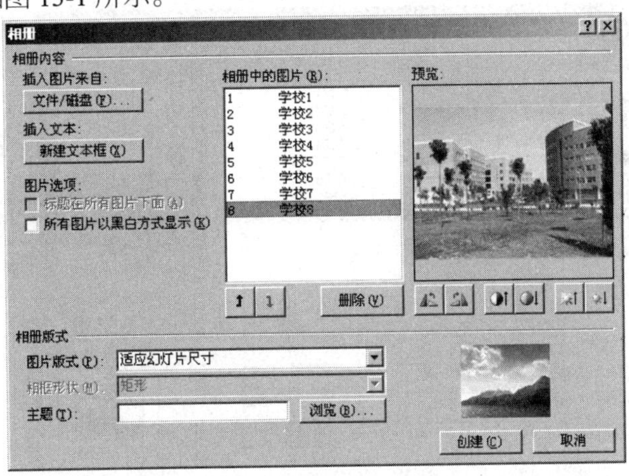

图13-1 调整图片顺序

STEP 5 设置【图片版式】为“1 张图片（带标题）”，如图 13-2 所示。

STEP 6 设置【相框形状】为“复杂框架，黑色”，如图 13-3 所示。

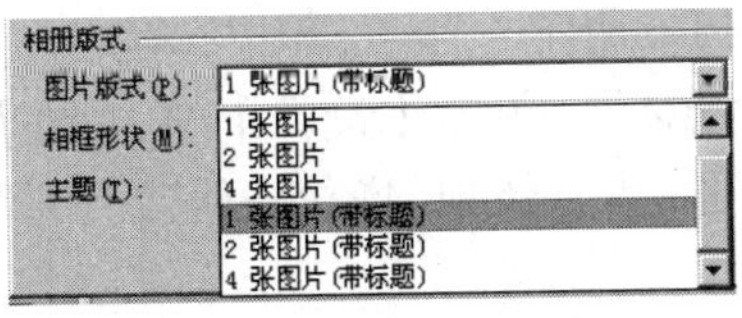

图13-2 选择图片版式

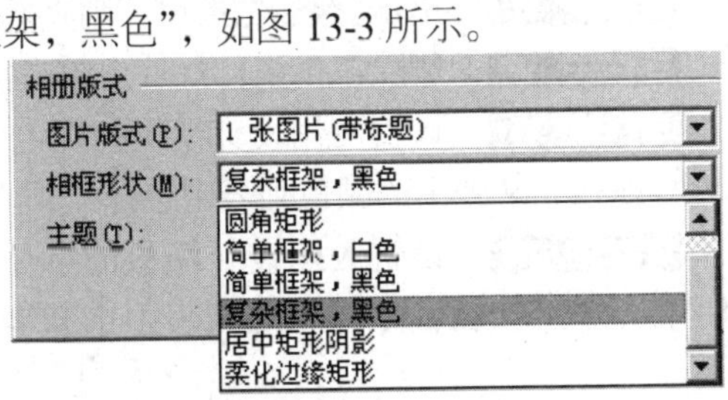

图13-3 选择相框形状

STEP 7 单击【主题】右侧的 浏览(B)... 按钮，弹出【选择主题】对话框，如图 13-4 所示。

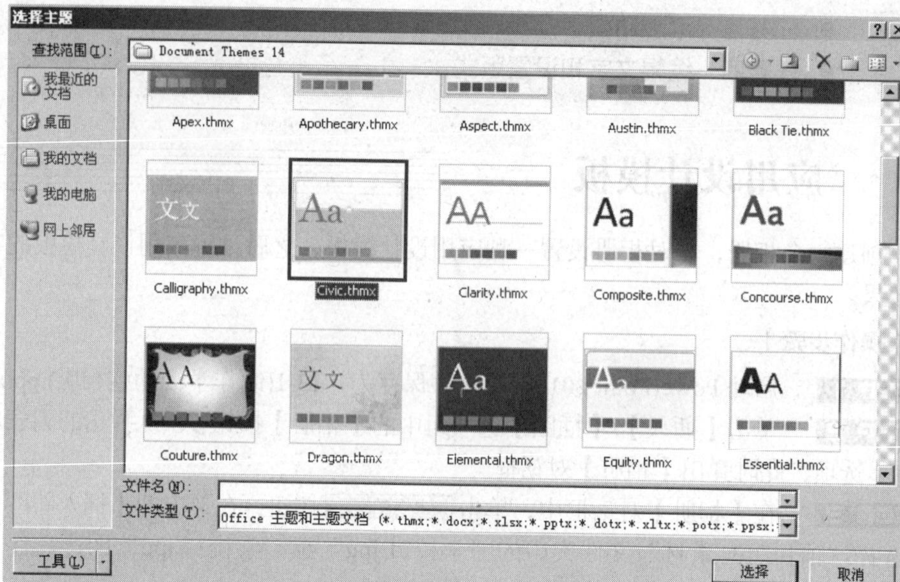

图13-4 【选择主题】对话框

STEP 8 在【选择主题】对话框中选择一种主题，即选择一种应用设计模板，这里选择“Civic.thmx”，单击 选择 按钮返回到【相册】对话框，如图 13-5 所示。

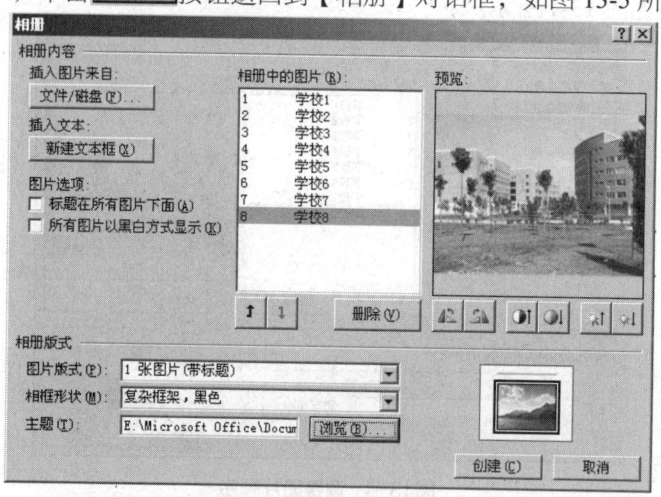

图13-5 【相册】对话框

STEP 9 单击 创建(C) 按钮，则将选择的图片添加到演示文稿中。

STEP 10 删除第 1 张幻灯片。单击第 1 张幻灯片，按 Deltete 键将其删除。

STEP 11 设置应用设计模板的颜色为“顶峰”。单击【设计】/【主题】选项组中的 颜色 按钮，从弹出的颜色列表中选择“顶峰”，如图 13-6 所示。

STEP 12 设置应用设计模板的字体为“华文楷体”。单击【设计】/【主题】选项组中的 字体 按钮，从弹出的列表中选择字体为“波形 华文新魏 华文楷体”，如图 13-7 所示。

图13-6 应用设计模板中的颜色列表

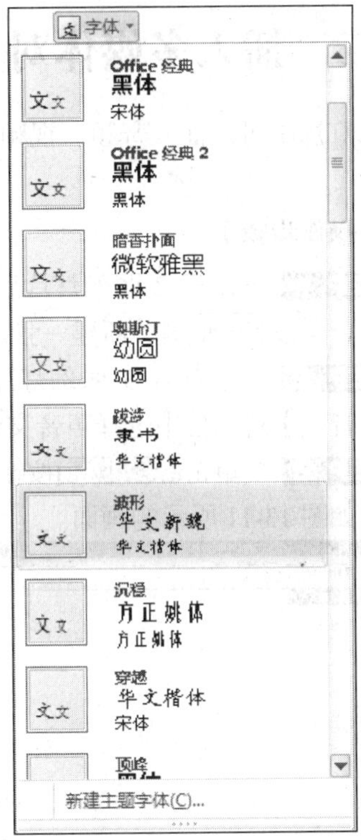

图13-7 应用设计模板中的字体列表

STEP 13 设置应用设计模板的效果为“龙腾四海”。单击【设计】/【主题】选项组中的效果按钮，从弹出的列表中选择效果为“龙腾四海”，如图13-8所示。

STEP 14 若要修改相册参数，则单击【插入】/【插图】选项组中的【相册】按钮，从弹出的列表中选择编辑相册(E)...选项，在弹出的【编辑相册】对话框中修改相应参数，如图13-9所示。单击更新(U)按钮完成相册的修改。

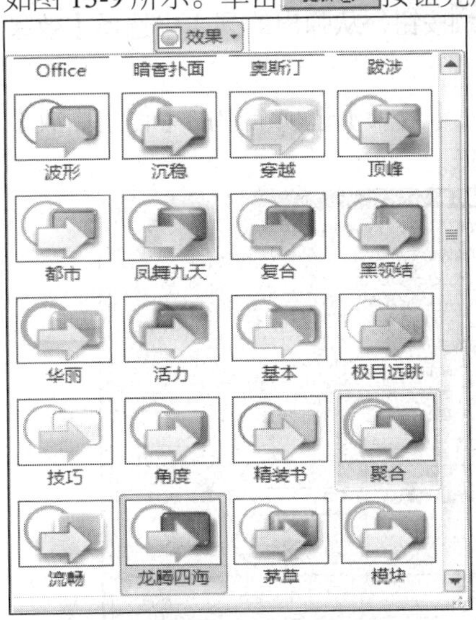

图13-8 应用设计模板中的效果列表

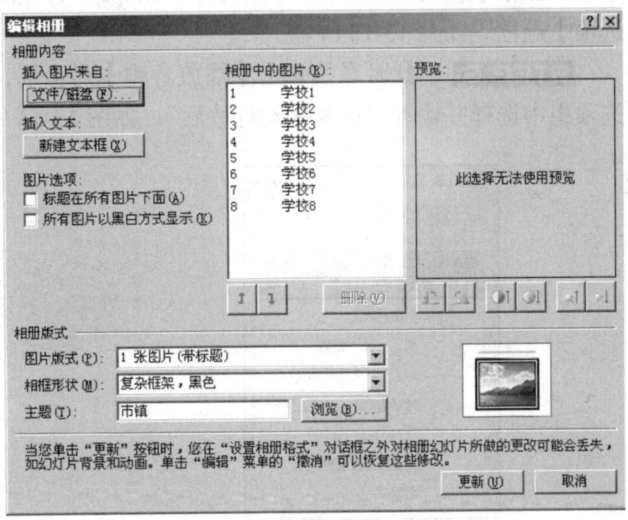

图13-9 【编辑相册】对话框

STEP 15 单击保存按钮保存文件。

任务二　插入多媒体对象

在幻灯片中可以插入音频、视频等多媒体对象，可以通过插入媒体剪辑完成多媒体对象的插入。

【操作步骤】

STEP 1　在第 2 张幻灯片后面新建一张幻灯片。在“幻灯片”页面，单击选择第 2 张幻灯片，再按Enter键，新建一张幻灯片。

STEP 2　选中第 3 张幻灯片，单击【插入】/【媒体】选项组中的按钮，在弹出的【插入音频】对话框中选择声音文件“背景音乐 1.mp3”，如图 13-10 所示。

STEP 3　单击插入(S)按钮，这时出现按钮，当将鼠标指针移动到按钮上时，出现如图 13-11 所示的画面。

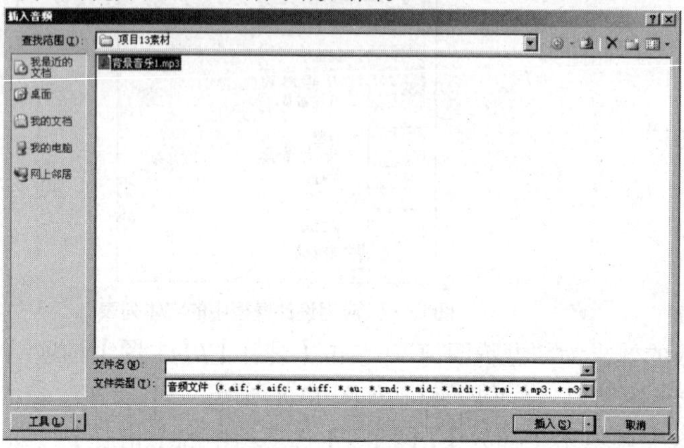

图13-10　【插入音频】对话框

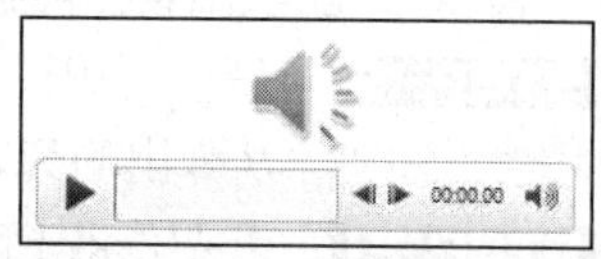

图13-11　插入音频后出现的画面

STEP 4　选中按钮，单击【动画】/【高级动画】选项组中的动画窗格按钮，在【动画窗格】视窗中，单击“背景音乐 1.mp3”右侧的按钮，从弹出的列表中选择【效果选项】选项，如图 13-12 所示。

STEP 5　此时系统弹出【播放音频】对话框，在【效果】选项卡中的【停止播放】选项组中选择并输入“在 8 张幻灯片后”，如图 13-13 所示。

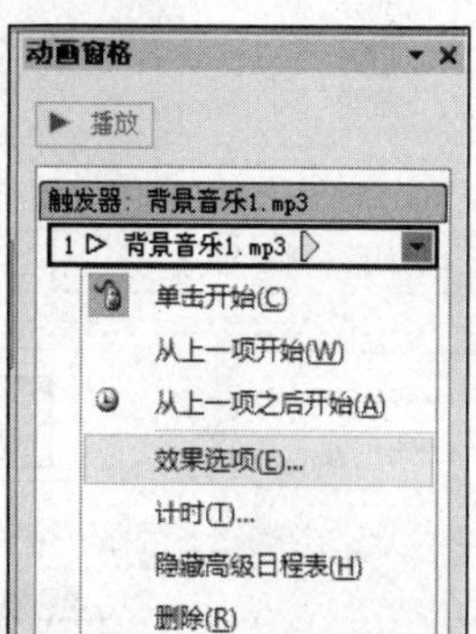

图13-12　效果选项

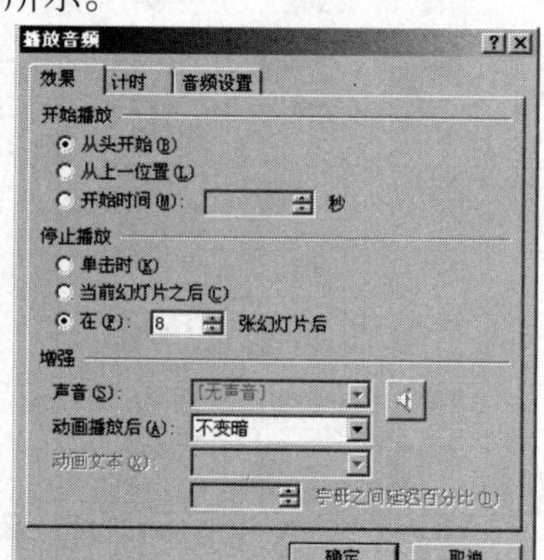

图13-13　【效果】选项卡

STEP 6　单击确定按钮，在第 3 张幻灯片中添加了一个按钮，完成背景音乐的添加。

STEP 7 在第 10 张幻灯片后新建 1 张幻灯片。在“幻灯片”页面，单击选择第 10 张幻灯片，按 Enter 键，新建 1 张幻灯片。

STEP 8 选中第 11 张幻灯片，将【版式】设置为“仅标题”后，再按 Enter 键 3 次，新建 3 张幻灯片。

STEP 9 选中第 11 张幻灯片，在“标题”占位符中输入“插入—视频（.wmv 文件等）”。

STEP 10 单击【插入】/【媒体】选项组中的按钮，在弹出的【插入视频文件】对话框中选择视频文件“视频 1.wmv”，单击 插入(S) 按钮完成视频文件的添加。完成后的第 11 张幻灯片播放时的样式如图 13-14 所示。

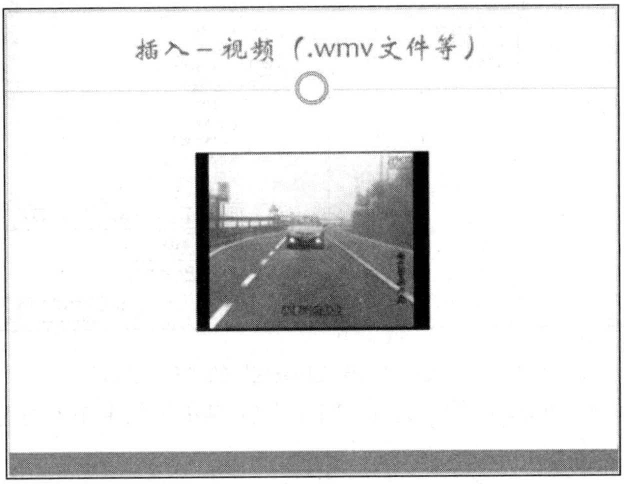

图13-14 第 11 张幻灯片播放时的样式

STEP 11 选中第 12 张幻灯片，在“标题”占位符中输入“插入—视频（Flash 文件）”。

STEP 12 单击【插入】/【媒体】选项组中的按钮，在弹出的【插入视频文件】对话框中选择 Flash 文件“flash1.swf”，单击 插入(S) 按钮完成 Flash 文件的添加。完成后的第 12 张幻灯片播放时的样式如图 13-15 所示。

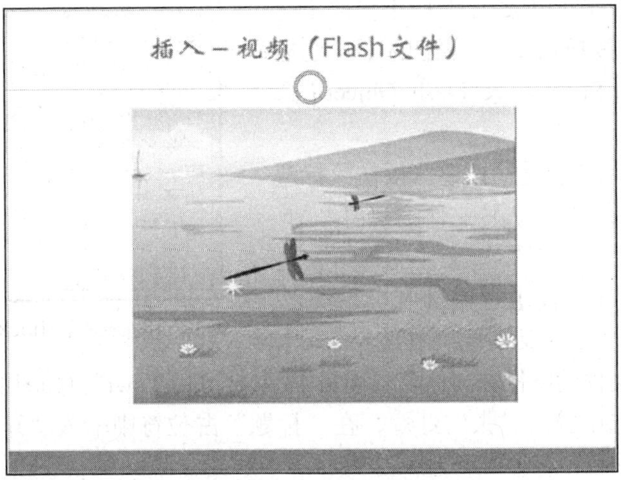

图13-15 第 12 张幻灯片播放时的样式

STEP 13 显示【开发工具】选项卡。选择【开始】选项卡中的 选项 选项，在弹出的【PowerPoint 选项】对话框中，选中【自定义功能区】选项组中的⊞☑开发工具 选项，如图13-16所示。

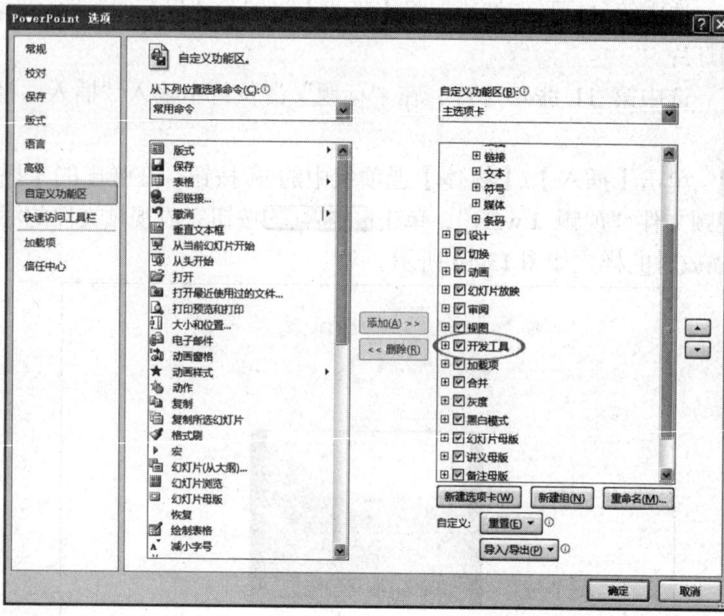

图13-16 显示“自定义功能区”的“开发工具”

STEP 14 单击 确定 按钮，显示的【开发工具】选项卡中的各选项组如图13-17所示。

图13-17 【开发工具】选项组

STEP 15 选中第13张幻灯片，在“标题”占位符中输入“开发工具–插入Flash文件”。

STEP 16 单击【开发工具】/【控件】选项组中的其他控件按钮，在弹出的【其他控件】对话框中选择【Shockwave Flash Object】选项，如图13-18所示。

图13-18 选择【Shockwave Flash Object】

STEP 17 单击 确定 按钮，按住鼠标左键并拖曳出一个矩形，作为影片文件的视窗。

STEP 18 单击选择影片文件的视窗，再单击【开发工具】/【控件】选项组中的 属性 按钮，在弹出的【属性】对话框中，在【Movie】文本框中输入影片文件的路径和文件名“项目13素材\flash2.swf”，如图13-19所示。

STEP 19 选中第14张幻灯片，在“标题”占位符中输入“开发工具–插入视频(.avi文件等)”。

STEP 20 单击【开发工具】/【控件】选项组中的其他控件按钮，在弹出的【其他控件】对话框中选择“Windows Media Player”控件，如图13-20所示。

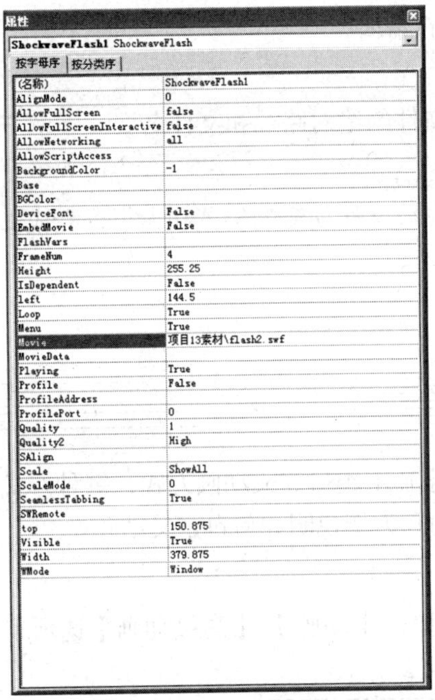

图13-19　Flash【属性】对话框

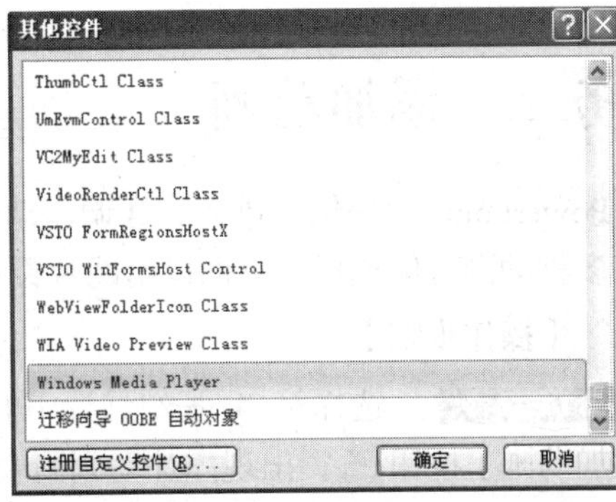

图13-20　选择 Windows Media Player

STEP 21　单击 确定 按钮，按住鼠标左键并拖曳出一个矩形，作为影片文件的视窗。

STEP 22　单击选择影片文件的视窗，再单击【开发工具】/【控件】选项组中的 属性 按钮，在弹出的【属性】对话框中，单击“(自定义)”，在弹出的【Windows Media Player 属性】对话框中输入视频文件的路径和文件名，如图 13-21 所示。

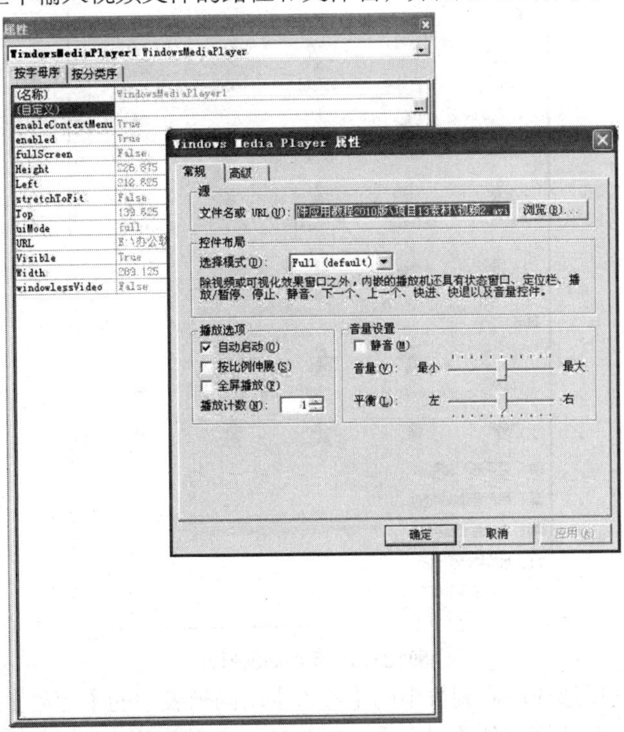

图13-21　设置 Windows Media Player 属性

STEP 23 单击 确定 按钮，完成视频文件的添加。

> **知识提示** 在【Movie】框中也可以输入影片文件的绝对路径和文件名。

STEP 24 关闭【属性】对话框。适当调整影片文件视窗的位置和大小，完成影片文件的添加。

STEP 25 单击按钮保存文件。

任务三 添加动画

PowerPoint 中提供了进入、强调、动作路径和退出 4 类自定义动画方式，每种方式中又包含多种动画可供选择，下面以给图片设置自定义动画为例说明如何自定义动画。

【操作步骤】

STEP 1 选择第 4 张幻灯片中的图片，再单击【动画】/【高级动画】选项组中的【添加动画】按钮，出现添加动画列表，如图 13-22 所示。

图13-22 添加动画列表

STEP 2 这里选择动画列表中的【进入】动画列表中的【缩放】选项。

STEP 3 若要选择其他【进入】动画选项，在动画列表中单击 更多进入效果(E)... 按钮，这里在弹出的【添加进入效果】对话框中选择【圆形扩展】选项，如图 13-23 所示，单击 确定 按钮。

STEP 4 单击【动画】/【动画】选项组中的【效果选项】按钮，从弹出的列表中选择动画的方向和形状，如图 13-24 所示，完成“进入”动画设置。

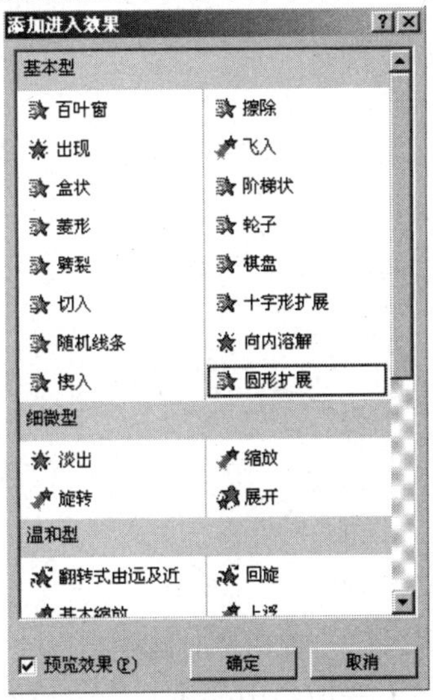

图13-23 【添加进入效果】对话框

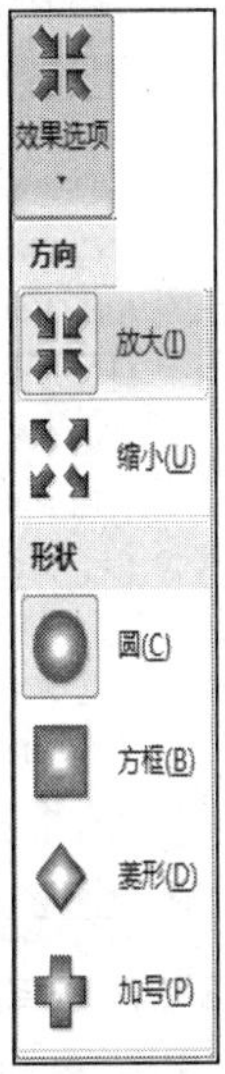

图13-24 动画【效果选项】列表

STEP 5 在添加动画列表中选择【强调】组中的【跷跷板】选项。

STEP 6 若要选择其他强调效果，在动画列表中单击 更多强调效果(M)... 按钮，在弹出的【添加强调效果】对话框中选择强调效果，这里选择“闪烁”，如图 13-25 所示。

STEP 7 单击 确定 按钮完成“强调”动画设置。

STEP 8 添加路径。在动画列表中选择【动作路径】选项组中的路径，这里选择 形状 路径，如图 13-26 所示。

图13-25 【添加强调效果】对话框

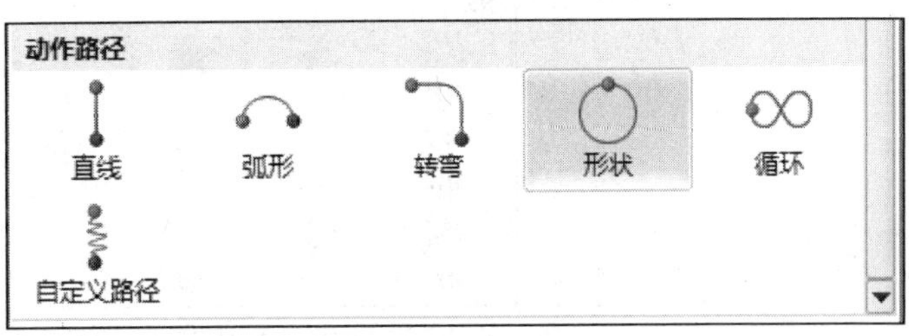

图13-26 动作路径

STEP 9 若要选择其他路径，在动画列表中单击 其他动作路径(P)... 按钮，在弹出的【添加动作路径】对话框中选择路径，这里选择 心形 路径，如图 13-27 所示。

STEP 10 单击 确定 按钮，出现一个心形的路径，单击路径可以看到路径上出现 8 个控点，如图 13-28 所示。

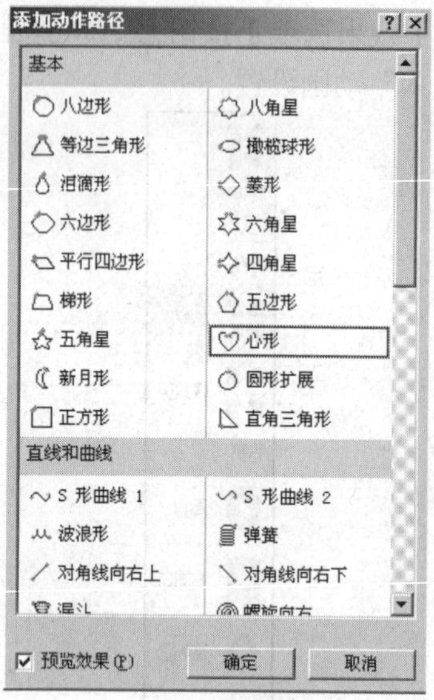

图13-27 选择路径

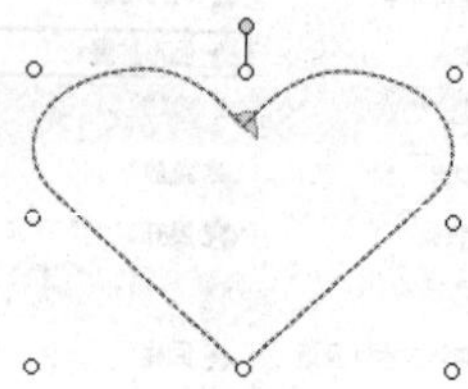

图13-28 路径

STEP 11 若要自己绘制路径，单击【动作路径】选项组中的【自定义路径】按钮，这时鼠标指针变为“+”形状，按住鼠标左键，鼠标指针变为画笔，拖曳鼠标绘制一条路径，双击鼠标左键完成路径的绘制，如图 13-29 所示。

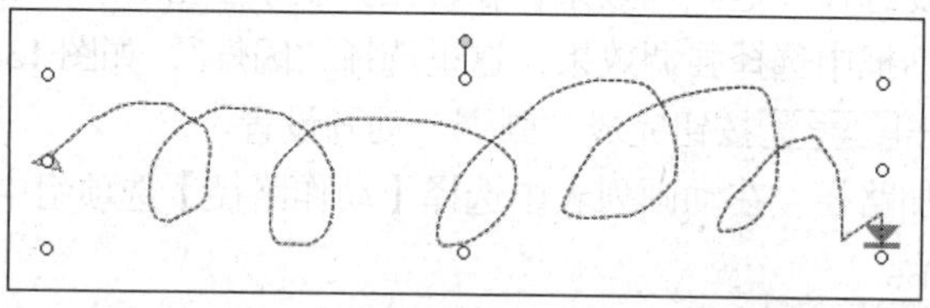

图13-29 自己绘制路径

知识提示

拖曳路径上的控点可以改变路径的位置、大小和角度。

STEP 12 在动画列表中，选择【退出】选项组中的退出动画，这里选择【收缩并旋转】选项，如图 13-30 所示。

图13-30 【退出】动画列表

STEP 13 若要选择其他退出动画，在动画列表中单击 更多退出效果(X)... 选项，在弹出的【添加退出效果】对话框中选择退出效果，这里选择 向外溶解 选项，如图 13-31 所示。

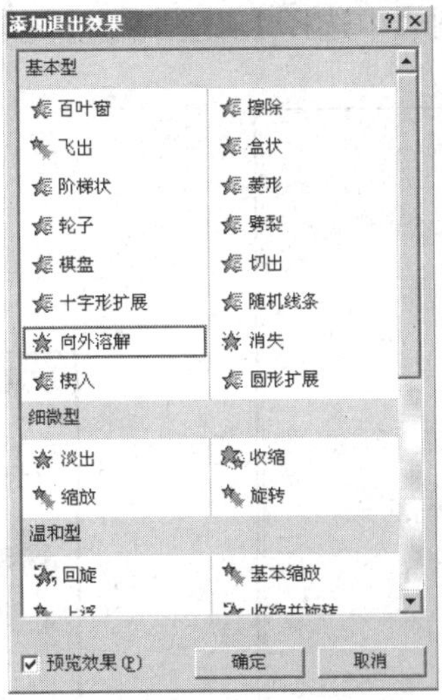

图13-31 【添加退出效果】窗口

STEP 14 单击确定按钮，完成“退出”效果的设置。至此完成了第 3 张幻灯片中图片的动画设置。

STEP 15 其余幻灯片中的对象的动画设置类似于第 2 张幻灯片的设置。这里不再赘述。

STEP 16 所有幻灯片设置完成后，单击按钮保存文件。

任务四 编辑文字和设置版式

本任务来对文字和版式进行编辑和设置。

【操作步骤】

STEP 1 在最前面添加一张幻灯片。选中第 1 张幻灯片，单击【开始】/【幻灯片】选项组中的按钮，这时添加了第 2 张幻灯片，选中第 2 张幻灯片，在“幻灯片”视图中，按住鼠标左键并拖曳到第 1 张幻灯片的前面。

STEP 2 设置第 1 张幻灯片版式为“标题幻灯片”。选择第 1 张幻灯片，单击【开始】/【幻灯片】选项组中的版式按钮，从弹出的版式列表中选择“标题幻灯片”。

STEP 3 在“标题”占位符中输入文本“制作学校动感宣传册”，在“副标题”占位符中输入日期“2013.8.8”。

STEP 4 美化文本“制作学校动感宣传册”，为其设置相应格式。选中文本“制作学校动感宣传册”，单击【格式】/【艺术字样式】选项组中的文本填充按钮，从弹出的列表中选择绿色；单击文本轮廓按钮，从弹出的列表中选择橙色；单击文本效果按钮，从弹出的列表中选择【映像】/【映像变体】列表中第 1 行第 3 列的“全映像 接触”，如图 13-32 所示。

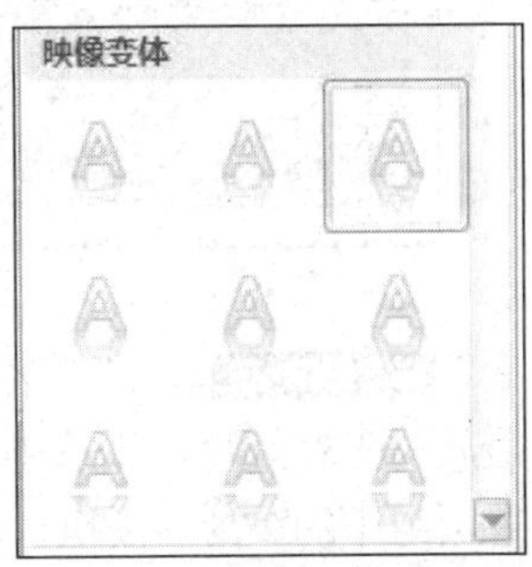

图13-32 【映像变体】列表

STEP 5 从【发光】列表中选择【发光变体】组中第 1 行第 3 列的“水绿色 5pt 发光 强调文字颜色 3”，如图 13-33 所示。再选择其他亮色(M)选项，从弹出的颜色列表中选择黄色。

STEP 6 从【转换】列表中选择【跟随路径】选项组中第 1 行第 1 列的"上弯弧"，如图 13-34 所示。

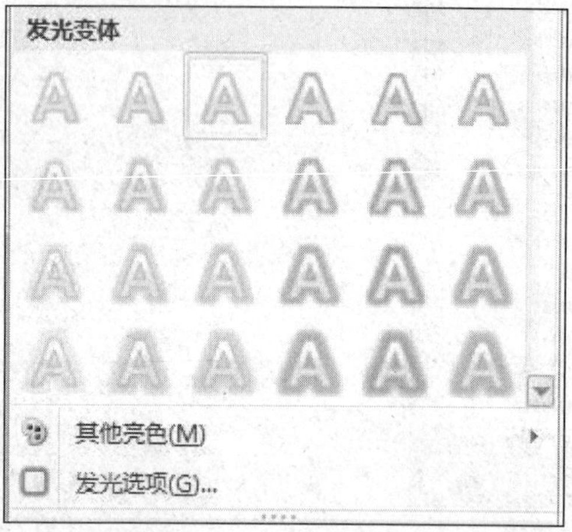

图13-33 【发光变体】列表

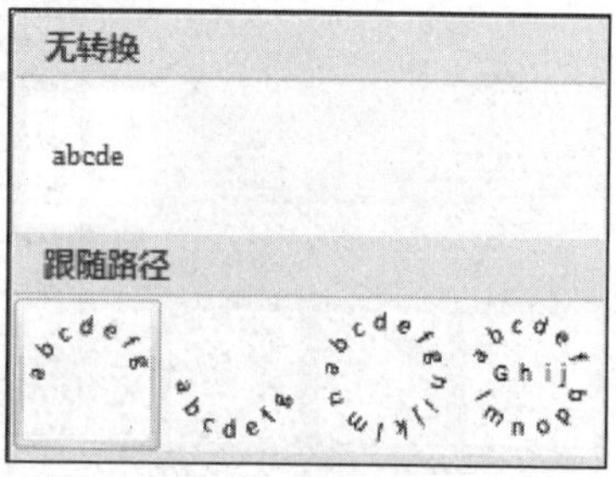

图13-34 【跟随路径】列表

STEP 7 适当调整标题和副标题的位置及对齐方式，第 1 张幻灯片样式如图 13-35 所示。

图13-35 第 1 张幻灯片样式

STEP 8 设置其余幻灯片版式为"仅标题"。选中第 2 张幻灯片，再按 Shift 键选择最后一张幻灯片，则选中了自第 2 张幻灯片开始的所有幻灯片，再单击【开始】/【幻灯片】选项组中的 版式 按钮，从弹出的版式列表中选择"仅标题"。

STEP 9 单击按钮保存文件。

项目升级　切换放映

除了对幻灯片中的对象设置自定义动画外，还可以对幻灯片切换设置动画和播放方式，如单击鼠标换片或是根据设置的时间自动进行播放。

【操作步骤】

STEP 1　设置第 1 张幻灯片的切换效果为“涟漪”。选择第 1 张幻灯片，单击【动画】/【切换到此幻灯片】选项组中的其他按钮，从弹出的切换效果列表中选择【华丽型】选项组中第 1 行第 5 列的“涟漪”，如图 13-36 所示。

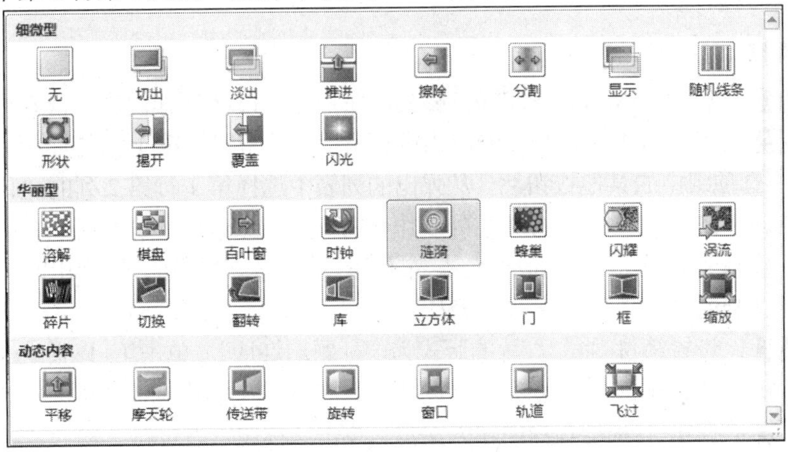

图13-36　幻灯片切换效果列表

STEP 2　单击【动画】/【切换到此幻灯片】选项组中【效果选项】按钮，从弹出的效果选项中选择一种效果，这里选择“从右下部”，如图 13-37 所示。

STEP 3　设置【动画】/【切换到此幻灯片】选项组中的【声音】为“激光”，【持续时间】为“02:00”，【换片方式】为“单击鼠标时”，如图 13-38 所示。

图13-37　幻灯片切换“效果选项”列表

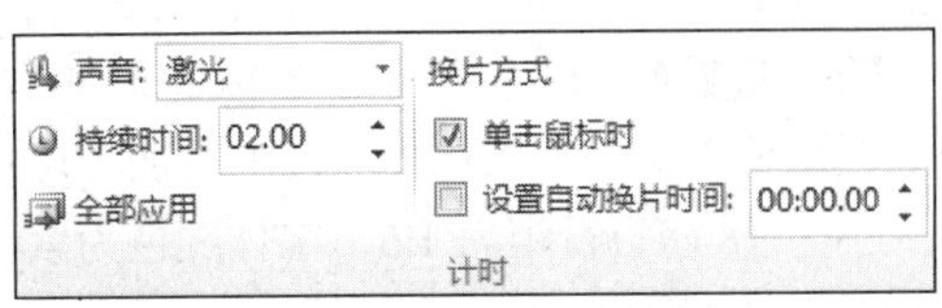

图13-38　换片方式选项

STEP 4　适当设置第 2 张及以后各张幻灯片的切换效果。

STEP 5　保存和关闭文件。单击按钮保存文件，单击按钮关闭文件。

项目小结

使用 PowerPoint 中的相册制作工具可以方便地制作相册，并可以根据需要选择合适的应用设计模板和相框形状；当然在演示文稿中还可以插入多媒体对象，如插入音频、视频和影片文件等；还可以设置演示文稿中的对象的自定义动画，系统提供了多种动画方式可供选择；在演示文稿中还可以给幻灯片设置不同的版式；还可以设置幻灯片的换片方式，如单击播放或自动播放。

课后练习　制作健康与营养手册

本练习以制作健康与营养手册为例说明如何应用设计模板，如何设置对象的自定义动画，如何设置换片方式，如何设置幻灯片的版式，如何编辑和设置文本格式，如何添加声音、影片等多媒体对象。

【步骤提示】

STEP 1　启动 PowerPoint 2010，将文件保存为“13-2(制作健康与营养手册).pptx”。

STEP 2　设置第 1 张幻灯片的应用设计模板。单击选择第 1 张幻灯片，再单击【设计】/【主题】选项组中的其他按钮，从弹出的列表中选择第 1 行第 2 列的“暗香扑面”主题；再单击颜色按钮，从弹出的颜色列表中选择主题颜色为“凤舞九天”；单击字体按钮，从弹出的字体列表中选择“顶峰　黑体　宋体”；单击效果按钮，从弹出的效果列表中单击选择 2 行第 3 列的“穿越”。

STEP 3　设置第 1 张幻灯片的版式为“标题幻灯片”。单击第 1 张幻灯片，再单击【开始】/【幻灯片】选项组中的版式按钮，从弹出的版式列表中选择“标题幻灯片”版式。

STEP 4　在第 1 张幻灯片中输入文本。单击“标题”占位符，输入“健康与营养手册”；单击“副标题”占位符，输入“2013.8.18”。

STEP 5　新建 9 张幻灯片。在“幻灯片”页面，单击选择第 1 张幻灯片，再多次按 Enter 键，新建 9 张幻灯片。

STEP 6　设置第 2 张和第 3 张幻灯片的版式为“两栏内容”。单击第 2 张幻灯片，按住 Shift 键并单击第 3 张幻灯片，再单击【开始】/【幻灯片】选项组中的版式按钮，从弹出的版式列表中选择“两栏内容”版式。

STEP 7　设置第 4 张至第 10 张幻灯片的版式为“标题和内容”。单击第 4 张幻灯片，再按住 Shift 键并单击第 10 张幻灯片，选中第 4 张至第 10 张幻灯片；单击【开始】/【幻灯片】选项组中的版式按钮，从弹出的版式列表中选择“标题和内容”版式。

STEP 8　单击选择第 2 张幻灯片，在“标题”占位符中输入“健康的定义”；在左边一栏中输入文本；在右边一栏中添加图片；调整文本、图片和标题的位置；设置文本的字体大小为 18 磅，行距为 1.5，字体颜色为紫色，背景颜色为浅绿。调整后第 2 张幻灯片的样式如图 13-39 所示。

> **知识提示**
>
> 改变文本背景颜色方法：选中文本占位符，再单击【格式】/【形状样式】选项组中的形状填充按钮，从弹出的列表中选择需要的颜色。
>
> 改变文本字体颜色的方法：选中文本占位符或选中文本，在【开始】/【字体】选项组中进行更改。

STEP 9　单击选择第 3 张幻灯片，在“标题”占位符中输入“健康四要素”；在左边一栏中输入文本；在右边一栏中添加图片；调整文本、图片和标题的位置；设置文本的文字大小为 18 磅，行距为 3.0。调整后第 3 张幻灯片的样式如图 13-40 所示。

图13-39 第 2 张幻灯片的样式

图13-40 第 3 张幻灯片样式

STEP 10 单击选择第 4 张幻灯片，在“标题”占位符中输入“七大营养素”；在另一个占位符中输入文本，并插入一张图片。设置完成后的第 4 张幻灯片样式如图 13-41 所示。

图13-41 第 4 张幻灯片样式

知识提示

设置文本行距为“3.0”的方法：选中文本占位符或选中文本，再单击【开始】/【段落】选项组中的行距按钮，从弹出的列表中选择“3.0”。

插入图片的方法：单击【插入】/【图像】选项组中的【图片】按钮，在弹出的【插入图片】对话框中选择图片文件，单击 插入(S) 按钮。

STEP 11 按设置第 4 张幻灯片的方法设置第 5 张至第 9 张幻灯片。设置完成后的幻灯片样式如图 13-42 至图 13-46 所示。

图13-42 第 5 张幻灯片样式

图13-43 第6张幻灯片样式

图13-44 第7张幻灯片样式

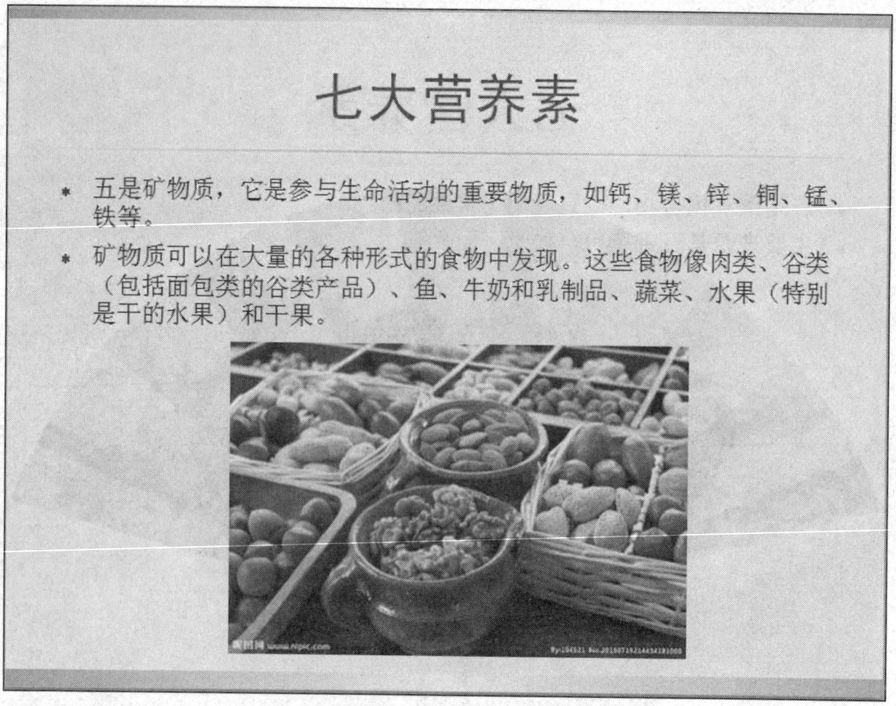

图13-45 第 8 张幻灯片样式

图13-46 第 9 张幻灯片样式

STEP 12 在第 10 张幻灯片中添加影片文件。单击选择第 10 张幻灯片，单击【插入】/【媒体】选项组中的按钮，从弹出的【插入视频文件】对话框中选择“flash2.swf”文件，单击 插入(S) 按钮，将影片文件插入到幻灯片中。播放第 10 张幻灯片的界面如图 13-47 所示。

图13-47 第 10 张幻灯片样式

STEP 13 在第 1 张幻灯片中添加声音，并作为演示文稿的背景音乐。单击选择第 1 张幻灯片，再单击【插入】/【媒体】选项组中的按钮，从弹出的【插入音频】对话框中选择声音文件“背景音乐 2.mp3”，单击插入(S)按钮，这时在幻灯片中出现一个图标；选中按钮，单击【动画】/【高级动画】选项组中的动画窗格按钮，在【动画窗格】视窗中，单击“背景音乐 2.mp3”右侧的按钮，从弹出的列表中选择“效果选项”，此时系统弹出【播放视频】对话框，在【效果】选项卡中的【停止播放】选项组中选择并输入“在 10 张幻灯片后”，单击确定按钮，在第 1 张幻灯片中添加了一个按钮，完成背景音乐的添加，如图 13-48 所示。

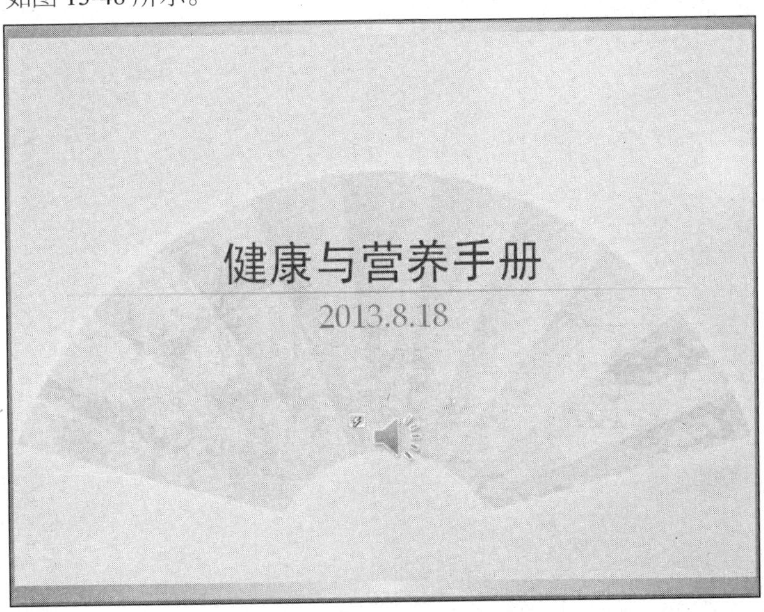

图13-48 第 1 张幻灯片样式

STEP 14 设置第 1 张幻灯片的自定义动画。选中“标题”占位符，单击【动画】/【高级动画】选项组中的【添加动画】按钮，在【进入】选项组中选择【擦除】选项，在【强调】选项组中选择【变淡】选项，在【路径】选项组中选择【循环】选项，在【退出】选项组中选择【劈裂】选项；按同样方法选中“副标题”占位符设置不同的动画。

STEP 15 按照设置第 1 张幻灯片中“标题”占位符的动画方式，给以后各幻灯片中的各个对象设置动画。

STEP 16 设置第 1 张至第 9 张幻灯片的计时方式为“上一动画之后”，持续时间为 5 秒。单击第 1 张幻灯片，按住 Shift 键并单击第 9 张幻灯片，选中第 1 至第 9 张幻灯片，单击【动画】/【计时】选项组中的“开始”后面的按钮，从弹出的列表中选择【上一动画之后】选项；在【持续时间】框中输入“00.05”。

STEP 17 设置第 10 张幻灯片的计时方式为“单击时”。选中第 10 张幻灯片，单击【动画】/【计时】选项组中的“开始”后面的按钮，从弹出的列表框中选择“单击时”。

STEP 18 保存和关闭文件。单击按钮保存文件，再单击按钮关闭文件。

PART 14 项目十四 制作美食主页——Web演示文稿的制作

项目背景

在 PowerPoint 中可以通过应用模板制作演示文稿，在演示文稿中设置超链接，可将其链接到某张幻灯片，或是链接到其他文档，或是链接到某个网页，设置完成的演示文稿可以存储成演示文稿，也可以另外存储为网页形式，以便以网页的形式打开演示文稿。

项目分析

PowerPoint 2010 中 Web 演示文稿的制作与 PowerPoint 2003 不同，它需要先制作演示文稿，然后打开另外的窗口，输入语句并执行来生成演示文稿的网页文件，生成的网页文件可以在 Internet Explorer 中打开。

演示文稿根据内容提示向导制作；在演示文稿中添加文本和图片，并适当设置文本和图片的位置、大小和格式，使其布局合理；在演示文稿的最后一张幻灯片中设置超链接，使其超链接到第一张幻灯片；最后将演示文稿保存为.pptx 类型、生成.html 类型的文件。

本项目以制作美食主页为例说明如何根据内容提示向导创建演示文稿，如何设置超链接，如何将演示文稿保存为.pptx 类型，如何生成.html 类型的文件。

解决方案

本项目可以通过以下几个任务来完成。

- 任务一　应用系统模板创建演示文稿。
- 任务二　设置超链接。

任务一　应用系统模板创建演示文稿

模板是一个包含初始设置（有时还有初始内容）的文件，可以根据它来新建演示文稿。模板所提供的具体设置和内容有所不同，但可能包括一些示例幻灯片、背景图片、自定义颜色和字体主题以及对象占位符的自定义定位。

本任务选择系统已经安装的一种模板来创建演示文稿。

【操作步骤】

STEP 1　启动 PowerPoint 2010，选择【文件】/【新建】命令，在弹出的【新建演示文稿】对话框中，选择【可用的模板和主题】选项组中的【样本模板】/【PowerPoint 2010 简介】选项，如图 14-1 所示。

图14-1　【新建演示文稿】对话框

STEP 2　单击【创建】按钮，创建演示文稿。

STEP 3　单击【设计】/【主题】选项组中的按钮，从弹出的列表中选择第 4 行第 11 列的“主管人员”。

STEP 4　单击【设计】/【主题】选项组中的 颜色 按钮，从弹出的列表中选择“华丽”。

STEP 5　单击【设计】/【主题】选项组中的 字体 按钮，从弹出的列表中选择“流畅 隶书 宋体”。

STEP 6　单击【设计】/【主题】选项组中的 效果 按钮，从弹出的列表中选择“沉稳”。

STEP 7　只保留第 1 张幻灯片，将其余幻灯片全部删除。选中第 2 张幻灯片，连续多次按 Delete 键，直到第 2 张及后面的所有幻灯片等全部删除。

STEP 8　选中第 1 张幻灯片，在“标题”占位符中输入“美食”，在“副标题”占位符中输入“健康新生活”，设置标题字体颜色为黄色，副标题字体颜色为绿色，并将幻灯片中的备注内容删除。调整后的第 1 张幻灯片样式如图 14-2 所示。

图14-2　“美食主页”第 1 张幻灯片样式

STEP 9　添加一张幻灯片，选中第 1 张幻灯片，按 Enter 键。

STEP 10　选中第 2 张幻灯片，单击【开始】/【幻灯片】选项组中的 版式 按钮，从弹出的列表中选择“标题和内容”版式。

STEP 11　再添加 9 张幻灯片，使幻灯片的数量增加到 11 张。选中第 2 张幻灯片，连续多次按 Enter 键，直到幻灯片的数量达到 11 张为止。

STEP 12　选中第 2 张幻灯片，在占位符中输入相应内容；再插入一张图片，并适当调整各个占位符的位置和大小。完成后的第 2 张幻灯片样式如图 14-3 所示。

图14-3　“美食主页”第 2 张幻灯片样式

STEP 13 第 3 张至第 10 张幻灯片与第 2 张幻灯片的制作方法相同，这里不再赘述。完成后的第 3 张至第 10 幻灯片样式如图 14-4 至图 14-11 所示。

图14-4 “美食主页”第 3 张幻灯片样式

图14-5 “美食主页”第 4 张幻灯片样式

图14-6 “美食主页”第5张幻灯片样式

图14-7 “美食主页”第6张幻灯片样式

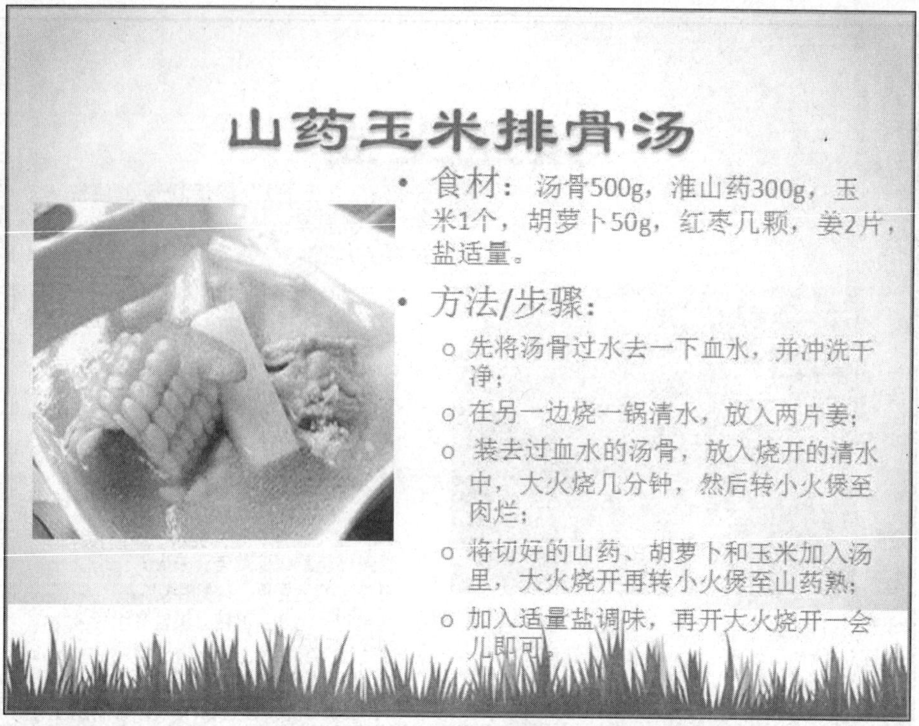

图14-8 “美食主页”第 7 张幻灯片样式

图14-9 “美食主页”第 8 张幻灯片样式

图14-10 “美食主页”第 9 张幻灯片样式

图14-11 “美食主页”第 10 张幻灯片样式

STEP 14 选中第 11 张幻灯片，在“标题”占位符中输入“返回首页”，然后添加一张图片并适当调整其位置和大小。调整后的第 11 张幻灯片样式如图 14-12 所示。

图14-12 “美食主页”第 11 张幻灯片样式

STEP 15 单击按钮保存文件。

任务二 设置超链接

PowerPoint 中提供了功能强大的超链接功能，使用它可以实现跳转到某张幻灯片、另一个演示文稿、其他文件或某个网址等。创建超链接的对象可以是任何对象，如文本、图形等，激活超链接的方式可以是单击或鼠标移过。

【操作步骤】

STEP 1 选中第 11 张幻灯片，选中“标题”占位符，单击鼠标右键，从弹出的快捷菜单中选择【超链接】命令，弹出【插入超链接】对话框。

STEP 2 在【插入超链接】对话框中，在【链接到】列表框中选择【本文档中的位置】选项，在【请选择文档中的位置】列表框中选择第 1 张幻灯片，如图 14-13 所示，单击 确定 按钮。

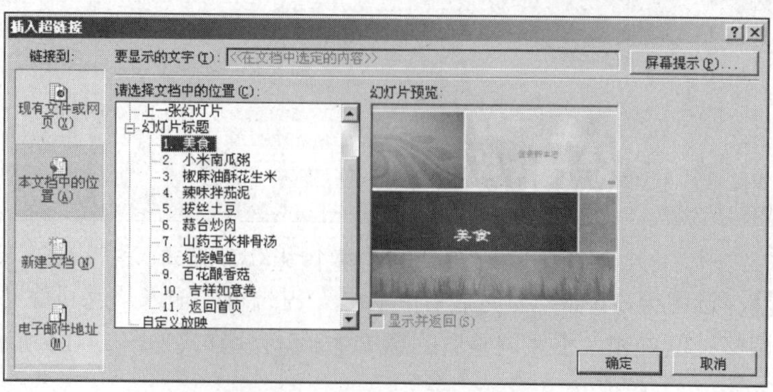

图14-13 【插入超链接】对话框

STEP 3 选中插入的图片，单击鼠标右键，从弹出的快捷菜单中选择【超链接】命令，在弹出的【插入超链接】对话框中，在【链接到】列表框中选择【本文档中的位置】选项，在【请选择文档中的位置】列表框中选择第1张幻灯片，单击 确定 按钮。

STEP 4 完成后的第11张幻灯片样式如图14-14所示。

图14-14 插入超链接后的"美食主页"第11张幻灯片样式

STEP 5 单击按钮保存文件，单击按钮关闭文件。

项目升级 演示文稿转换为HTML

演示文稿除了可以保存为".pptx"格式，还可以保存为其他文件类型，也可以通过命令生成将其转换为".html"网页格式，这样就可以将演示文稿以网页的方式打开。

【操作步骤】

STEP 1 打开文件"14-1(制作美食主页).pptx"。

STEP 2 按 Alt+F11 组合键，打开【Microsoft Visual Basic for Applications -14-1(制作美食主页).pptx】窗口，如图14-15所示。

STEP 3 选择【视图】/【立即窗口】菜单命令，在弹出的【立即窗口】对话框中输入命令"ActivePresentation.SaveAs "D:\办公软件应用教程 2010 版\14-2(制作美食主页).html", ppSaveAsHTML, msoFalse"，如图14-16所示，按 Enter 键执行命令。

知识提示

这里"D:\办公软件应用教程 2010 版"表示生成的.html 文件存储的位置，若省略，写成"ActivePresentation.SaveAs "14-2(制作美食主页).html", ppSaveAsHTML, msoFalse"则表示生成的.html 文件存储在"我的文档"。

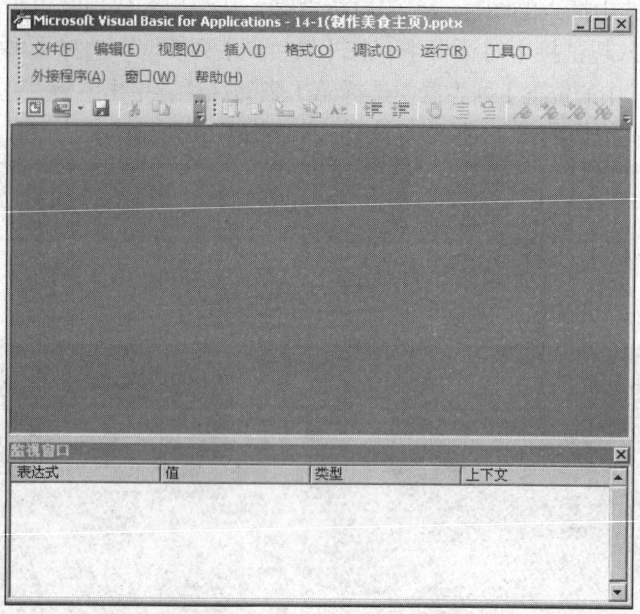

图14-15 【Microsoft Visual Basic for Applications -14-1(制作美食主页).pptx】窗口

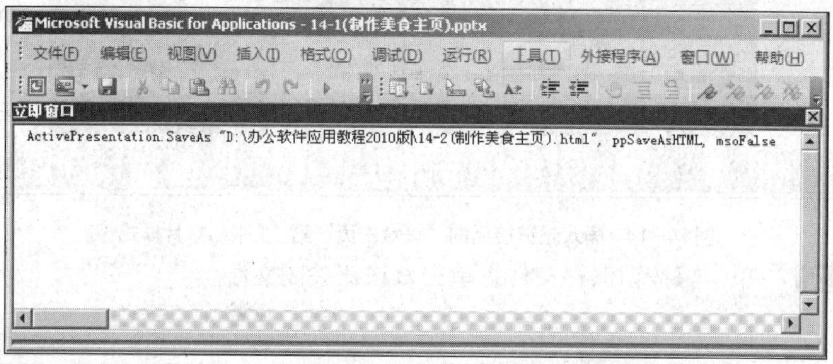

图14-16 在【立即窗口】中输入命令

STEP 4 过一会儿，系统自动生成文件“14-2(制作美食主页).html”，同时生成文件夹“14-2(制作美食主页).files”

STEP 5 关闭文件“14-2(制作美食主页).html”。

STEP 6 右键单击“14-2(制作美食主页).html”文件，在弹出的快捷菜单中选择【打开方式】为“Internet Explorer”程序。

STEP 7 系统弹出限制网页运行提示，如图 14-17 所示。

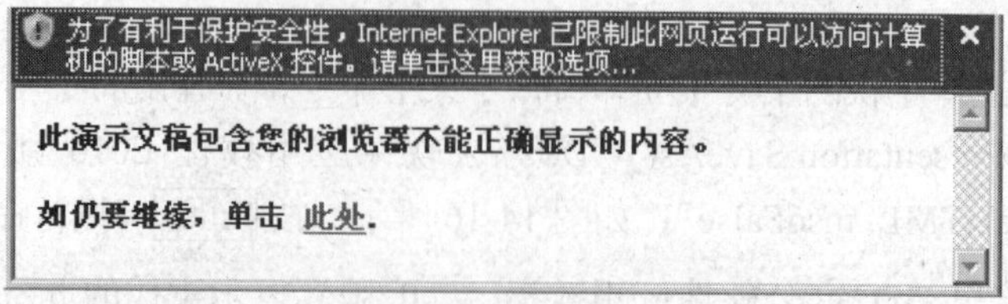

图14-17 限制网页运行提示

STEP 8 单击安全保护提示，在弹出的菜单中选择【允许阻止的内容】命令，如图 14-18 所示。

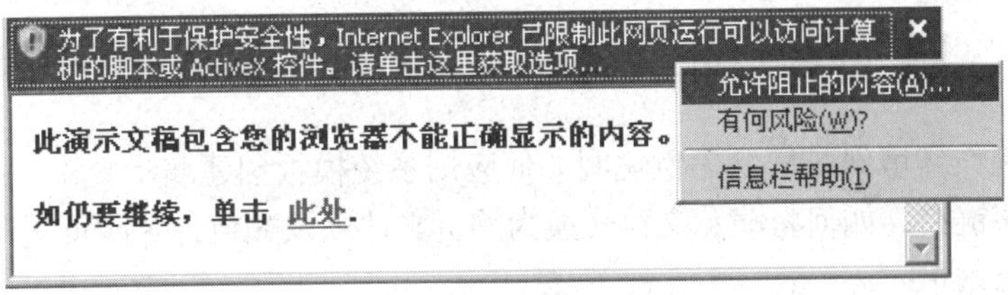

图14-18 选择【允许阻止的内容】命令

STEP 9 这时，系统弹出【安全警告】对话框。在对话框中，单击 是(Y) 按钮，如图 14-19 所示。

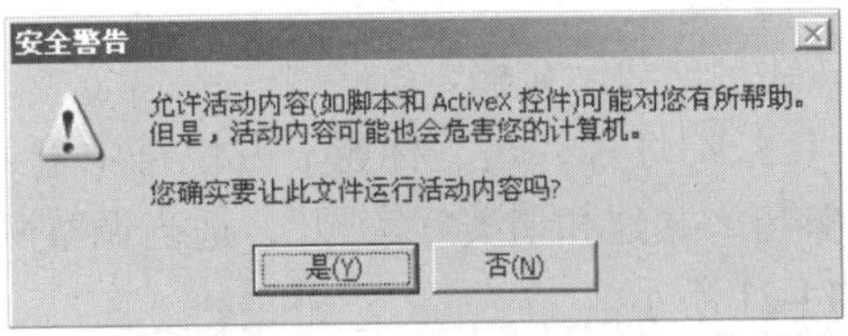

图14-19 【安全警告】对话框

STEP 10 这时，系统就以网页的形式打开了“14-2(制作美食主页).html”文件，结果如图 14-20 所示。

图14-20 打开网页文件“14-2(制作美食主页).html”

STEP 11 单击左栏中的相应选项，就会在右边区域显示相应的内容。

项目小结

用户可以根据内容提示向导制作演示文稿；在演示文稿中设置文本等对象的格式，调整各个对象的大小和位置；也可以给幻灯片中的对象设置超链接，使其可以快速跳到指定位置；还可以将演示文稿转换为网页形式，以便使用网页浏览器打开演示文稿。

课后练习　以 Web 演示文稿形式制作环境保护简介

本练习以制作环境保护简介为例说明如何应用系统模板创建演示文稿，如何设置文本格式，如何设置超链接，如何将演示文稿转换为网页文件以及如何打开网页文件。

【步骤提示】

STEP 1　启动 PowerPoint 2010，选择【文件】/【新建】菜单命令，在弹出的【新建演示文稿】对话框中，选择【可用的模板和主题】选项组中的【样本模板】/【现代型相册】选项。

STEP 2　单击按钮创建演示文稿。

STEP 3　选中第 1 张幻灯片，在“标题”占位符中输入“环境保护”，在“文本框”占位符中输入“人人参与，共建和谐美好家园”，适当调整两个占位符的位置，调整后的第 1 张幻灯片样式如图 14-21 所示。

图14-21　“环境保护简介”第 1 张幻灯片样式

STEP 4　删除第 2 张及后面的所有幻灯片。

STEP 5　添加一张幻灯片，单击【开始】/【幻灯片】选项组中的版式按钮，从弹出的列表中选择“标题和内容”版式，再添加 4 张幻灯片，使得幻灯片总数达到 6 张。

STEP 6　选中第 2 张幻灯片，在“标题”和“内容”占位符中分别输入文本；设置字体大小分别为 44 磅和 20 磅；文本行距为 1.5；插入一张图片，并适当调整占位符的位置。调整后的第 2 张幻灯片样式如图 14-22 所示。

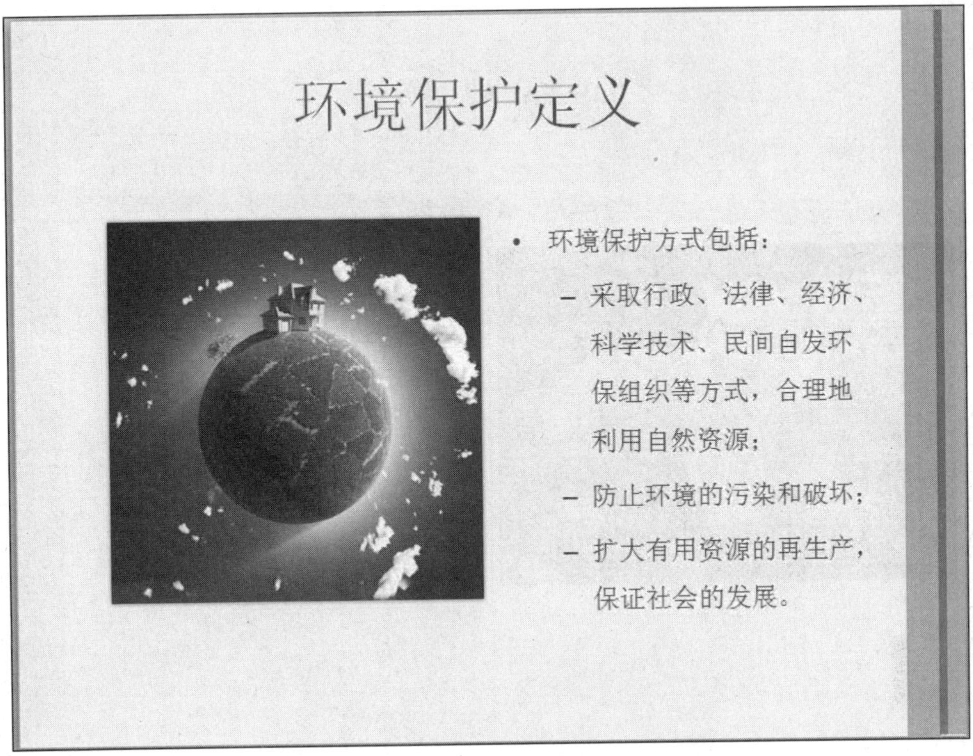

图14-22 “环境保护简介”第 2 张幻灯片样式

STEP 7 参考第 2 张幻灯片的制作方法，制作第 3 张至第 5 张幻灯片，这里不再赘述。第 3 张至第 5 张幻灯片样式如图 14-23 至图 14-25 所示。

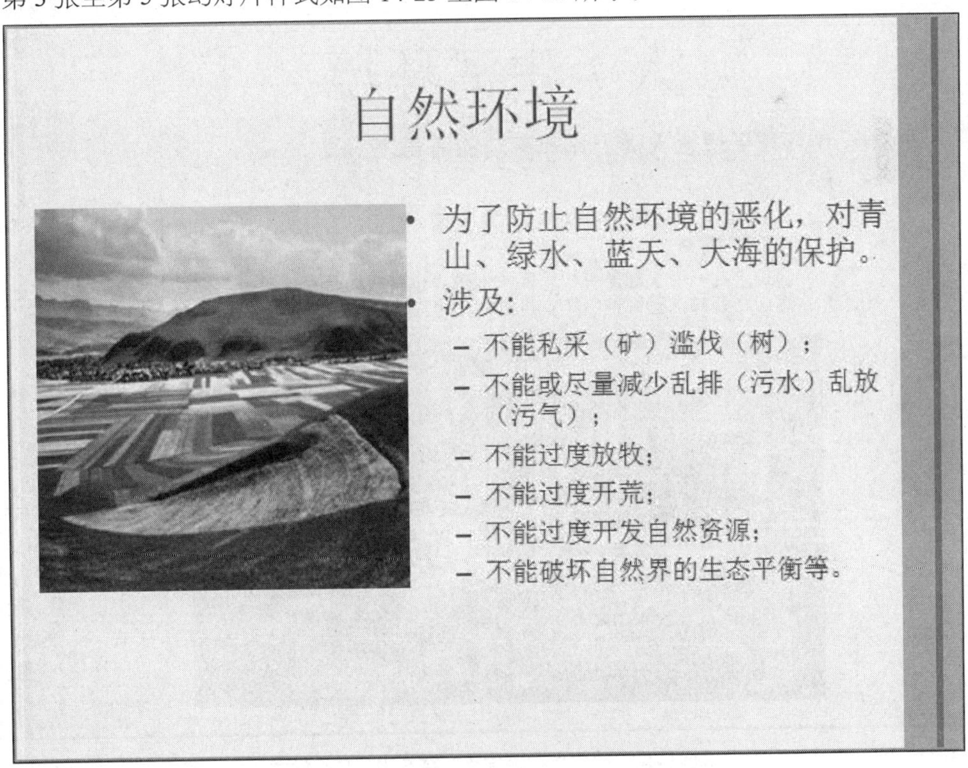

图14-23 “环境保护简介”第 3 张幻灯片样式

图14-24 “环境保护简介”第 4 张幻灯片样式

图14-25 “环境保护简介”第 5 张幻灯片样式

STEP 8 选中第 6 张幻灯片，在“标题”占位符中输入文本；设置字号分别为 44 磅，插入图片，并适当调整标题和图片的位置和大小。

STEP 9 插入超链接。分别选中“标题”和图片占位符，单击鼠标右键，从弹出的快捷菜单中选择【超链接】命令，在弹出的【插入超链接】对话框中，选择【本文档中的位置】选项组中的第 1 张幻灯片，然后单击确定按钮。设置超链接后的第 6 张幻灯片样式如图 14-26 所示。

图14-26 “环境保护”第 6 张幻灯片样式

STEP 10 保存演示文稿。单击按钮保存文件。

STEP 11 将演示文稿另存为网页文件。按 Alt+F11 组合键，打开【Microsoft Visual Basic for Applications】窗口。

STEP 12 选择【视图】/【立即窗口】菜单命令，在弹出的【立即窗口】对话框中输入命令“ActivePresentation.SaveAs "D:\办公软件应用教程 2010 版\14-4(制作环境保护主页).html", ppSaveAsHTML, msoFalse”，按 Enter 键执行命令。等待一会儿，系统自动生成“14-4(制作环境保护简介).html”和一个文件夹“14-4(制作环境保护简介).files”。

STEP 13 关闭文件“14-4(制作环境保护简介).html”。

STEP 14 右键单击“14-4(制作环境保护简介)”文件，弹出【打开方式】对话框。在【打开方式】对话框中，选择程序文件“Internet Exporer”，单击确定按钮，系统弹出限制网页运行提示。单击安全保护提示，在弹出的菜单中选择【允许阻止的内容】命令，这时系统弹出【安全警告】对话框。在对话框中单击是(Y)按钮，系统将以网页的形式打开文件“14-4(制作环境保护简介).html”，结果如图 14-27 所示。

图14-27 制作环境保护简介网页

STEP 15 单击左栏中的相应选项，就会在右边区域显示相应的内容。

综合篇

综合训练

本篇介绍 Office 2010 中三大组件的综合应用，主要介绍将 Excel 文档链接或嵌入 Word 的方法，以及将 Word 文档转换至 PowerPoint 的方法。本篇包括以下一个项目。

项目十五　制作个人年度工作总结——Office 2010 综合应用

项目十五 制作个人年度工作总结——Office 2010 综合应用

PART 15

项目背景

Office 2010 组件中各个应用软件之间都存在着互动的关系，在各个应用程序之间可以相互传递信息、共享数据资源；还可以为应用程序创建其他程序的对象；可以采用链接和嵌入技术。操作灵活，功能强大。

项目分析

在综合应用 Office 2010 时，在 Excel 中制作数据表格和图表，在 Word 中制作文本内容，将二者结合在一起，可以通过在 Word 中嵌入和链接 Excel 表格及图表，也可以将 Word 中的文本和 Excel 中的数据表格及图表嵌入和链接到 PowerPoint 中，达到三者的完美结合。

本项目以制作个人年度工作总结为例说明如何将 Excel 表格和图表嵌入和链接到 Word 文档中，如何在 Word 中制作表格和图表，如何将 Word 文档和 Excel 表格及图表嵌入和链接到 PowerPoint 中。

解决方案

本项目可以通过以下几个任务来完成。

- 任务一　创建 Excel 2010 表格。
- 任务二　创建 Word 2010 文档。
- 任务三　在 Word 2010 文档中嵌入和链接 Excel 2010 表格。

任务一 创建 Excel 2010 表格

创建两个 Excel 表格，并在 Excel 中创建一个图表。

1. **创建 Excel 2010 表格“15-1(教学任务).xlsx”**

【操作步骤】

STEP 1 启动 Excel 2010，将文件保存为“15-1(教学任务).xlsx”。

STEP 2 在单元格 A1 中输入标题“本学期教学任务”；选定单元格区域 A1:E1，单击【开始】/【对齐方式】选项组中的合并后居中按钮；在【开始】/【字体】选项组中设置标题的字体为宋体，字号为 20 磅；右键单击行标签“1”，在弹出的快捷菜单中选择【行高】命令，在弹出的【行高】对话框中，输入行高为“25”，单击确定按钮。

STEP 3 在单元格区域 A2:E8 中输入如图 15-1 所示的内容；选中单元格区域 A2:E8，在【开始】/【字体】选项组中设置单元格区域的字体为“宋体”，字号为“14 磅”；设置第 2 行至第 8 行的行高为“20”，第 3 行至第 6 行行高为“80”。

STEP 4 将鼠标指针放在列标签 A 和列标签 B 之间的位置，当鼠标指针变成“↔”形状时，按住鼠标左键并左右拖曳，适当调整列宽；按同样方法适当调整其余各列列宽。

STEP 5 设置单元格区域 A2:A8、单元格区域 B2:E2 和单元格区域 C2:E8 中的文字水平和垂直方向均居中；设置单元格区域 B3:B8 中的文字水平方向左对齐、垂直方向居中。

> 知识提示
>
> 设置对齐方式的方法为：选中相应的单元格区域，在【开始】/【对齐方式】选项组中进行设置。

STEP 6 设置单元格区域 A1:E8 的边框线，完成后的效果如图 15-1 所示。

> 知识提示
>
> 边框线的设置方法：选中单元格区域 A1:E8，在【开始】/【字体】选项组中进行设置。

	A	B	C	D	E
1	本学年教学任务				
2	序号	科目	班级	人数	学时数
3	1	计算机基础与应用	旅游1301	45	50
4	2	现代信息技术	统计1205	48	62
5	3	Visual Basic程序设计	机械1310	35	48
6	4	计算机网络	金融1205	36	42
7	5	PhotoShop图像处理	勘探1201	40	38
8	6	Flash动画制作	经济1206	39	30

图15-1 教学任务

STEP 7 单击保存按钮保存文件，单击关闭按钮关闭文件。

2. **创建 Excel 2010 文件“15-2(论文与教材).xlsx”，并在 Excel 中创建一个图表**

【操作步骤】

STEP 1 启动 Excel 2010，新建文件并保存文件为“15-2(论文与教材).xlsx”。

STEP 2 在单元格 A1 中输入标题“论文与教材”；选定单元格区域 A1:E1，单击【开始】/【对齐方式】选项组中的合并后居中按钮；在【开始】/【字体】选项组中设置标题的字体为“宋体”，字号为“20 磅”。

STEP 3 在单元格区域 A2:E5 中输入图 15-2 所示的内容；在【开始】/【字体】选项组中设置单元格区域的字体为“宋体”，字号为“12 磅”。

	A	B	C	D	E
1	论文与教材				
2	序号	项目	题目	字数	本人角色
3	1	论文	汇率对经济的作用初探	5000	第三作者
4	2	论文	中国文化战略的有效行	4500	第二作者
5	3	教材	Office2010应用实例	3000000	主编

图15-2 教材与论文

STEP 4 将鼠标指针放在 A 列标签的右侧，当鼠标指针变成“↔”形状时，按住鼠标左键并左右拖曳，适当调整 A 列列宽；按同样的方法调整其余各列宽度。

STEP 5 将鼠标指针移到第 1 行与第 2 行的行标签之间，当鼠标指针变成“↕”形状时，按住鼠标左键并上下拖曳，适当调整第 1 行的行高。

STEP 6 选中第 2 行至第 5 行，再将鼠标指针放在选中行的任一行标签的下方，当鼠标指针变成“↕”形状时，按住鼠标左键并上下拖曳，适当调整第 2 行至第 5 行的行高。

STEP 7 选中单元格区域 A1:E5，在【开始】/【字体】选项组中设置外边框为粗线，内部为细线。

STEP 8 在【开始】/【对齐方式】选项组中设置单元格区域 A1:E5 垂直居中，单元格区域 A1:E2、A3:B5 和 E2:E5 水平居中。

STEP 9 选中单元格区域 C2:D4，单击【插入】/【图表】选项组中的【柱形图】按钮，从弹出的列表中选择【三维柱形图】/【三维簇状柱形图】选项，这时生成的图表如图 15-3 所示。

STEP 10 更改图表标题为“论文字数图”；单击【坐标轴标题】按钮给图表添加横向标题和纵向标题，并适当调整各部分的大小和位置，结果如图 15-4 所示。

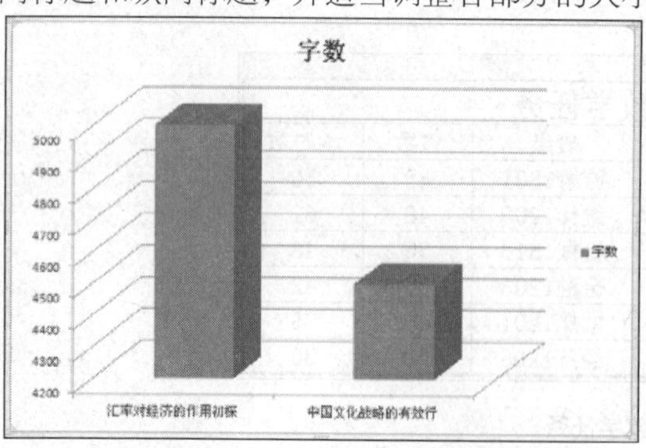

图15-3 三维簇状柱形图原图

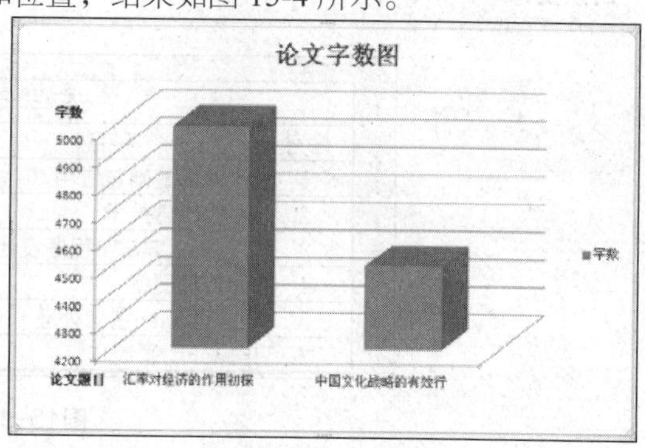

图15-4 论文字数图

STEP 11 单击【设计】/【位置】选项组中的【移动图表】按钮，在弹出的【移动图表】对话框中设置【对象位于】为“Sheet2”，单击确定按钮。

STEP 12 单击选择“Sheet1”工作表。

STEP 13 单击按钮保存文件，单击按钮关闭文件。

任务二　创建 Word 2010 文档

在 Word 2010 中创建一个文档"15–3(制作个人年度工作总结 1).docx"。

【操作步骤】

STEP 1 启动 Word 2010，将文件保存为"15-3(制作个人年度工作总结 1).docx"。

STEP 2 在文档中输入相应的内容，如图 15-5 和图 15-6 所示。

教师年度工作总结

时间过得真快，转眼间一学期的教学工作已接近尾声，为了更好地做好今后的工作，总结经验、吸取教训，本人特就这学期的工作小结如下：

1. 思想工作方面

随着教育改革的不断深入，教育对教师的要求不断提高。为顺应时代发展的要求，在过去的一年里，在学校领导的领导下，在各位教师的大力帮助下，我始终坚持以"十八大"精神为指导思想，不断加强学习，钻研教育理论和教学方法，提高教学水平，努力提高自身的思想素质和业务素质，敬业爱岗，勤奋扎实，在担任六个班教学的同时，还担任了班主任工作，各项工作都做的有声有色。

2. 遵守纪律方面

本人严格遵守学校的各项规章制度，不迟到、不早退、有事主动请假。在工作中，尊敬领导、团结同事，能正确处理好与领导同事之间的关系。平时，勤俭节约、任劳任怨、对人真诚、热爱学生、人际关系和谐融洽，从不闹无原则的纠纷，处处以一名人民教师的要求来规范自己的言行，毫不松懈地培养自己的综合素质和能力。

3. 教学方面

为了教好学，自己认真备课，从多个渠道了解与专业有关的最新知识，并补充到教学中。

本学年承担了如下六个班的教学任务：

4. 论文与教材

积极撰写论文和教材，经过努力，完成了一本教材和两篇论文的撰写工作。

5. 科研工作

积极参加科研项目，参与了两个科研项目的研发。

序号	题目	立项单位	经费(万元)	本人角色
1	无甲醛胶黏剂的研发	大柱市	50	2
2	湿陷性地区公路修筑技术研究	牛牛省	150	3

图15–5　个人年度工作总结第 1 页文本

6. 班主任工作

当班主任很累，事情很多，有的时候还会很心烦，这都是免不了的，但是，当你走上讲台，看到那一双双求知的眼睛，当你看到你的学生在你教育下有了很大的改变，当你被学生围着快乐的谈笑，当学生把你当成最好的朋友，当家长打电话来告诉你，孩子变了，变的懂事听话了…… 那快乐是从心里往外涌的。

班主任要用个人的魅力征服学生，要用自己的热情和朝气去感染学生，无论是服装还是言谈，都会对学生产生很大的影响；班主任工作是很有挑战性的工作，每一个学生都是一个世界，要想成为每一个学生的朋友，要想得到每一个学生的信任，需要付出很多的心血。但是，这一切都很值得，因为，你得到的将是一个美丽的世界！工作着是美丽的！

7. 与同事相互学习友好相处

尊重同事，善于与同事交流，同时本着请教学习的态度，向他们学习，不恃才傲物，善于发现他人的优点，不苛求别人。在工作中，主动承担工作，不计较个人的得失。通过自己的努力与同事友好相处，共同提高单位工作的工作效率。

图15–6　个人年度工作总结第 2 页文本

STEP 3 单击按钮保存文件，单击按钮关闭文件。

任务三 在 Word 2010 文档中嵌入和链接 Excel 2010 表格

本任务在“15−3(制作个人年度工作总结 1).docx”Word 文档中嵌入 Excel 表格“15−1(教学任务).xlsx”，并链接 Excel 文档“15−2(论文与教材).xlsx”。

嵌入到 Word 中的 Excel 表格内容不会随着原来 Excel 表格的内容而发生变化，链接则会根据用户的需要来选择是随着原来 Excel 表格内容而发生变化或不变化。

【操作步骤】

STEP 1 复制“15-3(制作个人年度工作总结 1).docx”文件，并重命名为“15-4(制作个人年度工作总结 2).docx”。

STEP 2 双击打开文件“15-4(制作个人年度工作总结 2).docx”。

STEP 3 在“教学方面”的最后一段位置处按 Enter 键，添加一个新的段落。

STEP 4 打开 Excel 文件“15-1(教学任务).xlsx”，选择单元格区域 A1:E8，按 Ctrl+C 组合键复制文件。

STEP 5 回到 Word 文件“15-4(制作个人年度工作总结 2).docx”中，按 Ctrl+V 组合键，就将 Excel 中的表格内容嵌入 Word 文档刚添加段落的位置。

STEP 6 关闭 Excel 文件“15-1(教学任务).xlsx”。这时即使改变 Excel 文件“15-1(教学任务).xlsx”中的内容，Word 中的内容也不会发生改变。

STEP 7 在 Word 文件“15-4(制作个人年度工作总结 2).docx”中，在“论文与教材”所在段落后面按 Enter 键，添加一个新的段落。

STEP 8 单击【插入】/【文本】选项组中的“对象”按钮，从弹出的列表中选择【对象】选项，这时在弹出的【对象】对话框中，单击选择【由文件创建】选项卡，单击“浏览(B)...”按钮，在弹出的【浏览】对话框中，选择 Excel 文件“15-2(论文与教材).xlsx”，单击“插入(S)”按钮返回到【对象】对话框中，在【对象】对话框中选中【链接到文件】复选框，单击“确定”按钮，完成将 Excel 文件链接到 Word 文档中。

STEP 9 单击保存按钮保存文件，单击关闭按钮关闭文件。

> **知识提示** 若文件使用了链接，当再次打开文件时，系统会弹出链接文件更新提示信息，如图 15-7 所示。单击“是(Y)”按钮表示自动更新；单击“否(N)”按钮表示不更新。

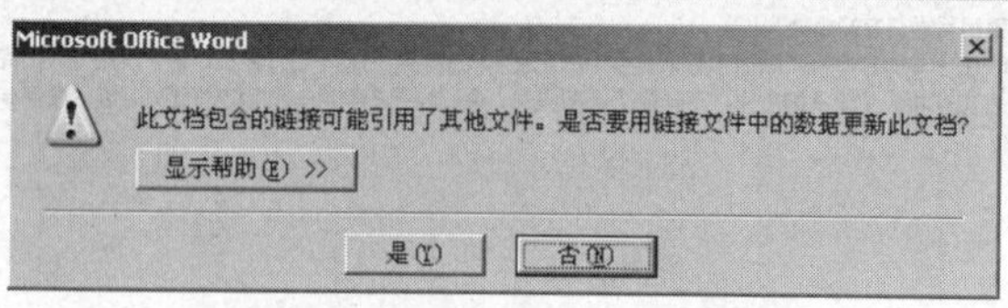

图15−7 链接文件数据更新提示框

项目升级 在 Word 2010 文档中链接图表及文档美化

在“15−4(制作个人年度工作总结 2).docx”文件的基础上，使用 Word 文档中的数据创建图表，并对图表进行格式化，将 Excel 表格中创建的图表链接到 Word 文档中，同时可以对 Word 文档进行美化，将 Word 文档和 Excel 表格中的文本、表格和图表应用到 PowerPoint 中。

1. **建立图表**

【操作步骤】

STEP 1 复制“15-4(制作个人年度工作总结 2).docx”文件，并重命名为“15-5(制作个人年度工作总结 3).docx”。

STEP 2 双击打开文件“15-5(制作个人年度工作总结 3).docx”。

STEP 3 在“教学方面”第 2 段后面添加一个新行。

STEP 4 单击【插入】/【插图】选项组中的【图表】按钮，在弹出的【插入图表】对话框中选择“折线图”，单击确定按钮，这时系统弹出【Microsoft Office Word 中的图表 - Microsoft Excel】窗口。

STEP 5 在【Microsoft Office Word 中的图表 - Microsoft Excel】窗口中，选择【文件】/【打开】命令，弹出【打开】对话框。

STEP 6 在【打开】对话框中，选择文件“15-1(教学任务).xlsx”，单击打开(O)按钮。

STEP 7 单击【设计】/【数据】选项组中的【选择数据】按钮，这时弹出【选择数据源】对话框。

STEP 8 在【选择数据源】对话框中，单击【图表数据区域】框中的按钮，选择文件“15-1(教学任务).xlsx”中的单元格区域 C2:E6，之后单击按钮返回到【选择数据源】对话框，单击确定按钮。完成后的图表如图 15-8 所示。

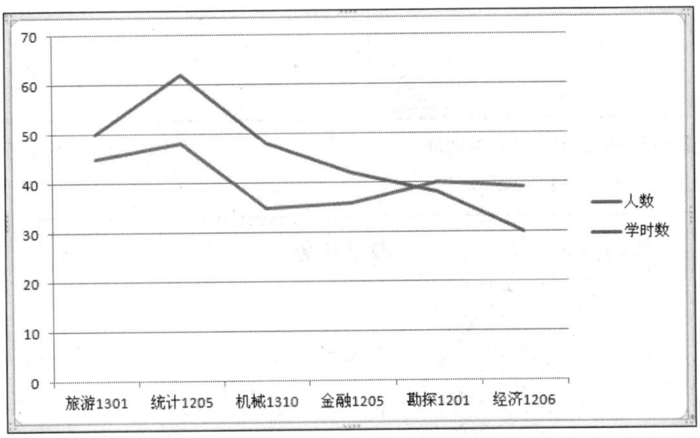

图15-8 培训课时折线图

STEP 9 关闭【Microsoft Office Word 中的图表 - Microsoft Excel】窗口和“15-1(教学任务).xlsx”文件。

2. **图表的格式化**

【操作步骤】

STEP 1 添加图表标题“教学任务”。单击【布局】/【标签】选项组中的【图表标题】按钮，从弹出的列表中选择【图表上方】选项，将“图表标题”更改为“教学任务”。

STEP 2 添加横坐标轴和纵坐标轴标题。单击【布局】/【标签】选项组中的【坐标轴标题】按钮，给图表添加横向标题“班级”和纵向标题“人数和课时”，并适当调整各部分的大小和位置。

STEP 3 单击【格式】/【当前所选内容】选项组中的第一个下拉列表框，从下拉列表中选择垂直(值)轴选项，再选择设置所选内容格式选项，弹出【设置坐标轴格式】对话框。

STEP 4 在【设置坐标轴格式】对话框中，设置【坐标轴选项】选项卡的参数如图15-9所示。

STEP 5 单击【格式】/【当前所选内容】选项组中的第一个下拉列表框，从列表框中选择绘图区选项，再选择设置所选内容格式选项，弹出【设置绘图区格式】对话框。

STEP 6 在【设置绘图区格式】对话框中，设置【填充】为“纯色填充”，【颜色】为黄色，【透明度】为“50%”，如图15-10所示。

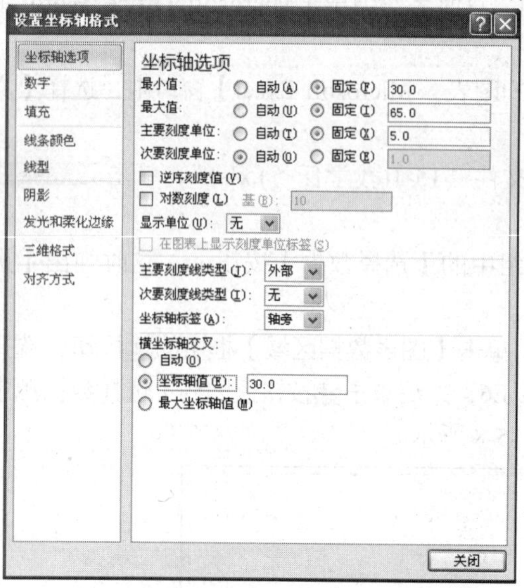

图15-9 设置坐标轴格式中的坐标轴选项

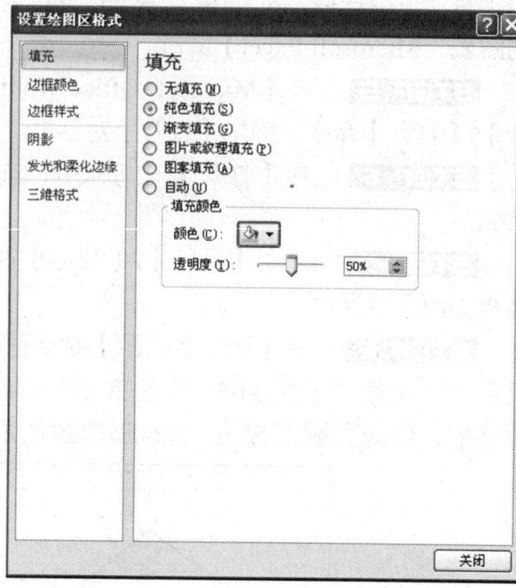

图15-10 设置绘图区格式

完成后的图表如图15-11所示。

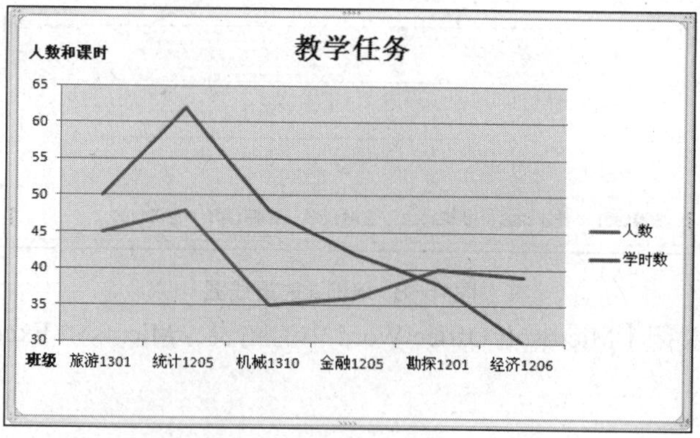

图15-11 格式化后的折线图

STEP 7 单击按钮保存文件。

3. 链接图表

将Excel中的图表链接到Word文档中。

【操作步骤】

STEP 1 打开Excel文件“15-2(论文与教材).xlsx”，选中“Sheet2”工作表中的图表后按Ctrl+C组合键进行复制。

STEP 2 回到 Word 文档中，在“论文与教材”表格后面按 Enter 键添加一个新的段落。

STEP 3 单击【开始】/【剪贴板】选项组中的【粘贴】按钮，从弹出的列表中选择【选择性粘贴】选项，弹出【选择性粘贴】对话框。

STEP 4 在【选择性粘贴】对话框中设置粘贴方式为“粘贴链接”，【形式】为“Microsoft Office Excel 图表 对象”，如图 15-12 所示。

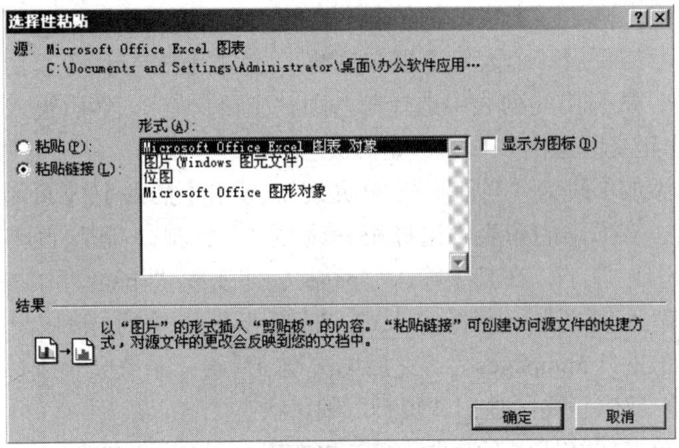

图15-12 【选择性粘贴】对话框

STEP 5 单击确定按钮，就将 Excel 表格中的图表链接到 Word 文档中了。

4. 文档的美化

对 Word 文档中的文本进行适当的设置来美化文档。

【操作步骤】

STEP 1 复制“15-5(制作个人年度工作总结 3).docx”文件，并重命名为“15-6(制作个人年度工作总结).docx”。

STEP 2 双击打开文件“15-6(制作个人年度工作总结).docx”。

STEP 3 设置文件标题格式：【字体】为“黑体”，【字号】为“小三”，【对齐方式】为“水平居中”，段前段后间距各 1 行。

STEP 4 设置第 1 段正文格式：【字体】为“宋体”，【字号】为“小四”，【对齐方式】为“两端对齐”，段前段后【间距】都是“0 磅”，【行距】为“固定值 16 磅”，【首行缩进】为“2 字符”。

STEP 5 设置第 1 个段落标题格式：【字体】为“华文楷体”，【字号】为“四号”，【对齐方式】为“两端对齐”，段前段后【间距】都是“2 磅”，【行距】为“单倍行距”。

STEP 6 保存第 1 段正文格式为“样式 1”。选中第 1 段正文，单击【开始】/【样式】选项组中样式库中的其他按钮，从弹出的列表中选择【将所选内容保存为新快速样式】选项，此时系统弹出【根据格式设置创建新样式】对话框，如图 15-13 所示。单击确定按钮，这时在样式库中就添加了“样式 1”。

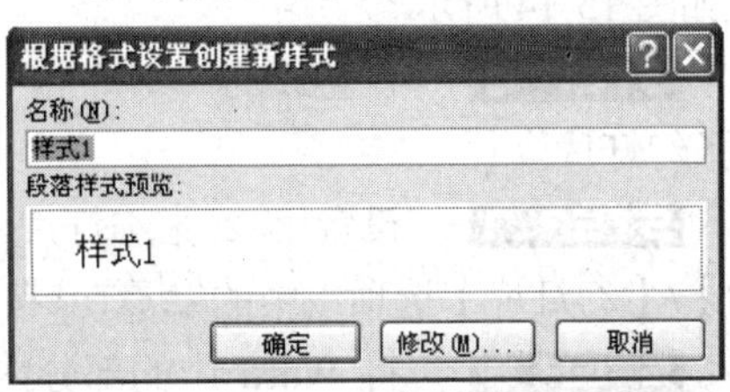

图15-13 【根据格式设置创建新样式】对话框

STEP 7 保存第 1 个段落标题格式为“样式 2”。选中第 1 个段落标题，参照第(6)步将第 1 个段落标题格式保存为“样式 2”。

STEP 8 将段落标题全部设置为“样式 1”。选中其他段落标题，再单击【开始】/【样式】选项组中的“样式 1”。

STEP 9 将其他正文全部设置为“样式 2”。选中其他正文，再单击【开始】/【样式】选项组中的“样式 2”。

STEP 10 将表格和图表的对齐方式设置为居中。

STEP 11 添加页眉“个人年度工作总结”。单击【插入】/【页眉与页脚】选项组中的【页眉】按钮，从弹出的列表中选择第一项“空白页眉”，然后输入页眉文字“个人年度工作总结”。双击正文区退出“页眉”编辑状态。

STEP 12 添加页脚为“当前页码/总页数”。单击【插入】/【页眉与页脚】选项组中的【页脚】按钮，从弹出的列表中选择第一项“空白页脚”，删除页脚所有内容后，再按 Ctrl+F9 组合键，出现“{ }”，在其中输入“page”，即变成“{ page }”，按 F9 键则系统生成了当前页码；再输入“/”；接着按 Ctrl+F9 组合键，这时出现“{ }”，在其中输入“numpages”，即变成“{ numpages }”，之后再次按 F9 键，系统又生成总页数。将页码的对齐方式设置为居中。双击正文区退出“页脚”编辑状态。

STEP 13 单击按钮保存文件，单击按钮关闭 Word 文件。

5. Word 与 Excel 在 PowerPoint 中的应用

将 Word 和 Excel 中的文字、表格和图表应用到 PowerPoint 中。

【操作步骤】

STEP 1 启动 PowerPoint 2010，将文件保存为“15-7(制作个人年度工作总结).pptx”。

STEP 2 单击【设计】/【主题】选项组中的按钮，从弹出的列表中选择第 3 行第 2 列的“凸显”；单击 颜色 按钮，选择颜色列表中的“跋涉”；单击 字体 按钮，从字体列表中选择“跋涉 隶书 华文楷体”。

STEP 3 设置第 1 张幻灯片版式为“标题幻灯片”。选中第 1 张幻灯片，单击【开始】/【幻灯片】选项组中的 版式 按钮，从弹出的列表中选择“标题幻灯片”。

STEP 4 添加幻灯片背景。单击【设计】/【背景】选项组中的 背景样式 按钮，从弹出的列表中选择第 2 行第 1 列的“样式 5”。

STEP 5 将“15-6(制作个人年度工作总结).docx”文件中的文字“教师年度工作总结”粘贴到演示文稿的标题占位符中；在副标题中输入相应内容。完成后的第 1 张幻灯片样张如图 15-14 所示。

STEP 6 在左边的“幻灯片”视窗中选中第 1 张幻灯片，连续按 Enter 键 8 次添加 8 张幻灯片。

STEP 7 设置第 2 张幻灯片版式为“标题和内容”。选中第 2 张幻灯片，单击【开始】/【幻灯片】选项组中的 版式 按钮，从弹出的列表中选择“标题和内容”版式。

STEP 8 将 Word 中的部分内容粘贴到第 2 张幻灯片中；插入图片，适当调整图片的位置和大小。完成后的第 2 张幻灯片样张如图 15-15 所示。

图15-14 第1张幻灯片样张

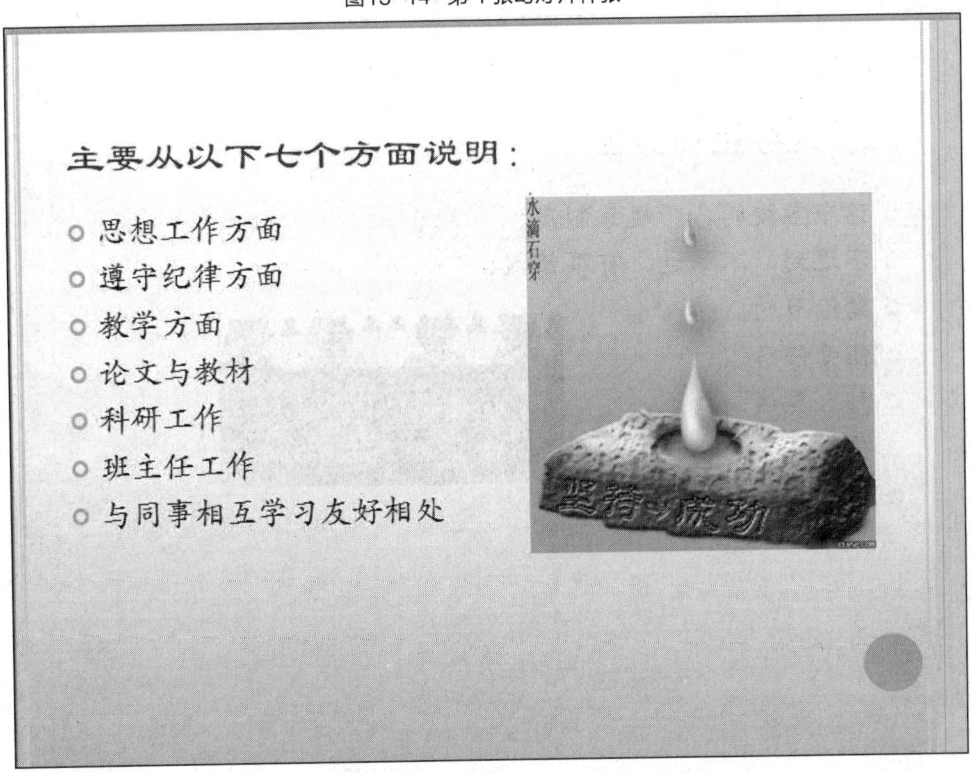

图15-15 第2张幻灯片样张

STEP 9 按以上方法适当设置其他的幻灯片版式、内容和格式等。完成后的第3张至第9张幻灯片样张如图15-16至图15-22所示。

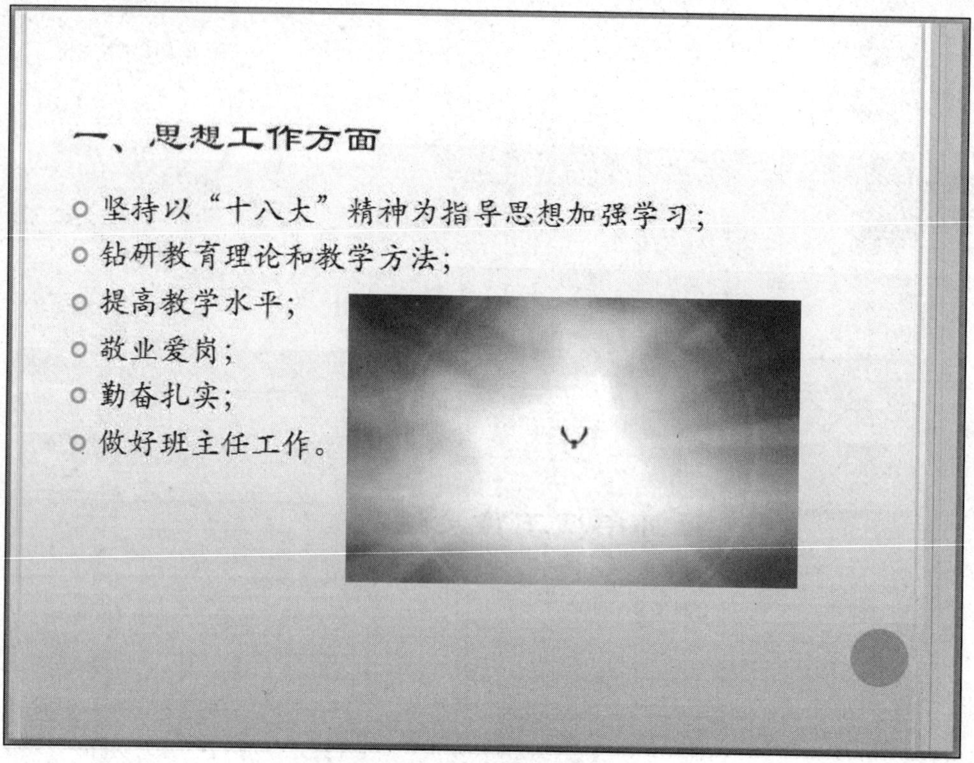

图15-16 第 3 张幻灯片样张

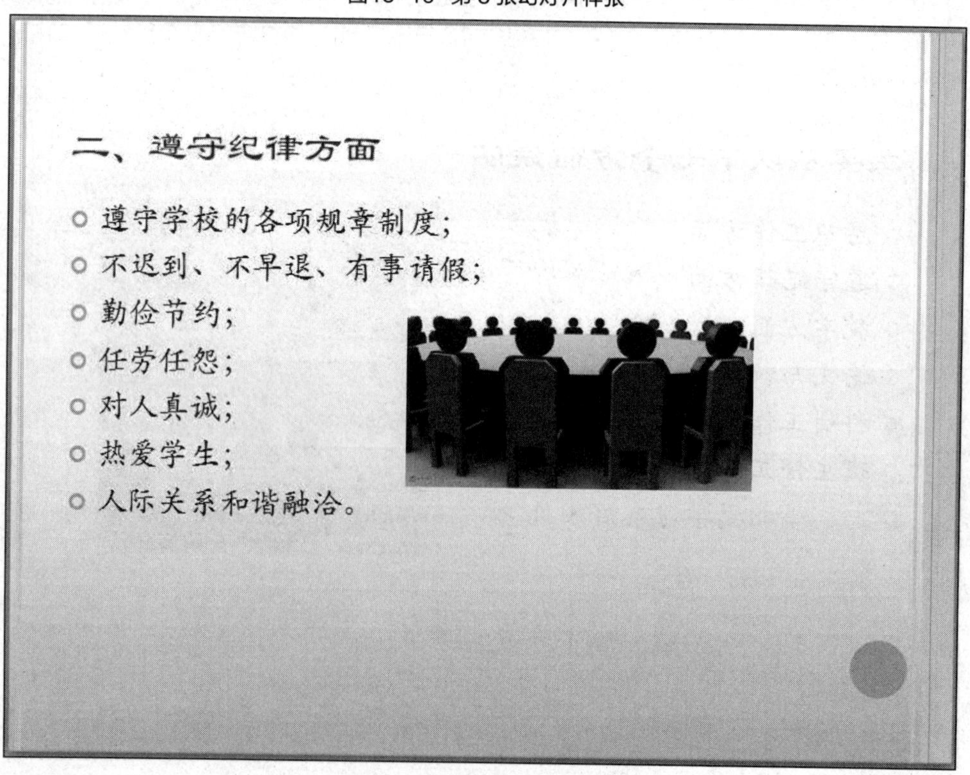

图15-17 第 4 张幻灯片样张

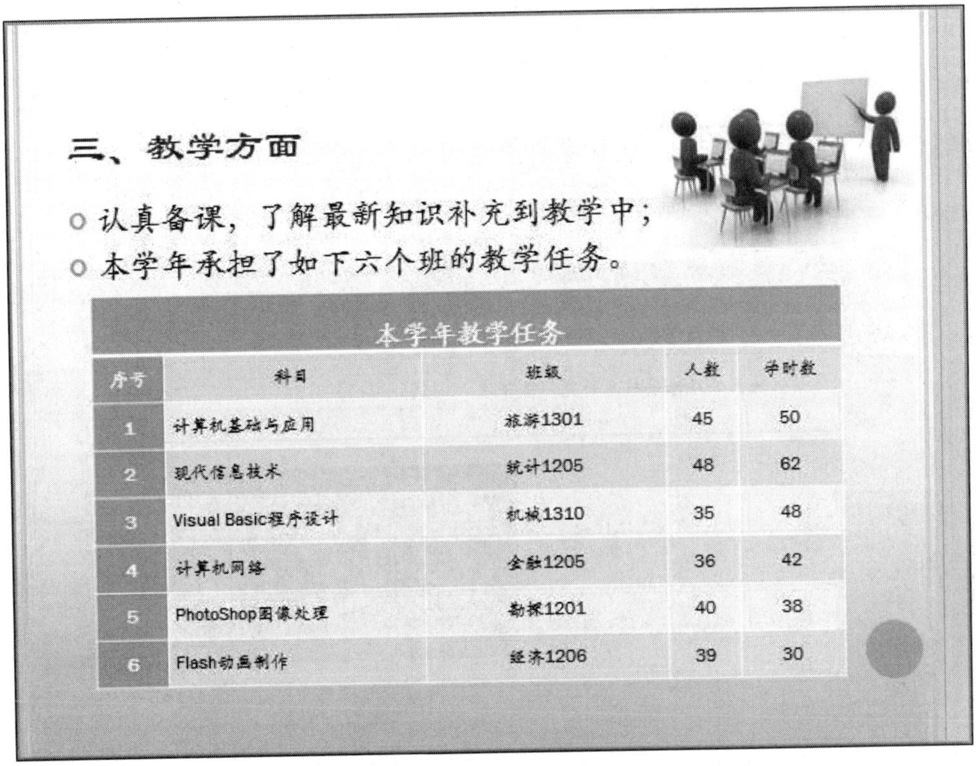

图15-18　第 5 张幻灯片样张

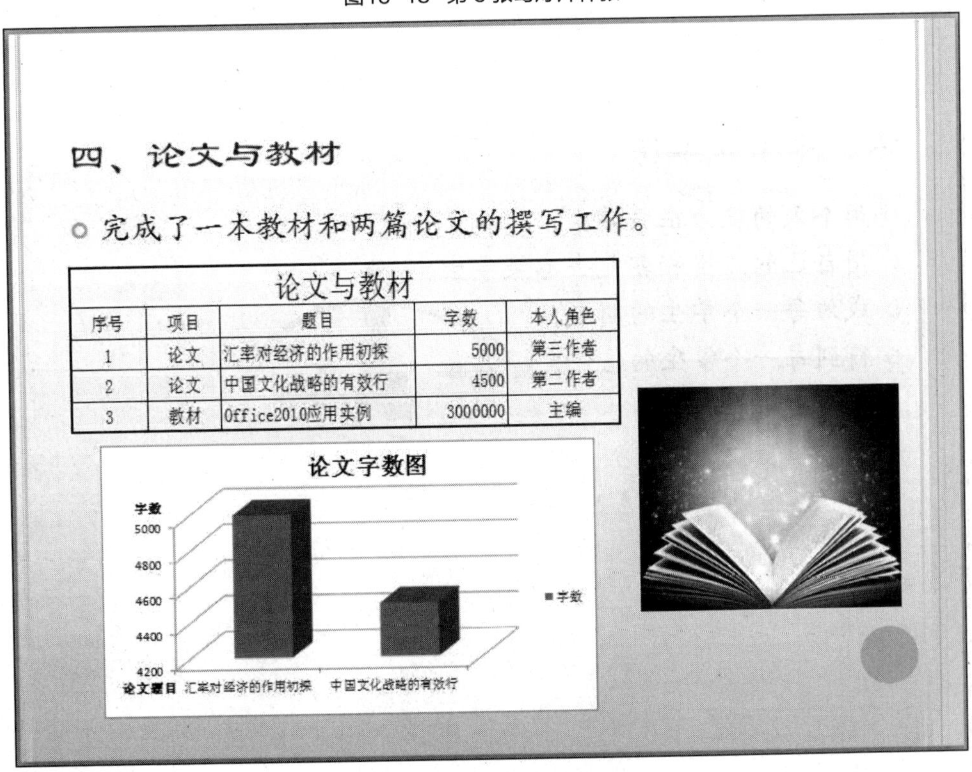

图15-19　第 6 张幻灯片样张

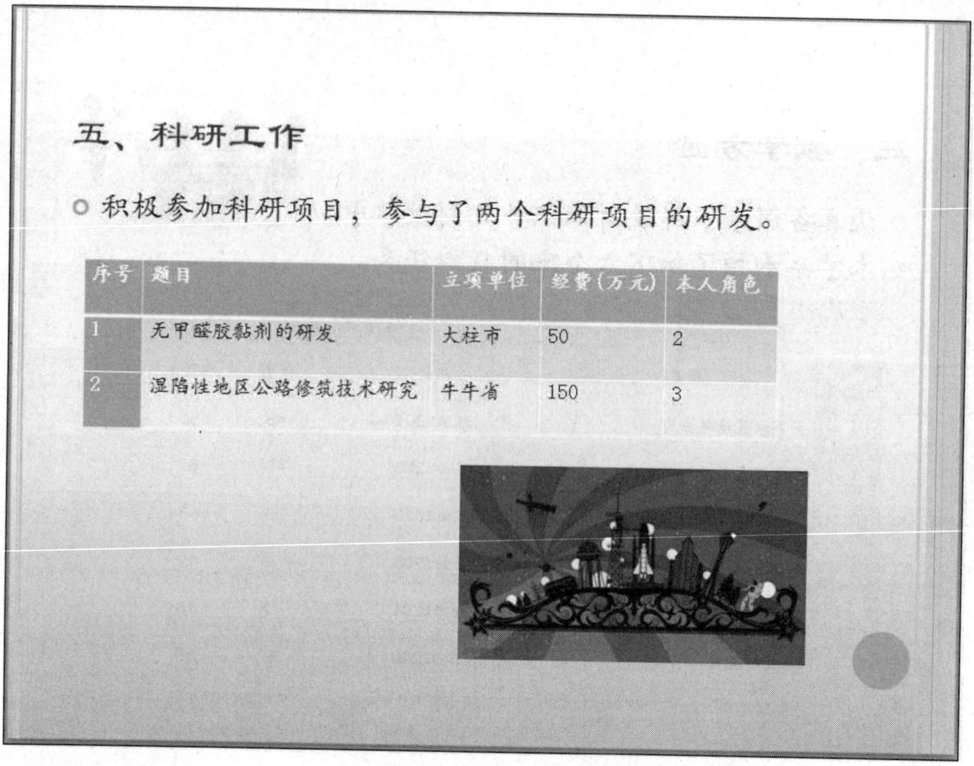

图15-20 第7张幻灯片样张

图15-21 第8张幻灯片样张

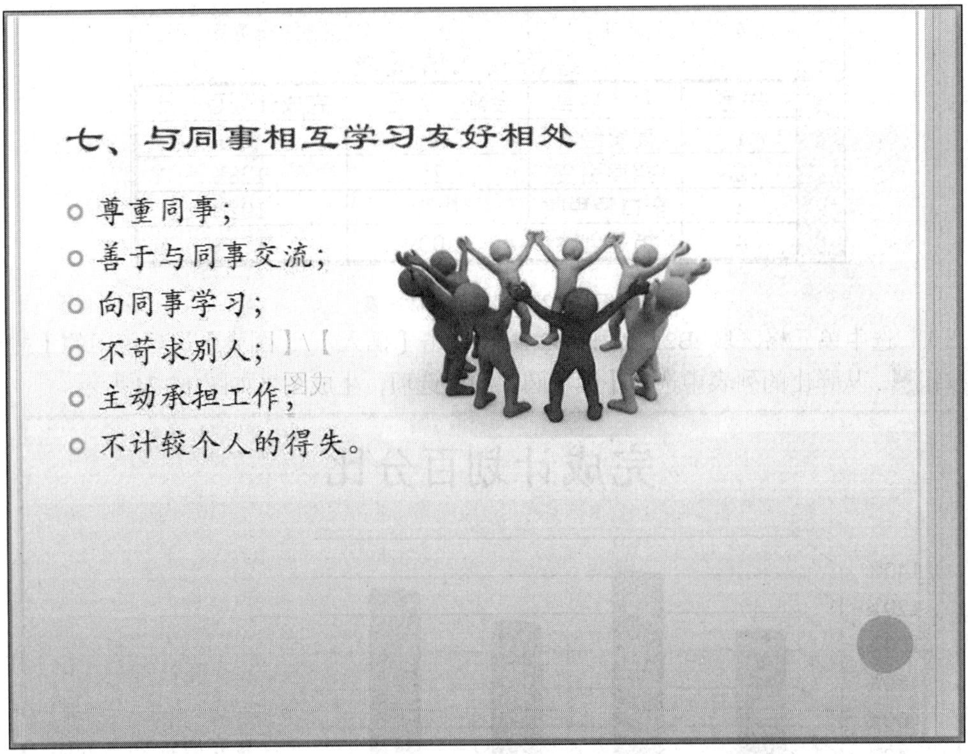

图15-22　第 9 张幻灯片样张

STEP 10　单击按钮保存文件，单击按钮关闭 PowerPoint 文件。

项目小结

Office 2010 中的 Word 2010、Excel 2010 和 PowerPoint 2010 三大组件，可以独立使用来创建 Word 文档、Excel 表格和 PowerPoint 演示文稿，也可以相互之间进行嵌入和链接，还可以使用复制和粘贴功能，共享数据方式简单、灵活、方便。

课后练习　制作街道办事处简介

本练习以制作街道办事处简介为例说明如何制作 Excel 文件和图表，如何制作 Word 文档，如何将 Excel 表格嵌入和链接到 Word 文档中，如何在 Word 中使用 Excel 表格中的数据创建图表，如何美化 Word 文档。

【步骤提示】

STEP 1　制作 Excel 表格和图表。

（1）　启动 Excel 2010，将文件保存为“15-8(经济收入情况表).xlsx”。

（2）　在工作表中输入内容，如图 15-23 所示，在单元格 A1 中输入“经济收入情况表”，再选中单元格区域 A1:D1，单击【开始】/【对齐方式】选项组中的合并后居中按钮，将标题合并居中；在【字体】组中设置字号为“18 磅”；在【字体】组中设置其他单元格字号为“14 磅”；在【对齐方式】组中设置其他单元格为水平、垂直方向都居中。

	A	B	C	D
1	经济收入情况表			
2	序号	收入项目	金额（亿元）	完成计划百分比
3	1	商贸经济	14	97%
4	2	招商引资	2	128%
5	3	全口径税收	0.2	102%
6	4	街居创收	0.009	120%

图15-23 经济收入情况表

（3） 选中单元格区域 B2:C6 和 D2:D6，单击【插入】/【图表】选项组中的【柱形图】按钮，从弹出的列表中选择【簇状圆柱图】选项，生成图表如图 15-24 所示。

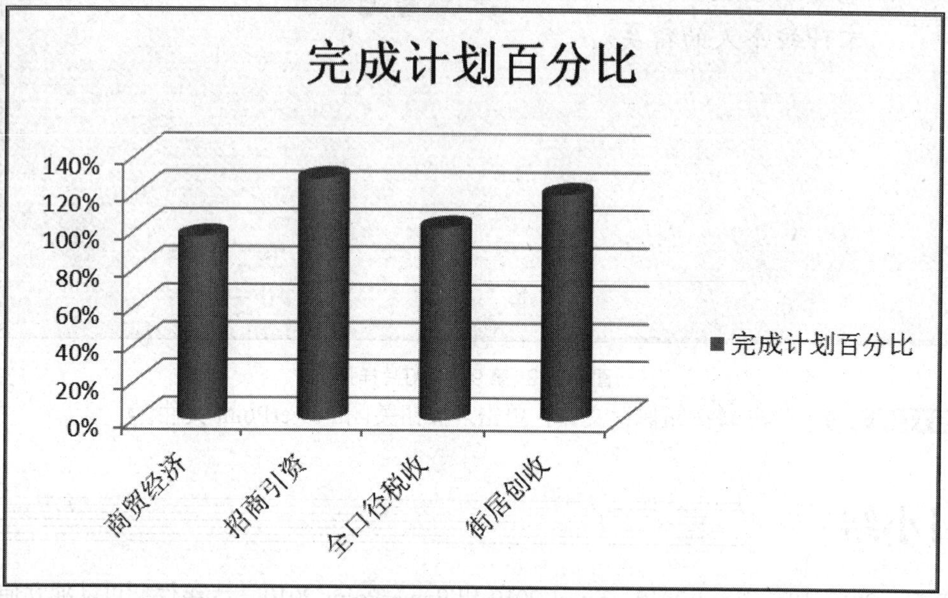

图15-24 完成计划百分比圆柱图

（4） 单击按钮保存文件，单击按钮关闭 Excel 文件。

（5） 按照同样方法创建另一个 Excel 文件“15-9(就业情况表).xlsx”，文件内容及格式如图 15-25 所示。

	A	B	C	D	E	F
1	就业情况表					
2	序号	项目	单位	年目标	已完成	完成百分比
3	1	安置下岗失业人员	人	640	980	153%
4	2	帮助困难人员就业	人	460	521	113%
5	3	新增就业岗位	个	1468	1450	101%
6	4	培训	人	550	460	120%

图15-25 就业情况表

STEP 2 制作 Word 文档。

（1） 启动 Word 2010，将文件保存为“15-10(单位简介 1).docx”。

（2） 在文件中录入相应内容，如图 15-26 和图 15-27 所示。

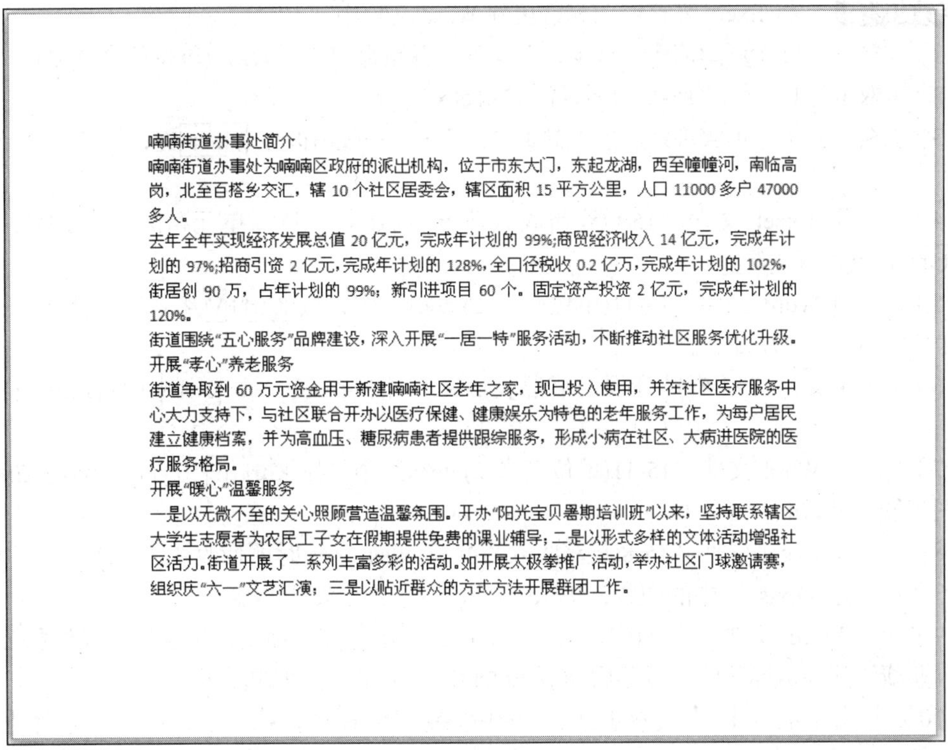

喃喃街道办事处简介
喃喃街道办事处为喃喃区政府的派出机构，位于市东大门，东起龙湖，西至幢幢河，南临高岗，北至百搭乡交汇，辖 10 个社区居委会，辖区面积 15 平方公里，人口 11000 多户 47000 多人。
去年全年实现经济发展总值 20 亿元，完成年计划的 99%;商贸经济收入 14 亿元，完成年计划的 97%;招商引资 2 亿元,完成年计划的 128%,全口径税收 0.2 亿万,完成年计划的 102%,街居创 90 万，占年计划的 99%；新引进项目 60 个。固定资产投资 2 亿元，完成年计划的 120%。
街道围绕“五心服务”品牌建设，深入开展“一居一特”服务活动，不断推动社区服务优化升级。
开展“孝心”养老服务
街道争取到 60 万元资金用于新建喃喃社区老年之家，现已投入使用，并在社区医疗服务中心大力支持下，与社区联合开办以医疗保健、健康娱乐为特色的老年服务工作，为每户居民建立健康档案，并为高血压、糖尿病患者提供跟踪服务，形成小病在社区、大病进医院的医疗服务格局。
开展“暖心”温馨服务
一是以无微不至的关心照顾营造温馨氛围。开办“阳光宝贝暑期培训班”以来，坚持联系辖区大学生志愿者为农民工子女在假期提供免费的课业辅导；二是以形式多样的文体活动增强社区活力。街道开展了一系列丰富多彩的活动。如开展太极拳推广活动，举办社区门球邀请赛，组织庆“六一”文艺汇演；三是以贴近群众的方式方法开展群团工作。

图15-26 单位简介第 1 页文本

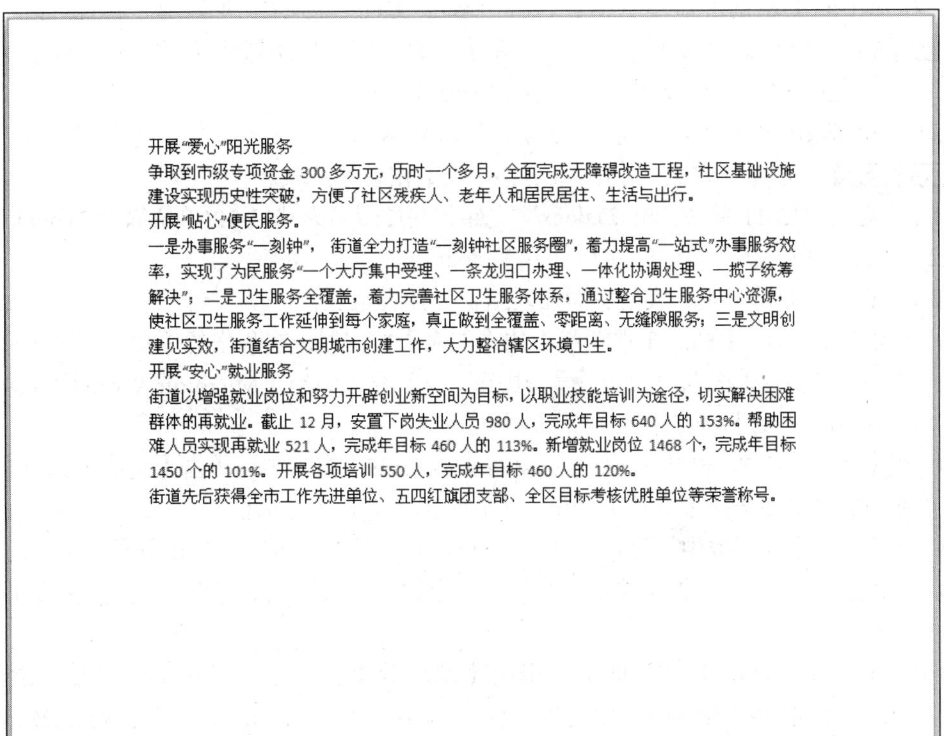

开展“爱心”阳光服务
争取到市级专项资金 300 多万元，历时一个多月，全面完成无障碍改造工程，社区基础设施建设实现历史性突破，方便了社区残疾人、老年人和居民居住、生活与出行。
开展“贴心”便民服务。
一是办事服务“一刻钟”， 街道全力打造“一刻钟社区服务圈”，着力提高“一站式”办事服务效率，实现了为民服务“一个大厅集中受理、一条龙归口办理、一体化协调处理、一揽子统筹解决”；二是卫生服务全覆盖，着力完善社区卫生服务体系，通过整合卫生服务中心资源，使社区卫生服务工作延伸到每个家庭，真正做到全覆盖、零距离、无缝隙服务；三是文明创建见实效，街道结合文明城市创建工作，大力整治辖区环境卫生。
开展“安心”就业服务
街道以增强就业岗位和努力开辟创业新空间为目标，以职业技能培训为途径，切实解决困难群体的再就业。截止 12 月，安置下岗失业人员 980 人，完成年目标 640 人的 153%。帮助困难人员实现再就业 521 人，完成年目标 460 人的 113%。新增就业岗位 1468 个，完成年目标 1450 个的 101%。开展各项培训 550 人，完成年目标 460 人的 120%。
街道先后获得全市工作先进单位、五四红旗团支部、全区目标考核优胜单位等荣誉称号。

图15-27 单位简介第 2 页文本

（3） 单击按钮保存文件，单击按钮关闭 Word 文档。

STEP 3 将 Excel 表格嵌入和链接到 Word 文档中。

（1） 复制“15-10(单位简介 1).docx”文件，并重命名为“15-11(单位简介 2).docx”。

（2） 双击打开文件“15-11(单位简介 2).docx”。

（3） 在“去年全年实现经济发展总值 20 亿元”一段后面按 Enter 键，添加一个新的段落。

（4） 打开 Excel 文件“15-8(经济收入情况表).xlsx”，选择单元格区域 A1:D6，按 Ctrl+C 组合键进行复制。

（5） 回到 Word 文件“15-11(单位简介 2).docx”中，按 Ctrl+V 组合键，就将 Excel 中的表格内容嵌入 Word 文档中了。

（6） 选中文件“15-8(经济收入情况表).xlsx”中的图表，按 Ctrl+C 组合键进行复制。

（7） 回到 Word 文件“15-11(单位简介 2).docx”中，按 Ctrl+V 组合键，就将 Excel 中的图表嵌入 Word 文档中了。

（8） 关闭 Excel 文件“15-8(经济收入情况表).xlsx”。这时即使改变 Excel 文件“15-8(经济收入情况表).xlsx”中的内容，Word 中的内容也不会发生改变。

（9） 在 Word 文件“15-11(单位简介 2).docx”中，在“街道以增强就业岗位和努力开辟创业新空间为目标”所在段落后面按 Enter 键，添加一个新的段落。

（10）单击【插入】/【文本】选项组中的 对象 按钮，从弹出的列表中选择【对象】选项，这时在弹出的【对象】对话框中，选择【由文件创建】选项卡，单击 浏览(B)... 按钮，在弹出的【浏览】对话框中，选择 Excel 文件“15-9(就业情况表).xlsx”，单击 插入(S) 按钮返回到【对象】对话框中，在【对象】对话框中选中【链接到文件】复选框，单击 确定 按钮，将 Excel 文件链接到 Word 文档中。

（11）单击 按钮保存文件，单击 按钮关闭 Word 文档。

STEP 4 在 Word 中使用 Excel 表格中的数据创建图表。

（1） 复制“15-11(单位简介 2).docx”文件，并重命名为“15-12(单位简介 3).docx”。

（2） 双击打开文件“15-12(单位简介 3).docx”。

（3） 在“就业情况表”表格后面插入图表，方法如下。

- 单击【插入】/【插图】选项组中的【图表】按钮，在弹出的【插入图表】列表中选择“簇状柱形图”，单击 确定 按钮，这时系统弹出【Microsoft Word 中的图表 - Microsoft Excel】窗口。
- 在【Microsoft Word 中的图表 - Microsoft Excel】窗口中，单击【文件】选项卡，在弹出的菜单中选择【打开】命令，这时弹出【打开】对话框。
- 在【打开】对话框中，选择文件“15-9(就业情况表).xlsx”，单击 打开(O) 按钮。
- 单击【设计】/【数据】选项组中的【选择数据】按钮，这时弹出【选择数据源】对话框。
- 在【选择数据源】对话框中，单击【图表数据区域】框中的按钮，选择文件“15-9(就业情况表).xlsx”中的单元格区域 B2:B6 和 D2:E6，单击 确定 按钮。完成后的图表如图 15-28 所示。

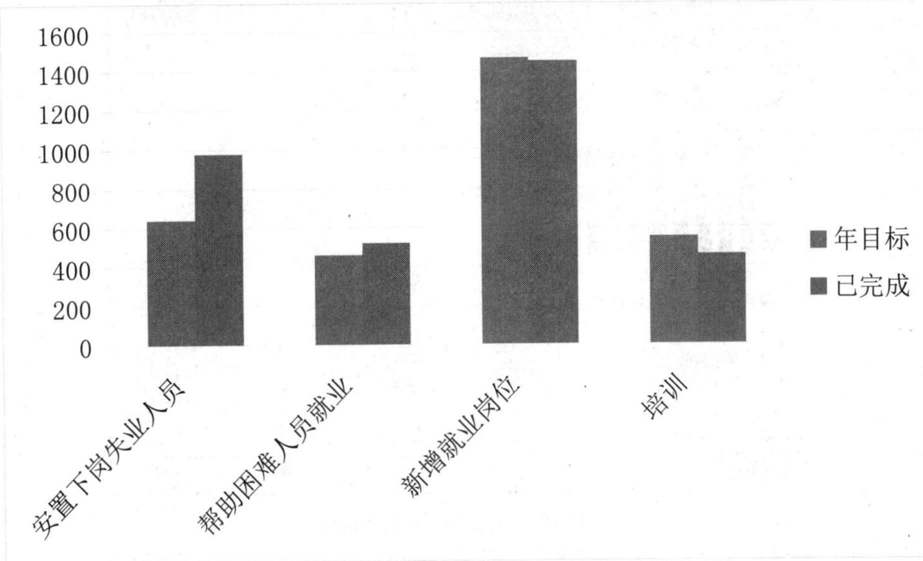

图15-28 就业情况表图

（4） 关闭打开的两个 Excel 窗口。

（5） 单击按钮保存文件，单击按钮关闭 Word 文档。

STEP 5 美化 Word 文档。

（1） 复制“15-12(单位简介 3).docx”文件，并重命名为“15-13(单位简介).docx”。

（2） 双击打开“15-13(单位简介).docx”文件。

（3） 在【开始】/【字体】选项组中设置第 1 行标题的字体为“宋体”、字号为“小二”“加粗”，在【段落】组中设置【对齐方式】为“居中”。

（4） 设置第 1 段文本的【字体】为“宋体”、【字号】为“小四”、【颜色】为“黑色”，在【段落】组中设置【对齐方式】为“两端对”齐，【首行缩进】为“2 字符”，【行距】为“固定值 20 磅”，段前段后【间距】都为“0.5 行”。

（5） 将第 1 段文本格式保存为“样式 1”。单击【开始】/【样式】选项组中的按钮，从弹出的选项中选择【将所选内容保存为新快速样式】选项，在弹出的【根据格式设置创建新样式】对话框中的【名称】框中输入“样式 1”，单击确定按钮。

（6） 选择“开展‘孝心’养老服务”一行，设置【字体】为“黑体”、【字号】为“四号”、【颜色】为“黑色”，在【段落】组中设置【对齐方式】为“两端对齐”，再单击【开始】/【段落】选项组中的第 2 个项目符号按钮，从中选择符号，并保存段落格式为“样式 2”。

（7） 选中第 1 个表格，设置【字号】为“小四”。

（8） 选中最后一行，再单击【页面布局】/【页面背景】选项组中的【页面边框】按钮，在弹出的【边框和底纹】对话框中，选中【底纹】选项卡，设置【填充】为橙色，单击确定按钮，如图 15-29 所示。

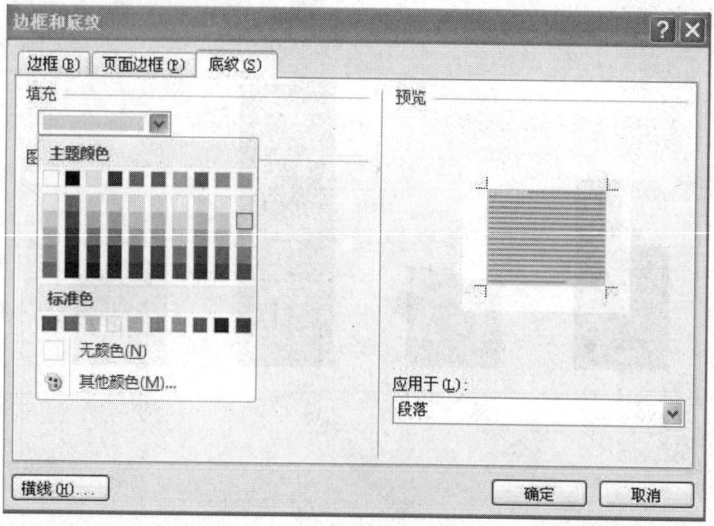

图15-29 设置最后一行的底纹

（9） 将“开展‘暖心’温馨服务”“开展‘爱心’阳光服务”“开展‘贴心’便民服务”和“开展‘安心’就业服务”设置为“样式 2”。

（10）将文件中除图表和最后一行外的其余各段分别设置为“样式 1”。

（11）选中文件的第 1 个图表，再单击【布局】/【背景】选项组中的【图表背景墙】按钮，从弹出的列表中选择【其他背景墙选项】选项，在弹出的【设置绘图区格式】对话框中，设置【填充】为“纯色填充”，【颜色】为“橙色”，单击关闭按钮。美化后的图表如图 15-30 所示。

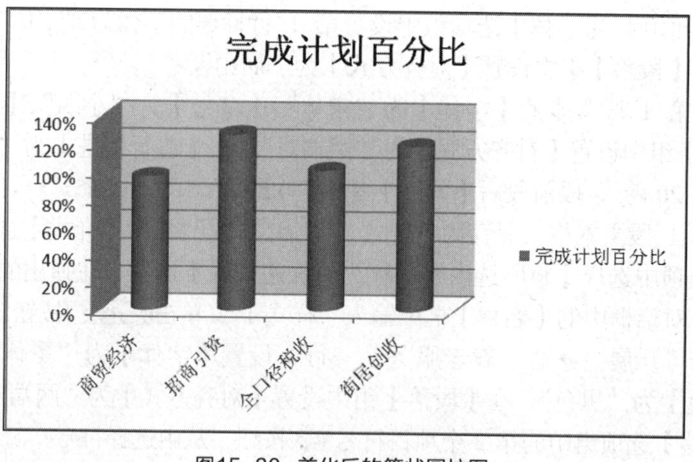

图15-30 美化后的簇状圆柱图

（12）选中文件中的第 2 个图表，再单击【布局】/【标签】选项组中的【图表标题】按钮，从弹出的列表中选择【图表上方】选项，更改【图表标题】为“就业情况表”；单击【标签】选项组中的【数据标签】按钮，从弹出的列表中选择【数据标签内】选项；再单击【布局】/【背景】选项组中的【绘图区】按钮，从弹出的列表中选择【其他绘图区选项】选项，在弹出的【设置绘图区格式】对话框中，设置【填充】为“纯色填充”，【颜色】为“浅绿”，单击关闭按钮。美化后的图表如图 15-31 所示。

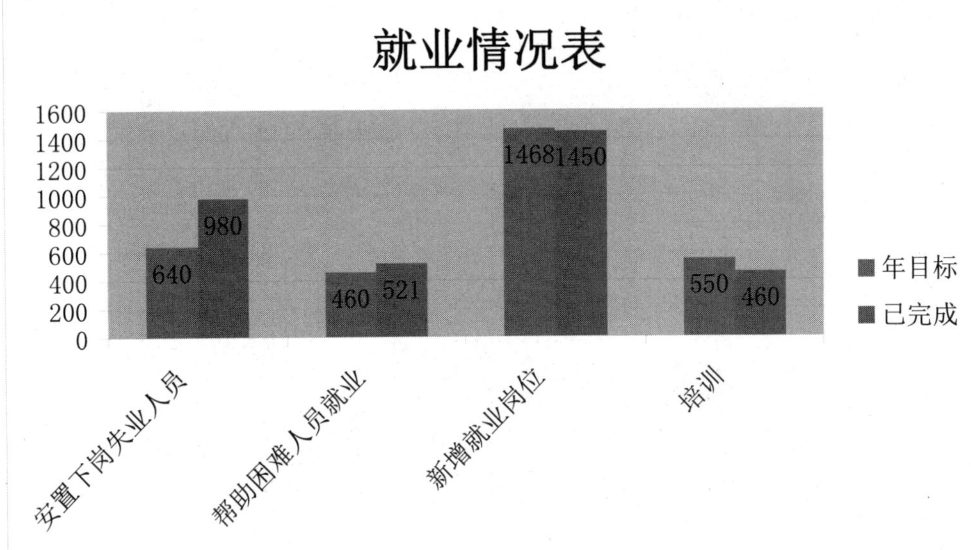

图15-31 美化后的簇状柱形图

（13）单击【插入】/【页眉和页脚】选项组中的【页眉】按钮，从列表中选择第 1 项“空白”，输入文字“我爱我家”，并居中对齐，双击正文区退出“页眉”编辑状态。

（14）添加页脚为“当前页码 / 总页数”。单击【插入】/【页眉与页脚】选项组中的【页脚】按钮，从弹出的列表中选择第一项“空白页脚”，删除页脚所有内容后，再按 Ctrl+F9 组合键，出现“{ }”，在其中输入“page”，即变成“{ page }”，按 F9 键则系统生成了当前页码；再输入“ / ”；接着按 Ctrl+F9 组合键，这时出现“{ }”，在其中输入“numpages”，即变成“{ numpages }”，再次按 F9 键，系统又生成总页数。双击正文区退出“页脚”编辑状态。

（15）单击按钮保存文件，单击按钮关闭 Word 文件。